できる®

エクセル

Excel
ピボットテーブル

Office 2021/2019/2016 & **Microsoft 365** 対応

門脇香奈子 & できるシリーズ編集部

インプレス

ご購入・ご利用の前に必ずお読みください

本書は、2022年8月現在の情報をもとに「Microsoft Excel 2021」の操作方法について解説しています。本書の発行後に「Microsoft Excel 2021」の機能や操作方法、画面などが変更された場合、本書の掲載内容通りに操作できなくなる可能性があります。本書発行後の情報については、弊社のWebページ（https://book.impress.co.jp/）などで可能な限りお知らせいたしますが、すべての情報の即時掲載ならびに、確実な解決をお約束することはできかねます。また本書の運用により生じる、直接的、または間接的な損害について、著者ならびに弊社では一切の責任を負いかねます。あらかじめご理解、ご了承ください。

本書で紹介している内容のご質問につきましては、できるシリーズの無償電話サポート「できるサポート」にて受け付けております。ただし、本書の発行後に発生した利用手順やサービスの変更に関しては、お答えしかねる場合があります。また、本書の奥付に記載されている初版発行日から3年が経過した場合、もしくは解説する製品やサービスの提供会社がサポートを終了した場合にも、ご質問にお答えしかねる場合があります。できるサポートのサービス内容については333ページの「できるサポートのご案内」をご覧ください。なお、都合により「できるサポート」のサービス内容の変更や「できるサポート」のサービスを終了させていただく場合があります。あらかじめご了承ください。

動画について

操作を確認できる動画をYouTube動画で参照できます。画面の動きがそのまま見られるので、より理解が深まります。QRが読めるスマートフォンなどからはレッスンタイトル横にあるQRを読むことで直接動画を見ることができます。パソコンなどQRが読めない場合は、以下の動画一覧ページからご覧ください。

▼動画一覧ページ
https://dekiru.net/pivot2021

●用語の使い方

本文中では、「Microsoft Excel 2021」のことを、「Excel 2021」または「Excel」、「Microsoft 365 Personal」の「Excel」のことを、「Microsoft 365」または「Excel」と記述しています。また、本文中で使用している用語は、基本的に実際の画面に表示される名称に則っています。

●本書の前提

本書では、「Windows 11」に「Microsoft Excel 2021」がインストールされているパソコンで、インターネットに常時接続されている環境を前提に画面を再現しています。なおExcel 2016の「Power Pivot」は「Office 2016 Professional Plus」のボリュームライセンスまたは単体の製品に含まれています。

まえがき

　ピボットテーブルとは、「いつ」「誰が」「何を」「どのくらい」購入したのかを記録した売上リストや、「いつ」「誰が」「どの科目で」「何点」取ったのかを記録した成績リストなどのデータを、あっという間に集計表の形にする魔法のような機能です。

　ピボットテーブルには、「表の配置を変えられる」という大きな特徴があります。バスケットボールには、攻撃中にボールを持ったまま片足を固定し、もう片方の足を前後に踏み込んで体の向きを変える「ピボット」（pivot）という動きがありますが、ピボットとは、軸を中心に回ることを意味します。つまり、「ピボットテーブル」とは、「軸を中心に回る表」です。「商品別」や「顧客別」など、さまざまな角度から集計できる「躍動的な集計表」なのです。

　スライサーやタイムラインを追加すれば、集計対象を絞り込むボタンやバーを用意できます。集計結果はピボットグラフに示すこともできるので、次々と視点を変えた集計グラフを提示できます。表示内容は、瞬時に切り替えられます。例えば、プレゼンのストーリーに沿って、説得力のあるデータを次々と示すことができれば、臨場感あふれるプレゼンを演出できるでしょう。

　なお、ピボットテーブルで集計できるデータは、Excelに入力されたリストだけではありません。Power Queryを使えば、さまざまな形式のデータを集計元データとして読み込めます。注目すべき点は、データを読み込むと同時に、読み込んだデータを集計に適した形に整えられることです。日々蓄積されるデータを、そのまま利用できるしくみを作ることができるのです。1度、そのしくみを作れば、あとは、データを更新するだけで、集計表が自動的に完成します。また、Power Pivotというアドインを使用すれば、他のデータベースソフトなどで管理している「顧客」「商品」「売上」「明細」などのデータのセットをそのまま集計用データとして利用することもできます。

　集めたデータを分析して何かを得るまでには、「データの集計結果から気になるデータを見つけ、問題の原因を推測し、それに基づいてデータを検証し、さらに具体的な対策を考えて、次のステップへつなげていく」という長い道のりがあります。原因の推測や対策を練る作業は私たちが考えなければならないことでしょう。しかし、集めたデータを眺めていても、何かを見いだすのは難しいことです。事実の確認や検証、結果を伝えたりする場面では、ピボットテーブルや、上述のアドインが大活躍するはずです。その活躍をサポートするために、本書が少しでもお役に立てば幸いです。

2022年8月　門脇香奈子

本書の読み方

レッスンタイトル

やりたいことや知りたいことが探せるタイトルが付いています。

サブタイトル

機能名やサービス名などで調べやすくなっています。

練習用ファイル

レッスンで使用する練習用ファイルの名前です。ダウンロード方法などは6ページをご参照ください。

YouTube動画で見る

パソコンやスマートフォンなどで視聴できる無料の動画です。詳しくは2ページをご参照ください。

関連情報

レッスンの操作内容を補足する要素を種類ごとに色分けして掲載しています。

💡 使いこなしのヒント

操作を進める上で役に立つヒントを掲載しています。

🔲 ショートカットキー

キーの組み合わせだけで操作する方法を紹介しています。

⏱ 時短ワザ

手順を短縮できる操作方法を紹介しています。

👍 スキルアップ

一歩進んだテクニックを紹介しています。

🔍 用語解説

レッスンで覚えておきたい用語を解説しています。

⚠ ここに注意

間違えがちな操作について注意点を紹介しています。

レッスン

10 ピボットテーブルの作成手順を知ろう

ピボットテーブルの作成

練習用ファイル L10_作成手順.xlsx

YouTube 動画で見る
詳細は2ページへ

基本編 第2章 基本的な集計表を作ろう

集計表の土台を作る

一般的に集計表の作成は、表の上端と左端に項目名を入力し、列と行の交差するセルに集計結果を表示します。一方、ピボットテーブルの場合、項目名を入力する必要はありません。ピボットテーブルは、フィールド名を配置してさまざまな集計表を作成できます。

🔗 関連レッスン

レッスン05
ピボットテーブルの各部の
名称を知ろう　　　　p.32

レッスン11
集計元のデータを修正するには　p.56

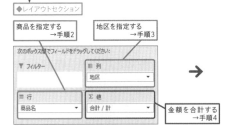

商品ごとに地区別の売上金額を
集計できる

💡 使いこなしのヒント

元のデータを利用してあっという間に完成できる

集計元のリストにある［地区］や［商品名］などのフィールド名に注目しましょう。上の画面は、［Before］の売上リストを元に、ピボットテーブルを作成した例です。［After］では、［商品名］フィールドを集計表の行に、［地区］フィールドを列に配置し、［計］フィールドの値を集計しています。行や列の項目には、元のリストのフィールドに入力されているデータがそのまま表示されるので、あっという間に集計表の土台が完成します。

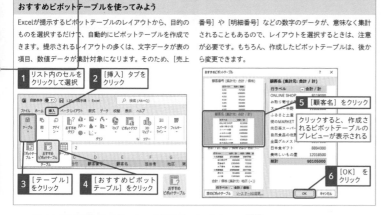

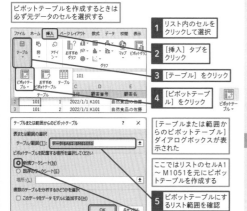

関連レッスン

レッスンで解説する内容と関連の深い、他のレッスンの一覧です。レッスン名とページを掲載しています。

スキルアップ

おすすめピボットテーブルを使ってみよう

Excelが提示するピボットテーブルのレイアウトから、目的のものを選択するだけで、自動的にピボットテーブルを作成できます。提示されるレイアウトの多くは、文字データが表の項目、数値データが集計対象になります。そのため、[売上...番号]や[明細番号]などの数字のデータが、意味なく集計されることもあるので、レイアウトを選択するときは、注意が必要です。もちろん、作成したピボットテーブルは、後から変更できます。

1 ピボットテーブルを作成する

リストを元に新しいワークシートにピボットテーブルを作成する

ピボットテーブルを作成するときは必ず元データのセルを選択する

1 リスト内のセルをクリックして選択
2 [挿入]タブをクリック
3 [テーブル]をクリック
4 [ピボットテーブル]をクリック

[テーブルまたは範囲からのピボットテーブル]ダイアログボックスが表示された

ここではリストのセルA1～M1051を元にピボットテーブルを作成する

5 ピボットテーブルにするリスト範囲を確認
6 [新規ワークシート]をクリック
7 [OK]をクリック

使いこなしのヒント

なぜリスト内のセルを選択しておくの?

手順1の操作のように、ピボットテーブルを作成する前にリスト内のセルを選択しておくと、リスト範囲が自動的に認識されます。ただし、リスト内に空白列や空白行がある場合は正しい範囲を認識できません。リストには、空白列や空白行が含まれないようにしておきましょう。

⚠ ここに注意

手順1で、[テーブル/範囲]に元のリスト範囲が表示されないときは、最初にリスト内のセルを選択していなかった可能性があります。[キャンセル]ボタンをクリックして手順1からやり直すか、手順1の下の画面で[テーブル/範囲]の↑をクリックして元のリスト範囲をドラッグして指定します。

操作手順

実際のパソコンの画面を撮影して、操作を丁寧に解説しています。

●手順見出し

1 名前を付けて保存する

操作の内容ごとに見出しが付いています。目次で参照して探すことができます。

●操作説明

1 [ホーム]をクリック

実際の操作を1つずつ説明しています。番号順に操作することで、一通りの手順を体験できます。

●解説

[ホーム]をクリックしておく　ファイルが保存される

操作の前提や意味、操作結果について解説しています。

次のページに続く→

※ここに掲載している紙面はイメージです。実際のレッスンページとは異なります。

練習用ファイルの使い方

本書では、レッスンの操作をすぐに試せる無料の練習用ファイルとフリー素材を用意しています。ダウンロードした練習用ファイルは必ず展開して使ってください。ここではMicrosoft Edgeを使ったダウンロードの方法を紹介します。

▼練習用ファイルのダウンロードページ
https://book.impress.co.jp/books/1122101056

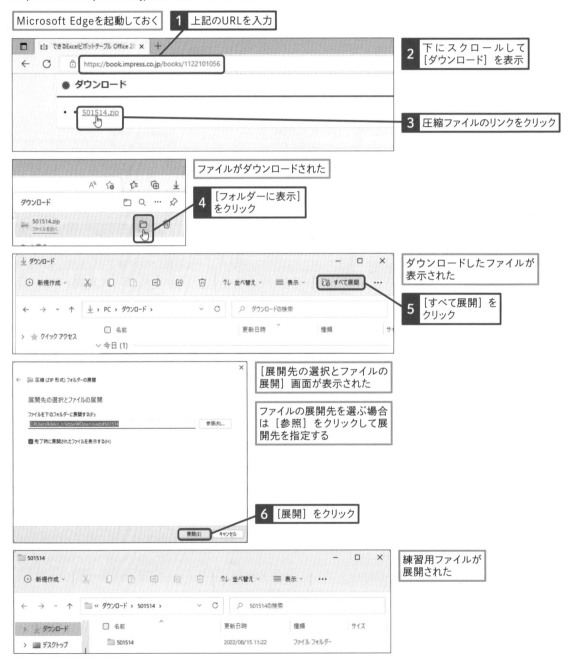

Microsoft Edgeを起動しておく **1** 上記のURLを入力

2 下にスクロールして [ダウンロード] を表示

3 圧縮ファイルのリンクをクリック

ファイルがダウンロードされた

4 [フォルダーに表示] をクリック

ダウンロードしたファイルが表示された

5 [すべて展開] をクリック

[展開先の選択とファイルの展開] 画面が表示された

ファイルの展開先を選ぶ場合は [参照] をクリックして展開先を指定する

6 [展開] をクリック

練習用ファイルが展開された

●練習用ファイルを使えるようにする

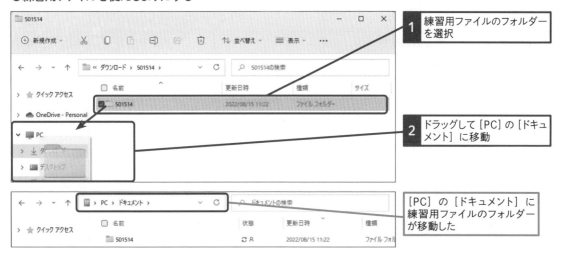

1 練習用ファイルのフォルダーを選択

2 ドラッグして [PC] の [ドキュメント] に移動

[PC] の [ドキュメント] に練習用ファイルのフォルダーが移動した

練習用ファイルの内容

練習用ファイルには章ごとにファイルが格納されており、ファイル先頭の「L」に続く数字がレッスン番号、次がレッスンの内容を表します。レッスンによって、練習用ファイルがなかったり、1つだけになっていたりします。 手順実行後のファイルは、収録できるもののみ入っています。

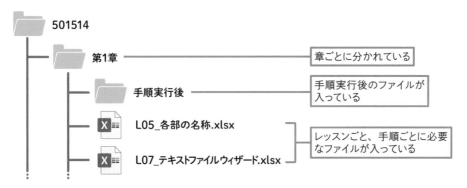

501514

第1章 ———— 章ごとに分かれている

手順実行後 ———— 手順実行後のファイルが入っている

L05_各部の名称.xlsx

L07_テキストファイルウィザード.xlsx

レッスンごと、手順ごとに必要なファイルが入っている

[保護ビュー] が表示された場合は

インターネットを経由してダウンロードしたファイルを開くと、保護ビューで表示されます。ウイルスやスパイウェアなど、セキュリティ上問題があるファイルをすぐに開いてしまわないようにするためです。ファイルの入手時に配布元をよく確認して、安全と判断できた場合は [編集を有効にする] ボタンをクリックしてください。

[保護ビュー] の警告が表示された

1 [編集を有効にする] をクリック

目次

基本編

第1章 ピボットテーブルで効率よくデータを分析しよう 23

基本編

第4章 集計方法を変えた表を作ろう 107

基本編

第5章 表を見やすく加工しよう　151

活用編
第7章 スライサーで集計対象を切り替えよう 203

活用編

本書の構成

本書は手順を1つずつ学べる「基本編」、便利な操作をバリエーション豊かに揃えた「活用編」の2部で、ピボットテーブルの基礎から応用まで無理なく身に付くように構成されています。

基本編
第1章〜第5章

基本的な操作方法から、データの修正や並び替え、見やすい加工の方法など、ピボットテーブルの基本についてひと通り解説します。最初から続けて読むことで、ピボットテーブルの操作がよく身に付きます。

活用編
第6章〜第11章

ピボットテーブルのグラフ化やスライサーによるデータ抽出、印刷の方法や複数テーブルの活用法など、便利な機能を紹介します。また、パワーピボットやパワークエリについても解説します。

用語集・索引

重要なキーワードを解説した用語集、知りたいことから調べられる索引などを収録。基本編、活用編と連動させることで、ピボットテーブルについての理解がさらに深まります。

登場人物紹介

ピボットテーブルを皆さんと一緒に学ぶ生徒と先生を紹介します。各章の冒頭にある「イントロダクション」、最後にある「この章のまとめ」で登場します。それぞれの章で学ぶ内容や、重要なポイントを説明していますので、ぜひご参照ください。

北島タクミ（きたじまたくみ）
元気が取り柄の若手社会人。うっかりミスが多いが、憎めない性格で周りの人がフォローしてくれる。好きな食べ物はカレーライス。

南マヤ（みなみまや）
タクミの同期。しっかり者で周囲の信頼も厚い。 タクミがミスをしたときは、おやつを条件にフォローする。好きなコーヒー豆はマンデリン。

エクセル先生
Excelのすべてをマスターし、その素晴らしさを広めている先生。基本から活用まで幅広いExcelの疑問に答える。好きな関数はVLOOKUP。

基本編

第1章

ピボットテーブルで効率よくデータを分析しよう

ピボットテーブルの機能を使えば、Excelのデータを、まるで魔法をかけたかのようにあっという間に集計表の形に変えられます。この章ではまず、その驚くべき変身ぶりを紹介します。また、ピボットテーブルは、売り上げデータなどのリストから作成します。リスト作りのルールも知っておきましょう。

Introduction この章で学ぶこと
日々蓄積されるデータを活用しよう

この章では、ピボットテーブルやピボットグラフの概要を紹介します。ピボットテーブルとは、売り上げリストやアンケート結果などのリストを、集計表の形に瞬時に整えられる機能です。どのようなリストがどのような集計表に変身するのかイメージしましょう。

土日にやるから大丈夫だよー？

週明けに出すレポート、まとまった？
土日でやろうと思うんだけど…。

これ？ 元データがきれいだったから、
ピボットテーブルですぐできたよ？

え、もう終わったの！
ピボットテーブルって何!?

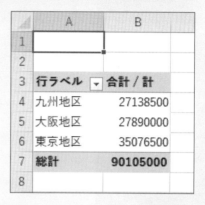

	A	B
1		
2		
3	行ラベル ▾	合計 / 計
4	九州地区	27138500
5	大阪地区	27890000
6	東京地区	35076500
7	**総計**	**90105000**
8		

私の出番のようですね。

エクセル先生！

見た目はシンプルな集計表です

	A	B	C	D	E
1					
2					
3	合計 / 計	列ラベル ▾			
4	行ラベル ▾	九州地区	大阪地区	東京地区	総計
5	⊞ 2022年	12684000	12956000	16195000	41835000
6	⊞ 2023年	14454500	14934000	18881500	48270000
7	総計	27138500	27890000	35076500	90105000
8					
9					

ピボットテーブルはExcelの機能のひとつ。大量データの集計・抽出に使います。

人呼んで「魔法の集計表」！

ピボットテーブルのすごいところは、表の内容を即座に切り替えられるところ。しかも、数式や関数を意識することなく、マウスで操作するだけで作れるんです！

本当ですか！ それなら僕にもできるかも！

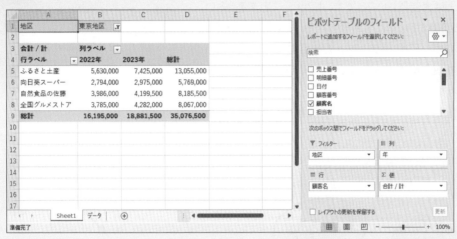

グラフ化してもすごい！

さらに、ピボットテーブルを元にすると、即座に形を変えるピボットグラフも作れます！

グラフ、楽しいですよね。
使いこなしたいですー♪

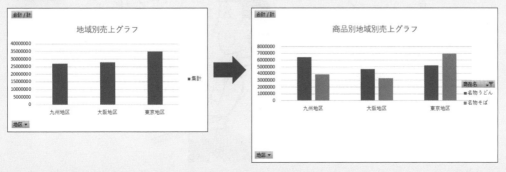

ピボットテーブル　　　　　　　　　　　　　　　練習用ファイル　なし

「魔法の集計表」、それがピボットテーブル

膨大なデータを目で追って、そのデータの傾向や推移、数値の関係などを読み取ることは大変難しいことです。しかし、これをあっという間に実現できる機能がExcelには用意されています。それが「ピボットテーブル」です。ピボットテーブルを利用すれば、表の見出しを入力したり、複雑な数式を入力したりしなくても、簡単に集計表ができます。日々蓄積される売上データなどを、「商品別売上表」や「地区別月別売上表」などの集計表の形に瞬時に整えることができます。

基本編　第1章　ピボットテーブルで効率よくデータを分析しよう

数式や関数を使わなくても
簡単に集計表を作成できる

大量のデータを瞬時に集計できる

ピボットテーブルは、下の画面のように、売上明細表などの「リスト形式」のデータから集計表を作成します。このとき、集計表の項目名や数式などを入力する必要はありません。元のリストにある「日付」や「地区」などの項目を、集計表のどこに配置するのかを指定するだけで、その項目を含むデータの一覧が表になり、データの集計が自動的に行われます。

なお、ピボットテーブルの集計表は52ページから紹介するように、マウス操作だけで簡単に作成できます。ピボットテーブルを利用すれば、あっという間に大量のデータを集計表の形にまとめられるのです。

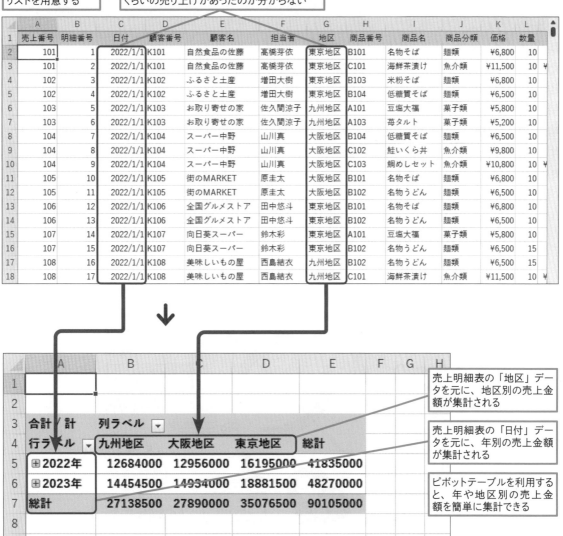

売上明細表のような
リストを用意する

売上明細表を見ても、各地区で年別にどれ
くらいの売り上げがあったのか分からない

売上明細表の「地区」データを元に、地区別の売上金額が集計される

売上明細表の「日付」データを元に、年別の売上金額が集計される

ピボットテーブルを利用すると、年や地区別の売上金額を簡単に集計できる

03 ピボットテーブルの特徴を知ろう

ピボットテーブルの特徴　　　　　　　　　　練習用ファイル　なし

関連レッスン

レッスン02
ピボットテーブルとは何かを知ろう
p.26

レッスン04
ピボットグラフの特徴を知ろう　　　p.30

レッスン05
ピボットテーブルの各部の名称を
知ろう　　　　　　　　　　　　　p.32

集計表をさまざまな角度から分析できる

ピボットテーブルが「魔法の集計表」と言われるのは、リストを集計表の形にできるだけではなく、集計表をさまざまな形に変えられる点にもあります。ピボットテーブルの元のリストに含まれる1件1件のデータの中には、「どの地区で」「誰が」「何を」「いくつ」購入したのかなど、複数の情報が含まれます。ピボットテーブルでは、それらの情報を管理する「地区名」「顧客名」「商品名」「数量」といった見出しをフルに活用し、集計する項目を指定したり、入れ替えたりして集計表の配置を素早く変えることができるのです。担当者別にまとめた表を、地区別にまとめた表に変えて集計結果を確認するなど、ピボットテーブルならさまざまな角度からデータを集計できます。

基本編　第1章　ピボットテーブルで効率よくデータを分析しよう

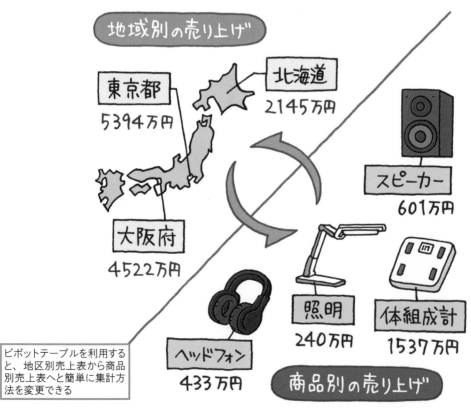

ピボットテーブルを利用すると、地区別売上表から商品別売上表へと簡単に集計方法を変更できる

マウス操作で瞬時に集計できる

ピボットテーブルの集計表は、マウスの操作で項目の入れ替えやデータの絞り込み、データの内訳表示、集計方法の変更などを簡単に実行できます。下の画面は、「顧客ごとの商品別集計表」で商品を絞り込んで表示したものと、「顧客ごとの年別集計表」の項目を入れ替えて「地区ごとの年別集計表」にした例です。いずれの変更も、行や列の追加や削除、データのコピーや貼り付けなどの操作はまったく必要ありません。煩雑な操作をせずに、見たい集計結果を表示できます。

●データの絞り込み

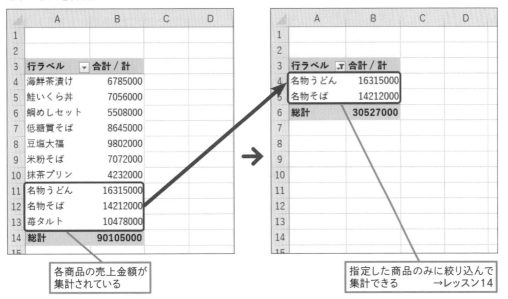

各商品の売上金額が
集計されている

指定した商品のみに絞り込んで
集計できる　　　→レッスン14

●レイアウトの変更

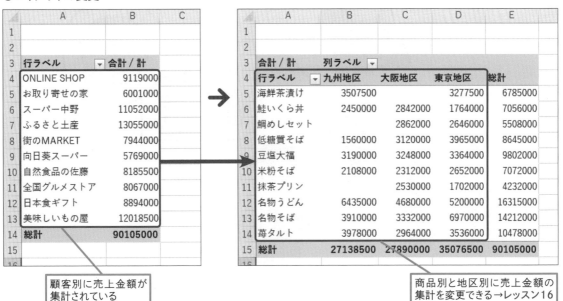

顧客別に売上金額が
集計されている

商品別と地区別に売上金額の
集計を変更できる→レッスン16

04 ピボットグラフの 特徴を知ろう

ピボットグラフ

基本編

第1章

ピボットテーブルで効率よくデータを分析しよう

グラフにするとリストの実態が一目瞭然

集計表をじっくり眺めていても、データの傾向や推移まではなかなか見えてこないものです。そんなときにぜひ利用したいのが、数値を視覚的に表現できるグラフです。「ピボットテーブル」は、その集計表の内容を「ピボットグラフ」というグラフに表示できます。利用できるグラフの種類は、売上高などを示す棒グラフ、商品の構成比などを示す円グラフなど、種類はさまざまです。ピボットグラフを作成して、集計表の内容を分かりやすく視覚化しましょう。

🔗 関連レッスン

集計表をグラフにすると、データの傾向や推移が可視化される

集計表と連動したグラフを表示する

ピボットグラフは、通常のグラフとは異なり、簡単な操作でグラフに表示する項目を入れ替えたり、表示する項目を絞り込んだりすることができます。例えば、下の画面のように地区別売上グラフで商品別の売り上げを見たい場合は、商品の項目をグラフに追加すればOKです。また、指定した商品だけを見たい場合は、表示する商品をクリック操作で簡単に絞り込めます。つまり、ピボットグラフは、ピボットテーブルと同様に、形を変えながら見たい集計結果をグラフ化できるというわけです。

●元になるデータ（表）

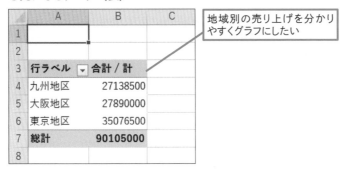

地域別の売り上げを分かりやすくグラフにしたい

●地域別売上グラフ

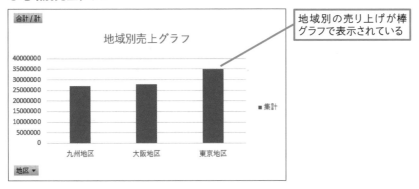

地域別の売り上げが棒グラフで表示されている

●商品別地域別売上グラフ

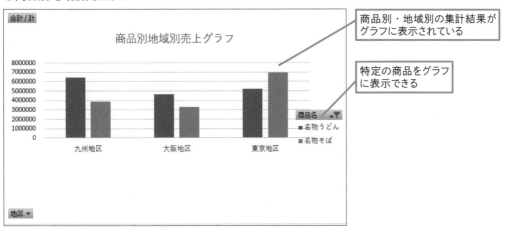

商品別・地域別の集計結果がグラフに表示されている

特定の商品をグラフに表示できる

05 ピボットテーブルの各部の名称を知ろう

各部の名称

練習用ファイル　L05_各部の名称.xlsx

項目はフィールドに表示される

ピボットテーブルには、「行」「列」「値」「フィルター」という4つの領域があります。ピボットテーブルで集計表を作成するときは、画面の右側に表示されている [フィールドリスト] ウィンドウの [フィールドセクション] から、[レイアウトセクション（エリアセクション）] にある4つの領域に、必要な項目を配置して作成します。具体的な操作については第3章で紹介しますが、このレッスンではピボットテーブルの画面各部の名称を紹介します。名称が分からなくなったら、このページに戻って確認してください。

関連レッスン

◆フィルターボタン
配置されているフィールドの項目を絞り込める

◆ピボットテーブル分析/デザイン
ピボットテーブルを選択すると表示されるタブ

◆フィルターフィールド

◆値フィールド

◆行フィールド

◆列フィールド

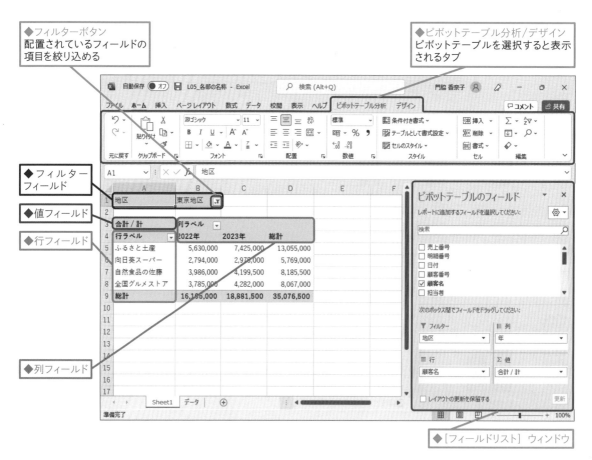

◆[フィールドリスト] ウィンドウ

基本編　第1章　ピボットテーブルで効率よくデータを分析しよう

フィールドリストが操作の要

ピボットテーブルでは、ピボットテーブルを選択すると表示される [フィールドリスト] ウィンドウを使用して、集計表の内容を指定します。[フィールドリスト] ウィンドウの上部にある [フィールドセクション] には、ピボットテーブルの元のリストにある項目の一覧が自動的に表示されます。項目一覧の中で、チェックの付いている項目は、集計表の項目名や集計値になっていることを示します。また、フィルターのアイコンが付いている項目は、表示内容を絞り込んでいることを示します。ピボットテーブルを思い通りに作成するには、[フィールドリスト] ウィンドウの見方や操作を理解することが重要です。

使いこなしのヒント

**数値の表示方法など
変更できる**

ピボットテーブルの集計表の数値の表示形式などは、後から変更できます。ここで紹介したピボットテーブルの例では、数値にけた区切りのコンマを表示しています (レッスン44参照)。

● [フィールドリスト] ウィンドウ

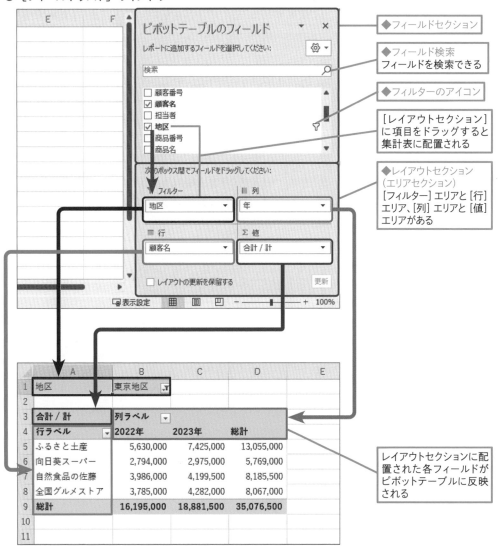

◆フィールドセクション

◆フィールド検索
フィールドを検索できる

◆フィルターのアイコン

[レイアウトセクション] に項目をドラッグすると集計表に配置される

◆レイアウトセクション (エリアセクション)
[フィルター] エリアと [行] エリア、[列] エリアと [値] エリアがある

レイアウトセクションに配置された各フィールドがピボットテーブルに反映される

2つのタブの役割を知ろう

ピボットテーブル内のセルを選択すると、2つのタブが表示されます。ピボットテーブルを編集するときは、これらのタブを使用するので、ここで各タブの役割などを確認しておきましょう。

[ピボットテーブル分析] タブでは、ピボットテーブルの集計方法や元のリスト範囲を変更するなど、主に、ピボットテーブルのデータを編集するときに使用します。

[デザイン] タブは、ピボットテーブルのデザインやレイアウトを変更したりするときに使います。なお、本書では1,024×768の環境で画面を解説しています。解像度の違いによってボタンの位置や見ためが変わることに注意してください。

●データの編集や分析に利用する［ピボットテーブル分析］タブ

◆ピボットテーブル
ピボットテーブルの名前や設定を変更できる

◆グループ
行ラベルや列ラベルに含まれたデータをグループ化できる

◆データ
テーブルに入力されたデータの更新や参照範囲の変更ができる

◆計算方法
集計方法などを設定できる

◆表示
ピボットテーブルの表示を変更できる

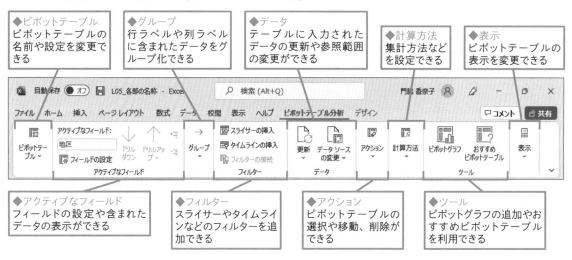

◆アクティブなフィールド
フィールドの設定や含まれたデータの表示ができる

◆フィルター
スライサーやタイムラインなどのフィルターを追加できる

◆アクション
ピボットテーブルの選択や移動、削除ができる

◆ツール
ピボットグラフの追加やおすすめピボットテーブルを利用できる

●レイアウトを編集する［デザイン］タブ

◆レイアウト
小計や総計を非表示にするなど、ピボットテーブルのレイアウトを変更できる

◆ピボットテーブルスタイル
ピボットテーブルの書式をまとめて変更できる

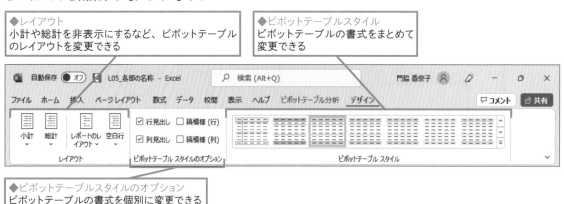

◆ピボットテーブルスタイルのオプション
ピボットテーブルの書式を個別に変更できる

ピボットグラフに使うタブの役割を知ろう

ピボットグラフを選択すると、3つのタブが表示されます。各タブの役割を知りましょう。なお、ピボットグラフの詳細に関しましては第6章を参照してください。

💡 **使いこなしのヒント**

タブの名前について

[ピボットテーブル分析]タブや[デザイン]タブ、ピボットグラフに使用するタブの名前は、お使いのExcelのバージョンによって異なる場合があります。

● ［ピボットグラフ分析］タブ

◆ピボットグラフ
ピボットグラフの名前や設定を変更できる

◆フィルター
スライサーやタイムラインなどのフィルターを追加できる

◆操作
フィルターを消去したり、グラフの配置先を変更したりできる

◆表示/非表示
グラフのボタンの表示と非表示を切り替えられる

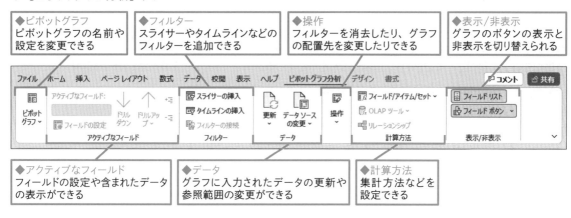

◆アクティブなフィールド
フィールドの設定や含まれたデータの表示ができる

◆データ
グラフに入力されたデータの更新や参照範囲の変更ができる

◆計算方法
集計方法などを設定できる

● ［デザイン］タブ

◆グラフのレイアウト
グラフ要素を追加したり、グラフのデザインを変更したりできる

◆データ
行と列を切り替えたり、データを選択し直したりできる

◆場所
グラフの配置先を変更できる

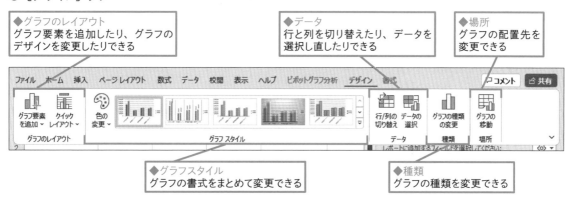

◆グラフスタイル
グラフの書式をまとめて変更できる

◆種類
グラフの種類を変更できる

● ［書式］タブ

◆現在の選択範囲
グラフ要素を指定して選択できる

◆図形のスタイル
グラフの系列の書式を変更できる

◆配置
グラフを配置する位置を細かく指定できる

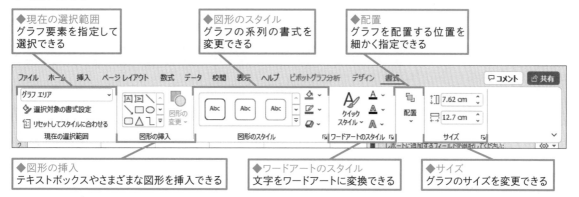

◆図形の挿入
テキストボックスやさまざまな図形を挿入できる

◆ワードアートのスタイル
文字をワードアートに変換できる

◆サイズ
グラフのサイズを変更できる

06 集計データを集める ときのルールを知ろう

リストの入力　　　　　　　　　　　練習用ファイル　なし

基本編 第1章 ピボットテーブルで効率よくデータを分析しよう

リスト作りの「お約束」とは

ピボットテーブルの元のリストを見てみましょう。リスト作りには、「空白行を入れない」「空白列を入れない」「先頭の見出しはデータとは異なる書式を付ける」など、守らなければならないいくつかのルールがあります。例えば、「空白行を含めない」というルールに反してしまうと、空白行の位置から下のデータが集計されなくなるなど、正しい集計結果にならないことがあるので注意が必要です。

◆フィールド名
リストの項目見出し。フィールド名は見出しとして区別するため、書式を設定しておく

◆レコード
1行分がひとまとまりのデータになり1レコードになる

◆フィールド

	A	B	C	D	E	F	G	H	I	J	K	L
1	売上番号	明細番号	日付	顧客番号	顧客名	担当者	地区	商品番号	商品名	商品分類	価格	数量
2	101	1	2022/1/1	K101	自然食品の佐藤	高橋芽依	東京地区	B101	名物そば	麺類	¥6,800	10
3	101	2	2022/1/1	K101	自然食品の佐藤	高橋芽依	東京地区	C101	海鮮茶漬け	魚介類	¥11,500	10
4	102	3	2022/1/1	K102	ふるさと土産	増田大樹	東京地区	B103	米粉そば	麺類	¥6,800	10
5	102	4	2022/1/1	K102	ふるさと土産	増田大樹	東京地区	B104	低糖質そば	麺類	¥6,500	10
6	103	5	2022/1/1	K103	お取り寄せの家	佐久間涼子	九州地区	A101	豆塩大福	菓子類	¥5,800	10
7	103	6	2022/1/1	K103	お取り寄せの家	佐久間涼子	九州地区	A103	苺タルト	菓子類	¥5,200	10
8	104	7	2022/1/1	K104	スーパー中野	山川真	大阪地区	B104	低糖質そば	麺類	¥6,500	10
9	104	8	2022/1/1	K104	スーパー中野	山川真	大阪地区	C102	鮭いくら丼	魚介類	¥9,800	10
10	104	9	2022/1/1	K104	スーパー中野	山川真	大阪地区	C103	鯛めしセット	魚介類	¥10,800	10
11	105	10	2022/1/1	K105	街のMARKET	原圭太	大阪地区	B101	名物そば	麺類	¥6,800	10
12	105	11	2022/1/1	K105	街のMARKET	原圭太	大阪地区	B102	名物うどん	麺類	¥6,500	10
13	106	12	2022/1/1	K106	全国グルメストア	田中悠斗	東京地区	B101	名物そば	麺類	¥6,800	10
14	106	13	2022/1/1	K106	全国グルメストア	田中悠斗	東京地区	B102	名物うどん	麺類	¥6,500	10

セル内の空白を削除しておく
→レッスン08のヒント

データの入力ミスや表記ゆれをなくす
→レッスン08

リストを正しく入力すれば
データを正しく集計できる

💡 使いこなしのヒント

先頭行は項目名、データは2行目以降から入力

上の画面は売り上げの明細をリストにしたものです。リストは、先頭行に項目名（フィールド名）を入力し、2行目以降からデータを入力するのがルールです。1件分のデータは1行で入力します。また、次ページの手順では、リストの基本の形を紹介するため、何もないところからリストを作成していますが、集計の元になる売り上げのデータがすでにある場合は、データを1から入力し直す必要などはありません。既存のテキストファイルをExcelで開く方法はレッスン07、既存のテキストファイルや他の形式のデータを読み込んで利用する方法については、第11章で紹介しています。

1 フィールド名に書式を設定する

リストを入力するため、セルA1〜M1に
フィールド名を入力する

1 フィールド名を
入力

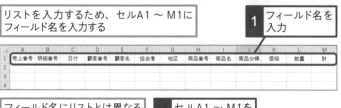

フィールド名にリストとは異なる
書式を設定する

2 セルA1〜M1を
ドラッグして選択

3 [ホーム] タブ
をクリック

4 [塗りつぶしの色] の
ここをクリック

5 色を選択

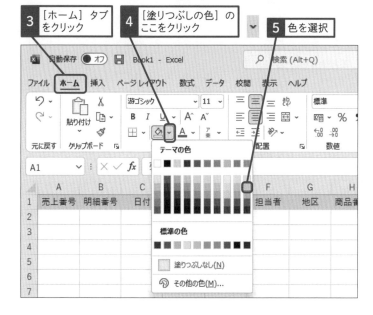

2 入力できたデータを確認する

フィールド名に
色が付いた

2行目以降にデータを
入力する

1 データを入力

リストが完成
した

このレッスンでは、下の画面のように
リストを完成させる必要はない

必要に応じて列
幅を変えておく

	A	B	C	D	E	F	G	H	I	J	K	L
1	売上番号	明細番号	日付	顧客番号	顧客名	担当者	地区	商品番号	商品名	商品分類	価格	数量
2	101	1	2022/1/1	K101	自然食品の佐藤	高機芽依	東京地区	B101	名物そば	麺類	¥6,800	10
3	101	2	2022/1/1	K101	自然食品の佐藤	高機芽依	東京地区	C101	海鮮茶漬け	魚介類	¥11,500	10
4	102	3	2022/1/1	K102	ふるさと土産	増田大樹	東京地区	B103	米粉そば	麺類	¥6,800	10
5	102	4	2022/1/1	K102	ふるさと土産	増田大樹	東京地区	B104	低糖質そば	麺類	¥6,800	10
6	103	5	2022/1/1	K103	お取り寄せの家	佐久間涼子	九州地区	A101	豆板大福	菓子類	¥5,800	10
7	103	6	2022/1/1	K103	お取り寄せの家	佐久間涼子	九州地区	A103	栗タルト	菓子類	¥5,200	10
8	104	7	2022/1/1	K104	スーパー中野	山川真	大阪地区	B104	低糖質そば	麺類	¥6,500	10
9	104	8	2022/1/1	K104	スーパー中野	山川真	大阪地区	C102	鮭いくら丼	魚介類	¥9,800	10
10	104	9	2022/1/1	K104	スーパー中野	山川真	大阪地区	C103	鯛めしセット	魚介類	¥10,800	10
11	105	10	2022/1/1	K105	街のMARKET	原圭太	大阪地区	B101	名物そば	麺類	¥6,800	10
12	105	11	2022/1/1	K105	街のMARKET	原圭太	大阪地区	B102	名物うどん	麺類	¥6,500	10
13	106	12	2022/1/1	K106	全国グルメストア	田中悠斗	東京地区	B101	名物そば	麺類	¥6,800	10
14	106	13	2022/1/1	K106	全国グルメストア	田中悠斗	東京地区	B102	名物うどん	麺類	¥6,500	10

使いこなしのヒント

フィールド名って何?

売上データのリストを作るには、「いつ」
「誰が」「どこで」「何を」「いくつ購入した」
という1件分のデータを1行で入力できる
ように、1行目に「日付」「顧客名」「地区」
「商品名」「数量」などの項目を入力します。
この項目名を「フィールド名」と言い、各
列を「フィールド」、1件分のデータを「レ
コード」と言います。

ここに注意

手順1で目的の場所と違う場所に色を付け
てしまったときは、[ホーム] タブの [元
に戻す] ボタン (う) をクリックし、目的
の場所に色を設定し直します。

1 [元に戻す] をクリック

使いこなしのヒント

リストの周りには
ほかの表を作らない

リストの周りにほかのリストやデータを入
力してしまうと、Excelがリストの範囲を
正しく認識できない場合があります。リス
トを作成するときは、1つのワークシート
に1つのリストを作成し、リストの周りに
ほかのデータを入力しないように心がけ
ましょう。

ショートカットキー

元に戻す　　　　　　　　　Ctrl + Z

07 テキストファイルを Excelで開くには

テキストファイルウィザード

基本編
第1章　ピボットテーブルで効率よくデータを分析しよう

データの種類を確認しておこう

このレッスンでは、集計表の元のリストを用意します。ここでは、すでにあるテキストファイルを開きます。テキストファイルや、CSV形式で保存されているファイルをExcelで開くときは、事前にどの列にどのような種類のデータが入っているか確認しておきましょう。

🔗 関連レッスン

レッスン02
ピボットテーブルとは何かを知ろう
p.26

レッスン04
ピボットグラフの特徴を知ろう　p.30

レッスン05
ピボットテーブルの各部の名称を
知ろう　p.32

Before

"売上番号","明細番号","
101,1,2022/1/1 0:00:00,

「,」（コンマ）やタブなどで区切られている
テキストファイルをリストに利用する

```
L07_テキストファイルウィザード - メモ帳                                   -  □  ×

ファイル    編集    表示                                                          ⚙

"売上番号","明細番号","日付","顧客番号","顧客名","担当者","地区","商品番号","商品名","商品分類","価格","数量","計"
101,1,2022/1/1 0:00:00,"K101","自然食品の佐藤","高橋芽依","東京地区","B101","名物そば","麺類",¥6800,10,¥68000
101,2,2022/1/1 0:00:00,"K101","自然食品の佐藤","高橋芽依","東京地区","C101","海鮮茶漬け","魚介類",¥11500,10,¥115000
102,3,2022/1/1 0:00:00,"K102","ふるさと土産","増田大樹","東京地区","B103","米粉そば","麺類",¥6800,10,¥68000
102,4,2022/1/1 0:00:00,"K102","ふるさと土産","増田大樹","東京地区","B104","低糖質そば","麺類",¥6500,10,¥65000
103,5,2022/1/1 0:00:00,"K103","お取り寄せの家","佐久間涼子","九州地区","A101","豆塩大福","菓子類",¥5800,10,¥58000
```

After

テキストファイルをExcelに取り込めば、
リスト入力の手間が省ける

	A	B	C	D	E	F	G	H	I	J	K	L	M
1	売上番号	明細番号	日付	顧客番号	顧客名	担当者	地区	商品番号	商品名	商品分類	価格	数量	計
2	101	1	2022/1/1 0:00	K101	自然食品の	高橋芽依	東京地区	B101	名物そば	麺類	¥6,800	10	¥68,000
3	101	2	2022/1/1 0:00	K101	自然食品の	高橋芽依	東京地区	C101	海鮮茶漬	魚介類	¥11,500	10	¥115,000
4	102	3	2022/1/1 0:00	K102	ふるさと	増田大樹	東京地区	B103	米粉そば	麺類	¥6,800	10	¥68,000
5	102	4	2022/1/1 0:00	K102	ふるさと	増田大樹	東京地区	B104	低糖質そ	麺類	¥6,500	10	¥65,000
6	103	5	2022/1/1 0:00	K103	お取り寄	佐久間涼	九州地区	A101	豆塩大福	菓子類	¥5,800	10	¥58,000
7	103	6	2022/1/1 0:00	K103	お取り寄	佐久間涼	九州地区	A103	苺タルト	菓子類	¥5,200	10	¥52,000

💡 使いこなしのヒント

「0」から始まる文字列には注意

Excelでは、特に何も指定しない場合、日付データは日付、数字は数値、それ以外は文字のデータとして認識されます。特に注意したいデータは「0」から始まる数字です。例えば、商品番号などで「0001」など「0」から始まる数字は、数値と見なされるため、先頭の「0」が自動的に削除されて「1」となってしまうようなケースがあります。このような場合は、テキストファイルウィザードでデータの種類を指定してデー

タを開きましょう。

上の［Before］の画面はテキストファイルで、［After］の画面はそのテキストファイルの売上データをExcelに取り込んだものです。すでにあるデータを有効に利用するため、テキストファイル形式で保存されているファイルをExcelで開く方法を紹介します。

1 テキストファイルを開く準備をする

練習用ファイルの［L07_テキストファイルウィザード.txt］をメモ帳などで開いておく

1 データの区切り記号を確認

ここでは、データが「,」（コンマ）で区切られている

"売上番号","明細番号","日付
101,1,2022/1/1 0:00:00,"K10

2 フィールド名があるかを確認

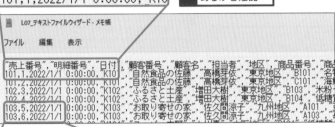

内容を確認したらメモ帳を閉じておく

103,5,2022/1/1 (
103,6,2022/1/1 (

3 各フィールドのデータ型（日付または文字）を確認

Excelを起動しておく

空白のブックを開いているときは［ファイル］タブの［開く］をクリックする

4 ［開く］をクリック

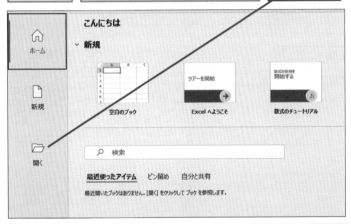

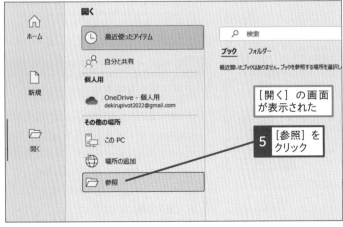

［開く］の画面が表示された

5 ［参照］をクリック

次のページに続く ➡

---

07 使いこなしのヒント

すでにあるリストを有効活用しよう

集計元のリストが存在する場合には、それを有効に活用しましょう。Excelで作成したリストなら、そのまま開いてピボットテーブルの元のリストとして利用できます。また、ほかのソフトウェアで作成したリストは、利用しているソフトウェアで、Excel形式やテキストファイル形式で保存したものを利用するといいでしょう。また、既存のファイルを読み込んで利用する方法などは、第11章で紹介していますので、ぜひ参考にしてください。

🖸 ショートカットキー

ファイルを開く　　　　　　Ctrl + O

2 データのファイル形式を選択する

[ファイルを開く] ダイアログ
ボックスが表示された

練習用ファイルからテキスト
ファイルを選択する

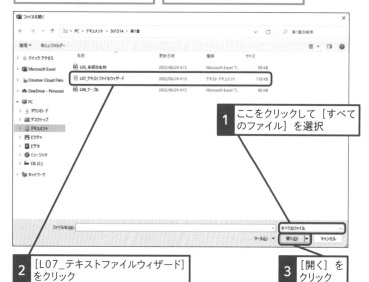

1 ここをクリックして [すべて
のファイル] を選択

2 [L07_テキストファイルウィザード]
をクリック

3 [開く] を
クリック

[テキストファイルウィザード] の
画面が表示された

4 [コンマやタブなどの区切り文字によってフィールドごとに
区切られたデータ] をクリック

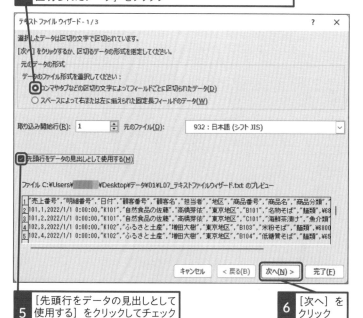

5 [先頭行をデータの見出しとして
使用する] をクリックしてチェック
マークを付ける

6 [次へ] を
クリック

固定長ファイルを利用するには

テキストファイルの形式が、固定長フィー
ルドのデータの場合は、手順2で [スペー
スによって右または左に揃えられた固定
長フィールドのデータ] を選択してウィ
ザードを進めます。次の画面で、各フィー
ルドの区切り位置を指定します。

手順2の画面を表示しておく

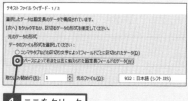

1 ここをクリック

テキストの区切り位置が
表示された

2 区切り位置を左右にドラッグして
区切り位置を調整

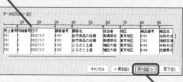

区切り位置を追加し
たいときは区切る位
置をクリックする

3 [次へ] を
クリック

[完了] をクリックしてテキスト
ファイルを取り込む

使いこなしのヒント

元データの修正を反映させるには

ほかのソフトウェアで作成したデータを元
にピボットテーブルを作成するとき、元
データの変更をピボットテーブルに反映
できるようにするには、Power Queryを
使ってデータを読み込みます。詳しくは、
第11章を参照してください。

---

3 区切り文字を選択する

ここではコンマ区切りのテキストを取り込むため、[区切り文字] の設定を変更する

1	[タブ] をクリックしてチェックマークをはずす
2	[コンマ] をクリックしてチェックマークを付ける

3	[文字の引用符] に ["] と表示されていることを確認

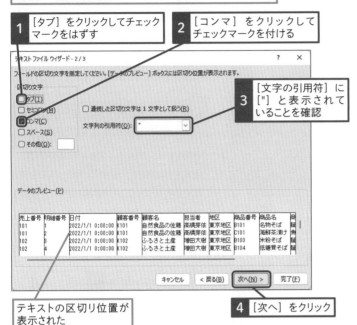

テキストの区切り位置が表示された

4	[次へ] をクリック

4 列のデータ形式を選択する

列のデータ形式を指定し、区切り位置が正しく表示されるかを確認する

1	列の見出しをクリック
2	[G/標準] が選択されていることを確認

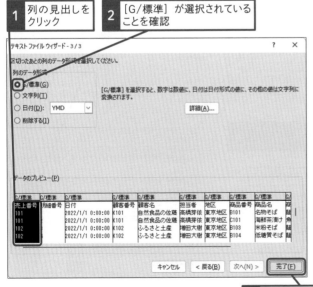

3	[完了] をクリック

次のページに続く➡

💡 使いこなしのヒント

取り込む必要のない列を省くには

テキストファイルの中に取り込み不要の列がある場合は、手順4の画面で不要な列の見出しを選択し、[列のデータ形式] で [削除する] を選択します。

手順4の画面で不要な列を選択しておく

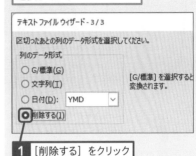

1	[削除する] をクリック

[完了] をクリックしてテキストファイルを取り込む

💡 使いこなしのヒント

データの形式を指定するには

「0」から始まる文字列のデータなどを取り込む場合は、そのフィールドを文字列として指定します。そのためには、手順4の画面で列の見出しをクリックし、[列のデータ形式] で [文字列] を選択します。

手順4の画面を表示しておく

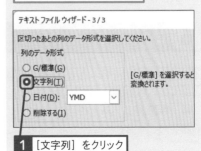

1	[文字列] をクリック

[完了] をクリックしてテキストファイルを取り込む

5 フィールド名に書式を設定する

テキストファイルがExcelに取り込まれた

1行目のフィールド名に色を付けて見出しとして区別する

1 セルA1 ～ M1をドラッグして選択

2 [ホーム] タブをクリック

3 [塗りつぶしの色] のここをクリック

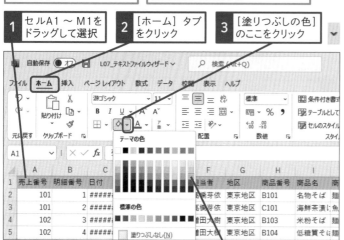

4 色を選択

書式を変更する

5 列Cをクリック

6 [数値] のここをクリック

7 [短い日付形式] をクリック

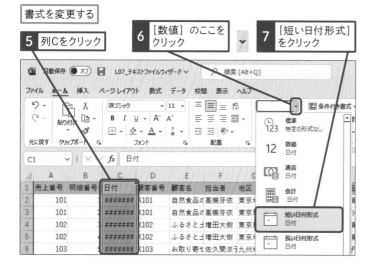

6 ファイルを保存する

Excelに取り込んだデータを保存する

1 [ファイル] タブをクリック

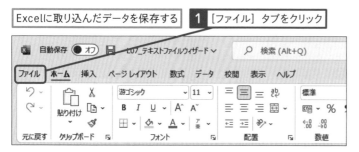

💡 使いこなしのヒント

「####」の意味とは

Excelでは、数値や日付データの一部が隠れてしまう場合は、「####」の記号が表示されます。データを表示するには、手順5のように表示形式を変更したり、列幅を広げたりして数値や日付データがすべて見えるようにします。

💡 使いこなしのヒント

リスト全体に書式を設定できる

手順5では、フィールド名が目立つように書式を設定していますが、テーブルを使用すると（レッスン08参照）、リスト全体に自動的に書式を設定できます。リストをテーブルに変換して、同時に書式を設定するには次のように操作します。

リスト内のセルをクリックして選択しておく

1 [ホーム] タブをクリック

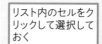

2 [テーブルとして書式設定] をクリック

スタイルの一覧が表示された

3 テーブルのスタイルをクリック

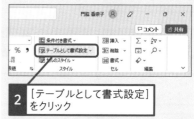

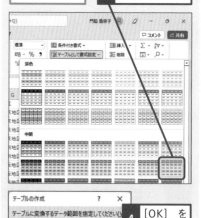

4 [OK] をクリック

●ファイルの保存先を選択する

[名前を付けて保存] の
画面が表示された

2 [名前を付けて保存]
をクリック

3 [参照] を
クリック

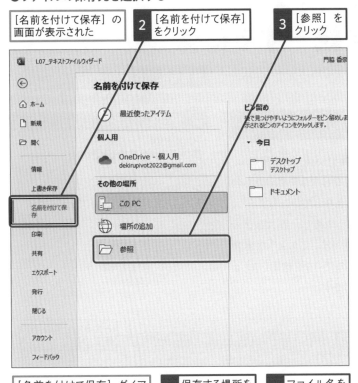

[名前を付けて保存] ダイア
ログボックスが表示された

4 保存する場所を
確認

5 ファイル名を
入力

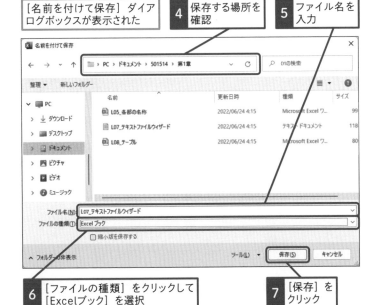

6 [ファイルの種類] をクリックして
[Excelブック] を選択

7 [保存] を
クリック

使いこなしのヒント
列幅を変更する

テキストファイルをExcelで開いたとき、フィールドによってはデータが列幅に収まらないこともあるでしょう。その場合は、列番号の右側の境界線を右にドラッグして列幅を広げて調整します。

使いこなしのヒント
**取り込んだテキストファイルを
保存するときは注意しよう**

テキストファイルをExcelに取り込んだ後、ファイルを保存しようとすると、ファイルの種類が [テキスト（タブ区切り）] になっています。テキスト形式のファイルは文字情報しか保存できないため、テキスト形式のままファイルを保存して閉じてしまうと、表の書式やピボットテーブルなどが削除されてしまうので注意が必要です。テキスト形式のデータを取り込んで、Excelの形式でファイルを保存するときは、手順6の [名前を付けて保存] ダイアログボックスで、[ファイルの種類] を [Excelブック] にして保存しましょう。

08 データの入力ミスや表記ゆれを統一するには

テーブル

練習用ファイル L08_テーブル.xlsx

基本編

第1章 ピボットテーブルで効率よくデータを分析しよう

膨大なデータから表記ゆれをすぐに見つける

集計元のリストに表記ゆれがあると、正しい集計結果になりません。例えば、同じ商品でも、漢字で書いたものとひらがなで書いたものが混在していたり、全角文字と半角文字が混在していたりすると、それぞれ違う商品として集計されてしまいます。しかし、膨大なデータの中から表記ゆれを見つけるのは至難の業です。このような場合には、テーブルの機能を利用し、フィールド内のデータを確認しましょう。表記ゆれの有無を素早く確認できて便利です。

関連レッスン

	A	B	C	D	E	F	G	H	I	J	K	L
1	売上番号	明細番号	日付	顧客番号	顧客名	担当者	地区	商品番号	商品名	商品分類	価格	数量
13	106	12	2022/1/1	K106	全国グルメストア	田中悠斗	東京地区	B101	名代そば	麺類	¥6,800	10
14	106	13	2022/1/1	K106	全国グルメStore	田中悠斗	東京地区	B102	名物うどん	麺類	¥6,500	10
21	110	20	2022/1/1	K110	日本食ギフト	浜野翔	大阪地区	A101	豆塩大福	菓子類	¥5,800	10
22	110	21	2022/1/1	K110	日本食gift	浜野翔	大阪地区	A102	抹茶プリン	菓子類	¥4,600	10

入力ミスを見つけて修正する

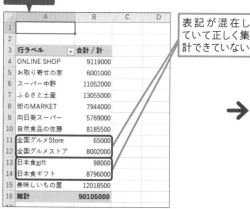

Before

	A	B	C	D
1				
2				
3	行ラベル	合計 / 計		
4	ONLINE SHOP	9119000		
5	お取り寄せの家	6001000		
6	スーパー中野	11052000		
7	ふるさと土産	13055000		
8	街のMARKET	7944000		
9	向日葵スーパー	5769000		
10	自然食品の佐藤	8185500		
11	全国グルメStore	65000		
12	全国グルメストア	8002000		
13	日本食gift	98000		
14	日本食ギフト	8796000		
15	美味しいもの屋	12018500		
16	総計	90105000		

表記が混在していて正しく集計できていない

→

After

	A	B	C	D
1				
2				
3	行ラベル	合計 / 計		
4	ONLINE SHOP	9119000		
5	お取り寄せの家	6001000		
6	スーパー中野	11052000		
7	ふるさと土産	13055000		
8	街のMARKET	7944000		
9	向日葵スーパー	5769000		
10	自然食品の佐藤	8185500		
11	全国グルメストア	8067000		
12	日本食ギフト	8894000		
13	美味しいもの屋	12018500		
14	総計	90105000		
15				
16				

表記が統一され、正確に集計されている

使いこなしのヒント

正しい表記で正しい集計ができる

上の画面は、元のリストの「顧客名」に同じ顧客なのに異なる表記が混在しているため、ピボットテーブルを作成したときに、正しく集計されない例を示しています。[Before]の画面では、「全国グルメStore」と「全国グルメストア」、「日本食gift」と「日本食ギフト」は同じ顧客名にもかかわらず、別々の顧客として集計されてしまっています。表記ゆれを修正すると、[After]の画面のように正しく集計できるようになります。元のリストに表記ゆれがないようにしておくことは、ピボットテーブルを作成する上で大切な準備です。

スキルアップ

クイック分析ツールを使ってテーブルに変換できる

Excelでは、クイック分析ツールを利用してリスト範囲をテーブルに変換できます。クイック分析ツールとは、データを素早く分析できる機能です。分析結果のイメージを確認しながら分析方法を選択できるので、データの大きさを分かりやすく表現するときに利用すると便利です。この機能を利用する

には、まず、分析するデータの範囲を選択し、分析方法を選びます。テーブルに変換したい場合、[テーブル]を選択しましょう。

1 テーブルに変換するセル範囲をドラッグして選択

2 [クイック分析]をクリック

3 [テーブル]をクリック

4 [テーブル]をクリック

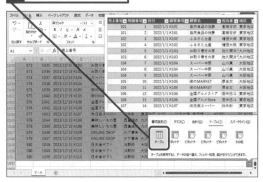

[テーブル]にマウスポインターを合わせると、変換後のテーブルがプレビューで表示される

選択したセル範囲がテーブルに変換される

1 リスト範囲をテーブルに変換する

テーブルに変換して表記が異なる商品名を抽出する

1 リスト内のセルをクリックして選択

2 [挿入]タブをクリック

3 [テーブル]をクリック

4 [テーブル]をクリック

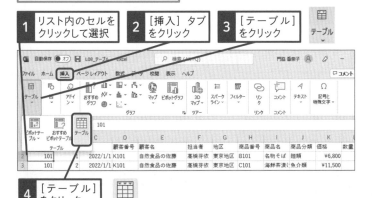

[テーブルの作成]ダイアログボックスが表示された

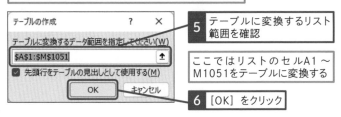

5 テーブルに変換するリスト範囲を確認

ここではリストのセルA1〜M1051をテーブルに変換する

6 [OK]をクリック

使いこなしのヒント

テーブルって何?

テーブルとは、リスト形式で集めたデータを効率よく管理するための機能です。例えば、データの抽出や並べ替え、集計なども簡単に実行できるようになります。なお、テーブルは後から普通のセル範囲に戻すこともできます。

ショートカットキー

クイック分析ツールの実行	Ctrl + Q
テーブルの作成	Ctrl + T

次のページに続く→

2 表記が異なるデータを抽出する

リストがテーブルに変換された

1 ［顧客名］のフィルターボタンをクリック

2 ［(すべて選択)］をクリックしてすべてのチェックマークをはずす

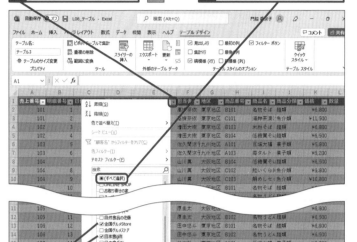

3 「全国グルメStore」と「日本食gift」をクリックしてチェックマークを付ける

4 ［OK］をクリック

3 表記を修正する

フィールド名が［顧客名］のデータから表記がゆれている顧客のみが抽出された

1 「全国グルメストア」と入力

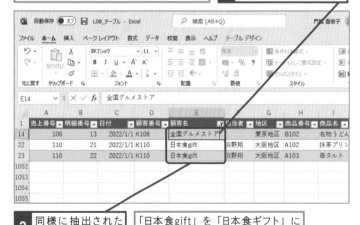

2 同様に抽出された顧客名を修正

「日本食gift」を「日本食ギフト」に修正する

全角文字を入力した後、セルをコピーして該当のセルに貼り付けてもいい

使いこなしのヒント
文字の前後に空白があるときは

文字の前後に空白が含まれている場合とそうでない場合とでは、別のデータとして認識されてしまいます。空白が含まれているデータとそうでないデータが混在しているときは、TRIM関数を使って余計な空白を取り除きます。

テーブルをセル範囲に戻しておく

新しい列を挿入しておく

文字列の先頭と末尾に空白（スペース）が含まれている

1 「=TRIM(E2)」と入力

2 Enter キーを押す

3 セルF2のフィルハンドルをダブルクリック

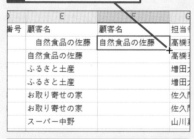

列番号Fをコピーして同じ列にその値を貼り付け、修正前の列番号Eを削除しておく

●修正箇所を確認する

顧客名に修正され、正しい表記が統一された

必要に応じて[商品名]のフィルターボタンをクリックし、[(すべて選択)]をクリックして[OK]をクリックする

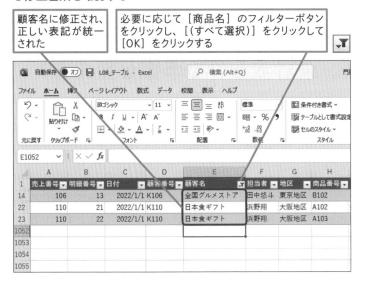

使いこなしのヒント

テーブルを通常のセル範囲に戻すには

テーブルをセル範囲に変更するには、テーブル内のセルをクリックした後、以下のように操作します。

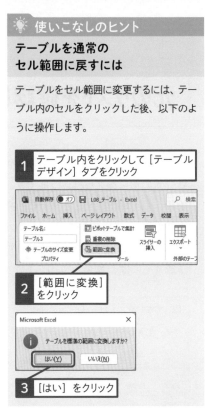

1 テーブル内をクリックして[テーブルデザイン]タブをクリック

2 [範囲に変換]をクリック

3 [はい]をクリック

スキルアップ

修正する文字列が多い場合は、置換機能を使って修正しよう

文字列のデータが多い場合は、1つずつデータを修正するのに手間がかかります。そのような場合は、置換機能を使いましょう。1つ残らず確実に修正を行うことができます。下の図は、「日本食gift」を「日本食ギフト」に置き換える操作です。また、[置換と検索]ダイアログボックスの[オプション]では、アルファベットの大文字と小文字、半角と全角を区別して検索・置換することも可能です。

[置換と検索]ダイアログボックスが表示された

4 [検索する文字列]に「日本食gift」と入力

5 [置換後の文字列]に「日本食ギフト」と入力

6 [すべて置換]をクリック

[オプション]では、より詳細な検索と置換を行うことができる

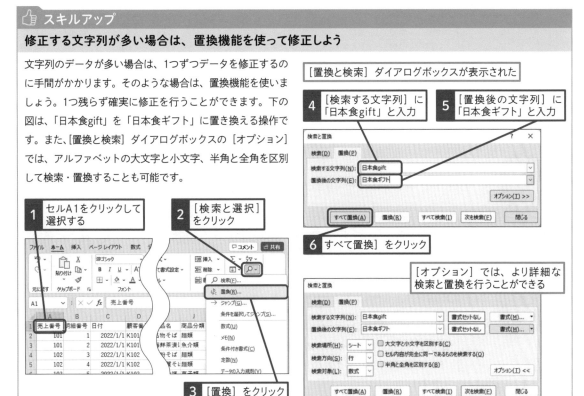

1 セルA1をクリックして選択する

2 [検索と選択]をクリック

3 [置換]をクリック

この章のまとめ

元のリストを確認して、集計表を作る準備を整えよう

ピボットテーブルとは、売上明細などのリストを集計表の形に整えられる機能です。簡単な操作であっという間に作成できます。集計表を分かりやすくグラフ化するには、ピボットグラフを利用します。ピボットテーブルやピボットグラフを作成するには、集計元のリストが必要です。リスト作りのルールを確認しておきましょう。なお、既存のファイルをExcelに読み込む方法やそのデータを整理する方法は第11章で紹介しています。データの読み込みとデータ整理が同時にできれば、データをそのまま利用できます。ぜひ参考にしてください。

リスト作り、何となく分かってきました!

それは良かった。ピボットテーブルを正確に操作するために、リストの基本をしっかりと覚えておきましょう。

テキストデータからのリスト作りが参考になりました。

業務ソフトなどのデータをリスト化する場合は、一連の操作をメモしておくと便利です。さて次の章でいよいよ、ピボットテーブルを操作しますよ!

基本編

第2章

基本的な集計表を作ろう

ここからは基本編として、いよいよピボットテーブルの作成に入ります。難しい操作はないので安心してください。簡単なピボットテーブルなら、数回のクリックと、ドラッグ操作だけで完成します。

Introduction この章で学ぶこと

ピボットテーブルの基本操作を知ろう

この章では、基本的なピボットテーブルの作成手順を紹介します。また、ピボットテーブルの元のリストの内容が変更になったり、リストの範囲が変更になったりした場合は、ピボットテーブルを更新して正しい集計結果が表示されるようにします。

ピボットテーブルを作ろう！

いよいよピボットテーブルの操作ですね！

ふふふ、楽しいですよー♪ Excelの自動処理の優秀さに感動すると思います。

私も最初、こんなに簡単なの？ ってびっくりしました。

この操作感は一度知ったらヤミツキです♪ マウスの周りを片付けておきましょう。

マウス操作だけでラクラク完成！

ピボットテーブルはマウス操作で作ります。クリックやドラッグの操作が多いので、ノートパソコンの方もマウスを使うのがいいでしょう。

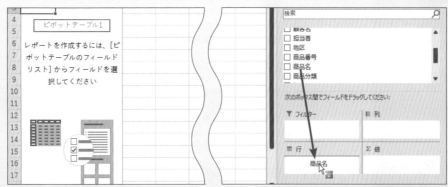

これがピボットテーブルです

ピボットテーブルの典型的な集計表を作ります。「ピボットテーブルを
作成する」「項目をドラッグする」はい、できました！

これこれ、この手軽さがすごいです！

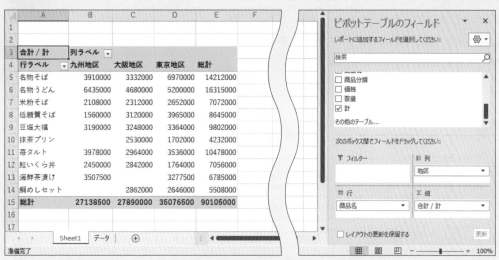

データの更新・絞り込みも自由自在！

ピボットテーブルが完成したら、ちょっとだけ「魔法」を使ってみます。
データの明細を表示したり、絞り込んだりしてみましょう。

すごい、一瞬で明細が出た！表を作り
直さなくてもいいんですね！

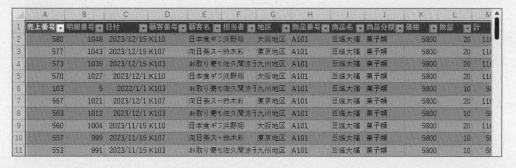

10 ピボットテーブルの作成手順を知ろう

ピボットテーブルの作成

YouTube動画で見る
詳細は2ページへ

練習用ファイル　L10_作成手順.xlsx

集計表の土台を作る

一般的に集計表の作成は、表の上端と左端に項目名を入力し、列と行の交差するセルに集計結果を表示します。一方、ピボットテーブルの場合、項目名を入力する必要はありません。ピボットテーブルは、フィールド名を配置してさまざまな集計表を作成できます。

関連レッスン

Before

	A	B	C	D	E	F	G	H	I	J	K	L
1	売上番号	明細番号	日付	顧客番号	顧客名	担当者	地区	商品番号	商品名	商品分類	価格	数量
2	101	1	2022/1/1	K101	自然食品の佐藤	髙橋芽依	東京地区	B101	名物そば	麺類	¥6,800	10
3	101	2	2022/1/1	K101	自然食品の佐藤	髙橋芽依	東京地区	C101	海鮮茶漬け	魚介類	¥11,500	10
4	102	3	2022/1/1	K102	ふるさと土産	増田大樹	東京地区	B103	米粉そば	麺類	¥6,800	10
5	102	4	2022/1/1	K102	ふるさと土産	増田大樹	東京地区	B104	低糖質そば	麺類	¥6,500	10
6	103	5	2022/1/1	K103	お取り寄せの家	佐久間涼子	九州地区	A101	豆塩大福	菓子類	¥5,800	10
7	103	6	2022/1/1	K103	お取り寄せの家	佐久間涼子	九州地区	A103	苺タルト	菓子類	¥5,200	10
8	104	7	2022/1/1	K104	スーパー中野	山川真	大阪地区	B104	低糖質そば	麺類	¥6,500	10
9	104	8	2022/1/1	K104	スーパー中野	山川真	大阪地区	C102	鮭いくら丼	魚介類	¥9,800	10
10	104	9	2022/1/1	K104	スーパー中野	山川真	大阪地区	C103	鯛めしセット	魚介類	¥10,800	10
11	105	10	2022/1/1	K105	街のMARKET	原圭太	大阪地区	B101	名物そば	麺類	¥6,800	10

After

◆レイアウトセクション

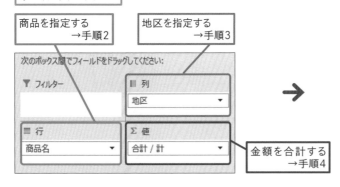

商品を指定する
→手順2

地区を指定する
→手順3

次のボックス間でフィールドをドラッグしてください:

▼ フィルター

||| 列
地区　　　　　　　▼

≡ 行
商品名　　　　　　▼

Σ 値
合計 / 計　　　　　▼

金額を合計する
→手順4

商品ごとに地区別の売上金額を
集計できる

	A	B	C	D	E	F
1						
2						
3	合計 / 計	列ラベル ▼				
4	行ラベル ▼	九州地区	大阪地区	東京地区	総計	
5	名物そば	3910000	3332000	6970000	14212000	
6	名物うどん	6435000	4680000	5200000	16315000	
7	米粉そば	2108000	2312000	2652000	7072000	
8	低糖質そば	1560000	3120000	3965000	8645000	
9	豆塩大福	3190000	3248000	3364000	9802000	
10	抹茶プリン		2530000	1702000	4232000	
11	苺タルト	3978000	2964000	3536000	10478000	
12	鮭いくら丼	2450000	2842000	1764000	7056000	
13	海鮮茶漬け	3507500		3277500	6785000	
14	鯛めしセット		2862000	2646000	5508000	
15	総計	27138500	27890000	35076500	90105000	

💡 使いこなしのヒント

元のデータを利用してあっという間に完成できる

集計元のリストにある[地区]や[商品名]などのフィールド名に注目しましょう。上の画面は、[Before]の売上リストを元に、ピボットテーブルを作成した例です。[After]では、[商品名]フィールドを集計表の行に、[地区]フィールドを列

に配置し、[計]フィールドの値を集計しています。行や列の項目には、元のリストのフィールドに入力されているデータがそのまま表示されるので、あっという間に集計表の土台が完成します。

スキルアップ

おすすめピボットテーブルを使ってみよう

Excelが提示するピボットテーブルのレイアウトから、目的のものを選択するだけで、自動的にピボットテーブルを作成できます。提示されるレイアウトの多くは、文字データが表の項目、数値データが集計対象になります。そのため、[売上番号]や[明細番号]などの数字のデータが、意味なく集計されることもあるので、レイアウトを選択するときは、注意が必要です。もちろん、作成したピボットテーブルは、後から変更できます。

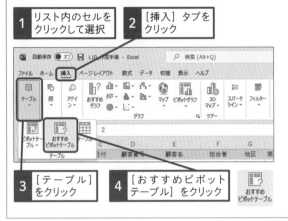

1 リスト内のセルをクリックして選択

2 [挿入] タブをクリック

3 [テーブル] をクリック

4 [おすすめピボットテーブル] をクリック

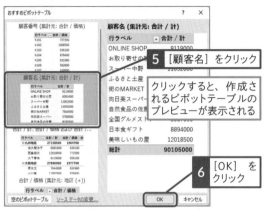

5 [顧客名] をクリック

クリックすると、作成されるピボットテーブルのプレビューが表示される

6 [OK] をクリック

---

1 ピボットテーブルを作成する

リストを元に新しいワークシートにピボットテーブルを作成する

ピボットテーブルを作成するときは必ず元データのセルを選択する

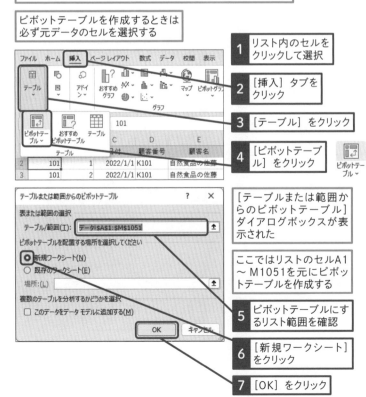

1 リスト内のセルをクリックして選択

2 [挿入] タブをクリック

3 [テーブル] をクリック

4 [ピボットテーブル] をクリック

[テーブルまたは範囲からのピボットテーブル] ダイアログボックスが表示された

ここではリストのセルA1～M1051を元にピボットテーブルを作成する

5 ピボットテーブルにするリスト範囲を確認

6 [新規ワークシート] をクリック

7 [OK] をクリック

使いこなしのヒント

なぜリスト内のセルを選択しておくの?

手順1の操作のように、ピボットテーブルを作成する前にリスト内のセルを選択しておくと、リスト範囲が自動的に認識されます。ただし、リスト内に空白列や空白行がある場合は正しい範囲を認識できません。リストには、空白列や空白行が含まれないようにしておきましょう。

ここに注意

手順1で、[テーブル/範囲]に元のリスト範囲が表示されないときは、最初にリスト内のセルを選択していなかった可能性があります。[キャンセル]ボタンをクリックして手順1からやり直すか、手順1の下の画面で[テーブル/範囲]の⬆をクリックして元のリスト範囲をドラッグして指定します。

次のページに続く →

② 商品名を追加する

[ピボットテーブルの枠が表示された]

[[フィールドリスト]ウィンドウが表示された]

◆[フィールドリスト]ウィンドウ

[レイアウトセクション]の[行]エリアに[商品名]フィールドを配置する

1 [商品名]にマウスポインターを合わせる

2 [行]エリアにドラッグ

③ 地区を追加する

[[行]フィールドに[商品名]フィールドが配置された]

[[レイアウトセクション]の[列]エリアに[地区]フィールドを配置する]

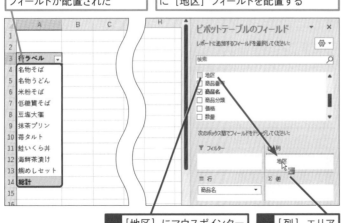

1 [地区]にマウスポインターを合わせる

2 [列]エリアにドラッグ

🔅 使いこなしのヒント

[列]エリアや[行]エリアって何?

[フィールドリスト]ウィンドウの[レイアウトセクション]には、[フィルター][列][行][値]の4つのエリアがあります。集計表の上の項目が[列]、左の項目が[行]、集計値を表示する部分が[値]エリアです。どのフィールドをどのエリアに配置するのかによって集計表の配置が決まります。

🔅 使いこなしのヒント

[フィールドリスト]ウィンドウがなくなってしまったときは

ピボットテーブル以外のセルをクリックすると、[フィールドリスト]ウィンドウが非表示になります。ピボットテーブル内のセルをクリックしていても[フィールドリスト]ウィンドウが非表示の場合は、[ピボットテーブル分析]タブの[フィールドリスト]ボタンをクリックします。

[ピボットテーブル内のセルを選択しておく]

1 [ピボットテーブル分析]タブをクリック

2 [表示]をクリック

3 [フィールドリスト]をクリック

---

4 金額を集計する

[列] フィールドに [地区]
フィールドが配置された

1 ここを下にドラッグ
してスクロール

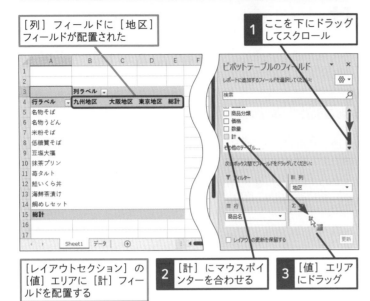

[レイアウトセクション] の
[値] エリアに [計] フィー
ルドを配置する

2 [計] にマウスポイ
ンターを合わせる

3 [値] エリア
にドラッグ

[値] フィールドに [計] フィールドが
配置された

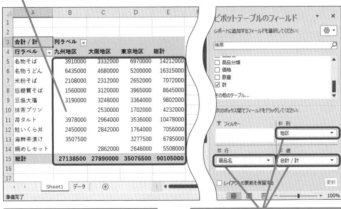

商品ごとに地区別の売上金額が
集計された

各フィールドが [レイアウトセク
ション] に配置された

💡 使いこなしのヒント

集計値のヒントを
表示するには

ピボットテーブルの集計値にマウスポイ
ンターを合わせると、どの行と列の計算
結果なのか、ヒントが表示されます。こ
れを利用すれば、ピボットテーブルが大
きくて項目名が見えない場合も、スクロー
ルせずに項目名を確認できて便利です。

マウスポインターを合わせると集計
値のヒントが表示される

列ラベル			
九州地区	大阪地区	東京地区	総計
3910000	3332000	6970000	14212000
6435000	4680000	5200000	16315000
2108000	231値: 4680000 52000		7072000
1560000	312行: 名物うどん 65000		8645000
3190000	3248列: 大阪地区 64000		9802000

💡 使いこなしのヒント

表の上端（左端）のみ
項目を表示するには

集計表の上端に項目を表示する必要がない
場合、[列] エリアにフィールドを配置す
る必要はありません。また、左端に項目を
表示する必要がない場合、[行] エリアに
フィールドを配置する必要はありません。

[地区] などのフィールドが不要
なときは、[列] エリアに何も
配置しなくてもいい

	行ラベル	合計 / 計
3		
4	名物そば	14212000
5	名物うどん	16315000
6	米粉そば	7072000
7	低糖質そば	8645000
8	豆塩大福	9802000
9	抹茶プリン	4232000
10	苺タルト	10478000
11	鮭いくら丼	7056000
12	海鮮茶漬け	6785000
13	鯛めしセット	5508000
14	総計	90105000

⚠ ここに注意

間違った場所にフィールドをドラッグした
ときは、[レイアウトセクション] のフィー
ルドをドラッグして目的のエリアに配置し
直します。

集計元のデータを 修正するには

データの更新

練習用ファイル　L11_データの更新.xlsx

リストを変更しても自動で反映されない

勘違いをしやすいのですが、ピボットテーブルは、集計元のリストと常に連動しているわけではありません。そのため、元のリストが修正されても、ピボットテーブルの集計結果は変わりません。修正を反映するには、ピボットテーブルで更新操作を行います。

関連レッスン

レッスン12
集計元のデータを後から
追加するには　　　　　　p.58

集計元のリストでデータを修正する

	A	B	C	D	E	F	G	H	I	J	K	L
1	売上番号	明細番号	日付	顧客番号	顧客名	担当者	地区	商品番号	商品名	商品分類	価格	数量
2	101	1	2022/1/1	K101	自然食品の佐藤	髙橋芽依	東京地区	B101	名物そば	麺類	¥6,800	5
3	101	2	2022/1/1	K101	自然食品の佐藤	髙橋芽依	東京地区	C101	海鮮茶漬け	魚介類	¥11,500	10
4	102	3	2022/1/1	K102	ふるさと土産	増田大樹	東京地区	B103	米粉そば	麺類	¥6,800	10
5	102	4	2022/1/1	K102	ふるさと土産	増田大樹	東京地区	B104	低糖質そば	麺類	¥6,500	10
6	103	5	2022/1/1	K103	お取り寄せの家	佐久間涼子	九州地区	A101	豆塩大福	菓子類	¥5,800	10
7	103	6	2022/1/1	K103	お取り寄せの家	佐久間涼子	九州地区	A103	苺タルト	菓子類	¥5,200	10

Before

リストのデータを修正してもピボットテーブルには反映されない

ピボットテーブルで更新を実行する

After

更新を実行して初めてピボットテーブルに修正が反映される

	A	B
3	行ラベル	合計 / 計
4	海鮮茶漬け	6785000
5	鮭いくら丼	7056000
6	鯛めしセット	5508000
7	低糖質そば	8645000
8	豆塩大福	9802000
9	米粉そば	7072000
10	抹茶プリン	4232000
11	名物うどん	16315000
12	名物そば	14178000
13	苺タルト	10478000
14	総計	90071000

→

	A	B
3	行ラベル	合計 / 計
4	海鮮茶漬け	6785000
5	鮭いくら丼	7056000
6	鯛めしセット	5508000
7	低糖質そば	8645000
8	豆塩大福	9802000
9	米粉そば	7072000
10	抹茶プリン	4232000
11	名物うどん	16315000
12	名物そば	14212000
13	苺タルト	10478000
14	総計	90105000

使いこなしのヒント

更新操作を行うと瞬時に反映される

上の画面は、ピボットテーブルの元リストにあるセルL2の数値を修正し、「名物そば」の売上金額を変更した例ですが、これだけではピボットテーブルの「名物そば」の集計結果は変わりません。ピボットテーブルで更新操作を行うと、[Before] の画面から [After] の画面のセルB12の値のように、瞬時に集計結果が修正されます。

1 元データを修正する

ピボットテーブルの元
データを修正する

1 [データ] シートを
クリック

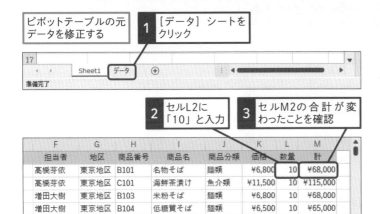

2 セルL2に
「10」と入力

3 セルM2の合計が変
わったことを確認

	F	G	H	I	J	K	L	M
	担当者	地区	商品番号	商品名	商品分類	価格	数量	計
	高橋芽依	東京地区	B101	名物そば	麺類	¥6,800	10	¥68,000
	高橋芽依	東京地区	C101	海鮮茶漬け	魚介類	¥11,500	10	¥115,000
	増田大樹	東京地区	B103	米粉そば	麺類	¥6,800	10	¥68,000
	増田大樹	東京地区	B104	低糖質そば	麺類	¥6,500	10	¥65,000

2 ピボットテーブルを更新する

ピボットテーブルの元データが
修正された

更新を実行してピボットテーブルに
修正を反映させる

1 [Sheet1] シートをクリック

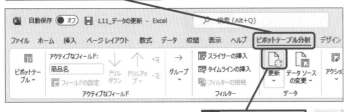

2 [ピボットテーブル分析] タブ
をクリック

3 [更新] をクリック

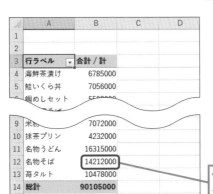

修正がピボットテーブルに
反映された

使いこなしのヒント

ブックを開くときに
データを更新するには

ブックを開いたときに、ピボットテーブル
のデータが更新されるようにするには、ピ
ボットテーブル内のセルをクリックし、以
下の手順を実行します。

1 [ピボットテーブル分析] タブを
クリック

2 [ピボットテーブル] を
クリック

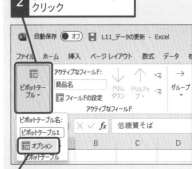

3 [オプション] をクリック

[ピボットテーブルオプション] ダイアロ
グボックスが表示された

4 [データ] タブをクリック

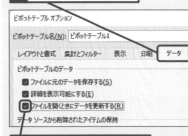

5 ここをクリックしてチェック
マークを付ける

6 [OK] をクリック

リストの変更後にブックを開くと、
ピボットテーブルのデータが自動で
更新されるようになる

12 集計元のデータを 後から追加するには

データソースの変更

練習用ファイル　L12_データソースの変更.xlsx

基本編 第2章 基本的な集計表を作ろう

データを追加したらリスト範囲を修正する

元のリストを修正したとき、修正を集計結果に反映させるには「更新」操作が必要ですが、データを追加した場合は、「リスト範囲の修正」が必要です。テーブルを元にピボットテーブルを作成している場合は、右ページ下の「使いこなしのヒント」を参照してください。

🔗 関連レッスン

レッスン11
集計元のデータを修正するには　p.56

リストに新たなデータを追加して
ピボットテーブルで集計する

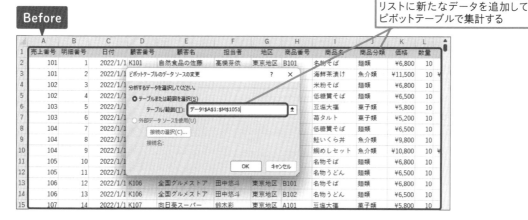

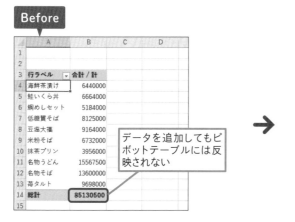

データを追加してもピ
ボットテーブルには反
映されない

ピボットテーブルのリスト
範囲を修正する

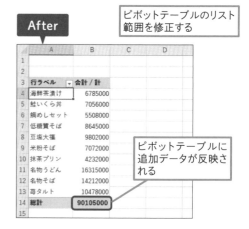

ピボットテーブルに
追加データが反映さ
れる

💡 使いこなしのヒント

データソースを使用してリスト範囲を修正する

上の画面は、元リストに「2023年12月」の売上データを追加した例ですが、これだけでは集計結果は変わりません。リスト範囲を修正すると、[Before] 画面から [After] 画面のように集計結果が変わります。

1 追加するデータをコピーする

ピボットテーブルのリストに売上
データを追加する

ここでは別のワークシートにある
データを選択する

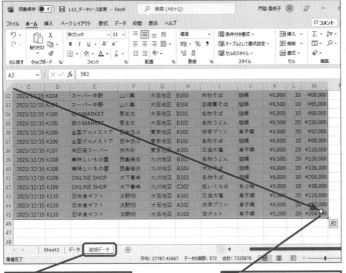

1 [追加データ] シートを
クリック

2 セルA2 〜 M45まで
ドラッグして選択

追加データを
コピーする

3 [ホーム] タブを
クリック

4 [コピー] を
クリック

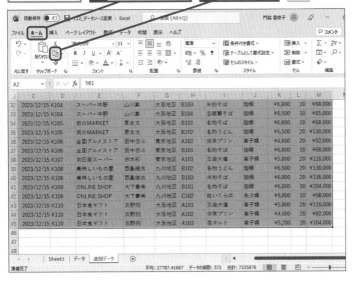

次のページに続く →

集計元のファイルが開けないと
表示されたときは

ピボットテーブルの元のリストが含まれる
ファイルが見つからない場合は、ピボット
テーブルを更新したときなどに、メッセー
ジが表示されることがあります。その場合
には次のように操作して、元のリスト範囲
を指定し直します。

元のリストが見つからないときは
エラーメッセージが表示される

1 [OK] をクリック

2 [ピボットテーブル分析] タブ
をクリック

3 [データソースの変更] をクリック

ここをクリックし、リスト範囲を
設定し直す

💡 使いこなしのヒント

元のリスト範囲を
自動的に広げるには

頻繁にデータを追加する場合は、レッス
ン08のように集計元のリストをテーブル
に変換しておくといいでしょう。テーブル
は、データを追加するとその範囲が自動
的に広がるので、更新するだけで元リスト
の修正を反映できて便利です。

⌨ ショートカットキー

コピー　　　　　　　　　　　　　`Ctrl` + `C`

2 追加するデータを貼り付ける

[データ] シートに追加データを
貼り付ける

1 [データ] シートを
クリック

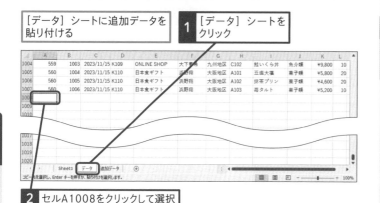

2 セルA1008をクリックして選択

3 [ホーム] タブ
をクリック

4 [貼り付け] を
クリック

追加データが貼り付
けられた

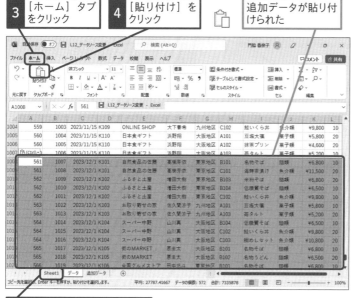

5 [Sheet1] シートをクリック

ピボットテーブルを確認する

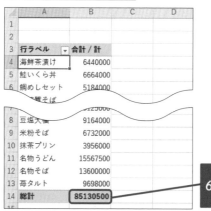

6 追加した売上データがピ
ボットテーブルに反映さ
れていないことを確認

⌨ ショートカットキー

貼り付け　　　　　　　　　Ctrl + V

⏱ 時短ワザ

リストの終端のセルに素早く
移動するには

手順2の上の画面のようにリストの最終行
の下にあるセルに素早く移動するには、A
列のセルのいずれかを選択し、Ctrl + ↓
キーを押します。すると、列の最終行のセ
ルにアクティブセルが移動します。続いて、
↓キーを押せば、最終行の下のセルに素
早く移動できます。

💡 使いこなしのヒント

ピボットテーブルの
場所を移動するには

ピボットテーブルをほかのワークシートに
移動するには、ピボットテーブル内のセル
をクリックした上で、以下の手順を実行し
ます。

ピボットテーブル内のセルを
選択しておく

1 [ピボットテーブル分析] タブを
クリック

2 [アクション]
をクリック

3 [ピボットテーブルの移動]
をクリック

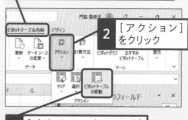

4 ここをクリックしてピボット
テーブルを移動するワー
クシートを選択

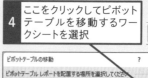

5 [OK] をクリック

3 リスト範囲を修正する

ピボットテーブルのリスト範囲
を修正する

1 ［ピボットテーブル分析］タブを
クリック

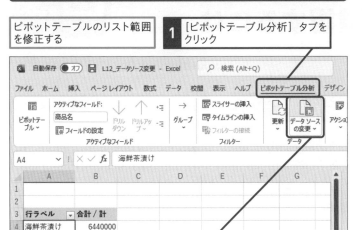

2 ［データソースの変更］
をクリック

［ピボットテーブルのデータソースの変更］ダイ
アログボックスが表示された

ここではセルA1～
M1051を選択する

3 「1007」を「1051」
に修正

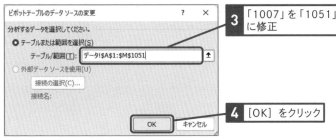

4 ［OK］をクリック

追加した売上データがピボットテーブルに
反映された

	A	B	C	D
1				
2				
3	行ラベル	合計 / 計		
4	海鮮茶漬け	6785000		
5	鮭いくら丼	7056000		
6	鯛めしセット	5508000		
7	低糖質そば	8645000		
8	豆塩大福	9802000		
9	米粉そば	7072000		
10	抹茶プリン	4232000		
11	名物うどん	16315000		
12	名物そば	14212000		
13	苺タルト	10478000		
14	総計	90105000		
15				

💡 使いこなしのヒント

リスト範囲をドラッグ操作で
指定するには

リストの範囲を選択するには、手順3の［ピ
ボットテーブルのデータソースの変更］ダ
イアログボックスにある［テーブル/範囲］
の⬆をクリックして、リストの範囲全体を
ドラッグする方法もあります。

1 ここをクリック ⬆

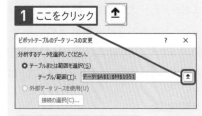

リスト範囲をドラッグして
選択できる

💡 使いこなしのヒント

テーブルを元に作成している
場合は

テーブルを元にピボットテーブルを作成
している場合は（レッスン08参照）、手順
3の［ピボットテーブルのデータソースの
変更］ダイアログボックスの「テーブル/
範囲」にテーブル名が表示されます。テー
ブル名を指定する方法は、レッスン71を
参照してください。

リスト範囲がテーブルの場合は、
［テーブル/範囲］にテーブル名が
表示される

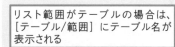

⚠ ここに注意

手順3でリスト範囲を間違って入力してし
まうと、「データソースの参照が正しくあ
りません」とメッセージが表示されます。
その場合は、［OK］ボタンをクリックし、
リスト範囲を指定し直します。

13 集計値の明細を 一覧表で確認するには

YouTube 動画で見る

詳細は2ページへ

明細データの表示

練習用ファイル　L13_明細データ表示.xlsx

集計結果の元データをすぐに確認したい

ピボットテーブルでは、集計値をダブルクリックすると、新しいワークシートが追加され、集計値の明細データが表示されます。これを利用すれば、集計値の元データを確認できるだけではなく、特定の商品や売上データだけを別のリストにできます。

🔗 関連レッスン

レッスン18
データの項目を掘り下げて
集計するには　　　　　　p.76

Before

3	行ラベル ▼	合計 / 計
4	海鮮茶漬け	6785000
5	鮭いくら丼	7056000
6	鯛めしセット	5508000
7	低糖質そば	8645000
8	豆塩大福	9802000
9	米粉そば	7072000
10	抹茶プリン	4232000
11	名物うどん	16315000
12	名物そば	14212000
13	苺タルト	10478000
14	総計	90105000

集計値の明細を知りたい

ワークシートが作成され、集計値の明細データが表示される

After

	A	B	C	D	E	F	G	H	I	J	K	L	M
1	売上番号 ▼	明細番号 ▼	日付 ▼	顧客番号 ▼	顧客名 ▼	担当者 ▼	地区 ▼	商品番号 ▼	商品名 ▼	商品分類 ▼	価格 ▼	数量 ▼	計
2	580	1048	2023/12/15	K110	日本食ギフ	浜野翔	大阪地区	A101	豆塩大福	菓子類	5800	20	116
3	577	1043	2023/12/15	K107	向日葵スー	鈴木彩	東京地区	A101	豆塩大福	菓子類	5800	20	116
4	573	1035	2023/12/15	K103	お取り寄せ	佐久間涼子	九州地区	A101	豆塩大福	菓子類	5800	20	116
5	570	1027	2023/12/1	K110	日本食ギフ	浜野翔	大阪地区	A101	豆塩大福	菓子類	5800	20	116
6	103	5	2022/1/1	K103	お取り寄せ	佐久間涼子	九州地区	A101	豆塩大福	菓子類	5800	10	58
7	567	1021	2023/12/1	K107	向日葵スー	鈴木彩	東京地区	A101	豆塩大福	菓子類	5800	20	116
8	563	1012	2023/12/1	K103	お取り寄せ	佐久間涼子	九州地区	A101	豆塩大福	菓子類	5800	10	58

💡 使いこなしのヒント

データの抽出機能としても手軽に利用できる

上の [Before] の画面は、ピボットテーブルの「豆塩大福」の集計値をダブルクリックした例です。たったこれだけで、[After] の画面のように、「豆塩大福」の明細データが表示されます。

元のリストを並べ替えたり、抽出条件を指定したりする手間がなく、元のリストに手を加える必要もないので、データの抽出機能としても手軽に利用できます。

1 集計値の明細データを表示する

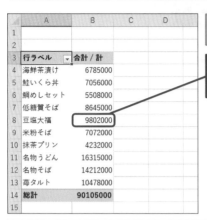

「豆塩大福」の明細データを表示する

	A	B	C	D
1				
2				
3	行ラベル ▼	合計 / 計		
4	海鮮茶漬け	6785000		
5	鮭いくら丼	7056000		
6	鯛めしセット	5508000		
7	低糖質そば	8645000		
8	豆塩大福	9802000		
9	米粉そば	7072000		
10	抹茶プリン	4232000		
11	名物うどん	16315000		
12	名物そば	14212000		
13	苺タルト	10478000		
14	総計	90105000		
15				

1 明細データを表示する集計値のセルをダブルクリック

新しいワークシートに「豆塩大福」の明細データが表示された

列幅が狭いために「#######」と表示されている

2 文字列をすべて表示する

1 列番号CとDの境界線をダブルクリック

	A	B	C	D	E	F	G	H
1	売上番号 ▼	明細番号 ▼	日付 ▼	顧客番号 ▼	顧客名 ▼	担当者 ▼	地区 ▼	商品番号 ▼
2	580	1048	2023/12/15	K110	日本食ギフ	浜野翔	大阪地区	A101
3	577	1043	2023/12/15	K107	向日葵スー	鈴木彩	東京地区	A101
4	573	1035	2023/12/15	K103	お取り寄t	佐久間涼子	九州地区	A101
5	570	1027	2023/12/1	K110	日本食ギフ	浜野翔	大阪地区	A101
6	103	5	2022/1/1	K103	お取り寄t	佐久間涼子	九州地区	A101
7	567	1021	2023/12/1	K107	向日葵スー	鈴木彩	東京地区	A101
8	563	1012	2023/12/1	K103	お取り寄t	佐久間涼子	九州地区	A101
9	560	1004	2023/11/15	K110	日本食ギフ	浜野翔	大阪地区	A101
10	557	999	2023/11/15	K107	向日葵スー	鈴木彩	東京地区	A101
11	553	991	2023/11/15	K103	お取り寄t	佐久間涼子	九州地区	A101
12	550	983	2023/11/1	K110	日本食ギフ	浜野翔	大阪地区	A101

列幅が最適化され、日付が表示された

必要に応じてほかの列幅も変更しておく

使いこなしのヒント

明細を修正してもピボットテーブルには反映されない

手順1で表示された集計値の明細データは、ピボットテーブルの元のリストと連動しているわけではありません。そのため、手順1で表示された明細データを修正しても、ピボットテーブルの集計結果は変わりません。ピボットテーブルの集計結果を変更するには、ピボットテーブルの元になるリスト範囲のデータを修正し、ピボットテーブルを更新する必要があります（レッスン11を参照）。

使いこなしのヒント

明細データが表示されない場合は

集計値をダブルクリックしても、明細データが表示されない場合は、ピボットテーブル内をクリックし、以下の手順で操作します。

57ページのヒントを参考に、［ピボットテーブルオプション］ダイアログボックスを表示しておく

1 ［データ］タブをクリック

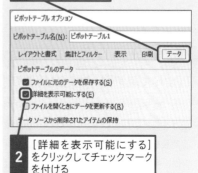

ピボットテーブル オプション

ピボットテーブル名(N): ピボットテーブル1

レイアウトと書式　集計とフィルター　表示　印刷　データ

ピボットテーブルのデータ

☑ ファイルに元のデータを保存する(S)
☑ 詳細を表示可能にする(E)
☐ ファイルを開くときにデータを更新する(R)

データソースから削除されたアイテムの保持

2 ［詳細を表示可能にする］をクリックしてチェックマークを付ける

3 ［OK］をクリック

14 指定した商品のみの 集計結果を表示するには

ドロップダウンリスト　　　　　　　　　　　　　　　**練習用ファイル** L14_ドロップダウンリスト.xlsx

基本編 第**2**章 基本的な集計表を作ろう

フィルターボタンで項目を瞬時に絞り込める

ピボットテーブルを作成した直後は、フィールドに含まれるすべての項目が表示されますが、表示する項目は自由に指定できます。行や列の追加や削除は必要ありません。フィルターボタンをクリックして表示される一覧のチェックボックスで簡単に絞り込めます。

関連レッスン

レッスン23
売上金額の上位5位までの商品を集計するには　　　　　　　　　　　p.94

レッスン24
指定したキーワードに一致する商品を集計するには　　　　　　　　　p.96

特定の商品のみを集計したい

Before

	A	B	C
1			
2			
3	行ラベル ▼	合計 / 計	
4	海鮮茶漬け	6785000	
5	鮭いくら丼	7056000	
6	鯛めしセット	5508000	
7	低糖質そば	8645000	
8	豆塩大福	9802000	
9	米粉そば	7072000	
10	抹茶プリン	4232000	
11	名物うどん	16315000	
12	名物そば	14212000	
13	苺タルト	10478000	
14	総計	90105000	

項目を絞り込むとフィルターボタンの形が変わる

After

	A	B	C	D
1				
2				
3	行ラベル ▼	合計 / 計		
4	名物うどん	16315000		
5	名物そば	14212000		
6	総計	30527000		
7				

商品を絞り込んで集計できた

フィルターボタンをクリックして絞り込みを解除できる

使いこなしのヒント

[(すべて選択)] の項目をうまく利用する

上の [Before] の画面は、ピボットテーブルで商品別の売り上げを集計したものです。一方 [After] の画面は、表示する商品を2つに絞り込んだ例です。この操作を手早く行うコツは、次ページの手順1で紹介している [(すべて選択)] の項目をうまく利用することです。[(すべて選択)] の項目をクリックすると、一度にすべてのチェックマークを付けたりはずしたりできます。表示する項目の数が少ない場合などは、最初に [(すべて選択)] の項目をクリックし、すべてのチェックマークをはずしてから操作すると、複数の項目のチェックマークをはずす手間を省けるため、表示する項目を素早く指定できます。

① フィルターを解除する

[商品名] フィールドのフィルター一覧を表示して特定の商品名のみに絞り込む

1 [商品名] フィールドのフィルターボタンをクリック

フィルター一覧が表示された

2 [(すべて選択)] をクリックしてチェックマークをはずす

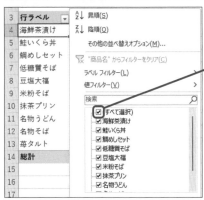

② 商品を指定する

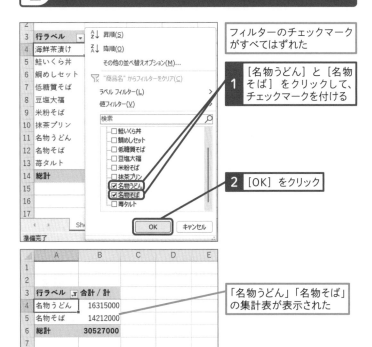

フィルターのチェックマークがすべてはずれた

1 [名物うどん] と [名物そば] をクリックして、チェックマークを付ける

2 [OK] をクリック

「名物うどん」「名物そば」の集計表が表示された

	A	B	C	D	E
1					
2					
3	行ラベル	合計 / 計			
4	名物うどん	16315000			
5	名物そば	14212000			
6	総計	30527000			
7					

14

ドロップダウンリスト

使いこなしのヒント
売り上げ上位を絞り込むには

集計表に表示する項目を絞り込むには、表示する項目を1つずつ選択する以外に、指定した条件に一致する項目を自動的に表示するように指定することもできます。例えば、商品の売上金額の上位○項目を絞り込んで表示できます。操作方法は、レッスン23を参照してください。

使いこなしのヒント
フィルターボタンが表示されない場合は

[行フィールド] や [列フィールド] のフィルターボタン (▼) が表示されない場合は、ピボットテーブル内のセルをクリックし、以下の手順で操作しましょう。

57ページのヒントを参考に、[ピボットテーブルオプション] ダイアログボックスを表示しておく

1 [表示] タブをクリック

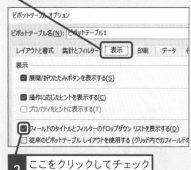

2 ここをクリックしてチェックマークを付ける

3 [OK] をクリック

使いこなしのヒント
絞り込み表示を解除するには

絞り込み表示を解除してすべての項目を表示するには、[商品名] フィールドのフィルターボタンをクリックし ["商品名"からフィルターをクリア] を選択します。

この章のまとめ

集計表作りはこれからが本番

ピボットテーブルを利用すれば、たった数回のクリックとドラッグ操作で簡単に集計表を作成できます。ポイントは、最初に一般的な集計表をイメージして集計表の上端・左端の項目と集計したい内容を確認し、各項目が元のリストのどのフィールドの内容なのかを見ておくことです。そ

うすれば、ピボットテーブルのどこに、どのフィールドをドラッグすればいいのか迷わず操作できます。次の章からは、集計結果からデータの傾向や推移を把握したり、問題があるデータを見つけたりする準備を行います。

	A	B	C	D	E	F
1						
2						
3	合計 / 計	列ラベル ▼				
4	行ラベル ▼	九州地区	大阪地区	東京地区	総計	
5	名物そば	3910000	3332000	6970000	14212000	
6	名物うどん	6435000	4680000	5200000	16315000	
7	米粉そば	2108000	2312000	2652000	7072000	
8	低糖質そば	1560000	3120000	3965000	8645000	
9	豆塩大福	3190000	3248000	3364000	9802000	
10	抹茶プリン		2530000	1702000	4232000	
11	苺タルト	3978000	2964000	3536000	10478000	
12	鮭いくら丼	2450000	2842000	1764000	7056000	
13	海鮮茶漬け	3507500		3277500	6785000	
14	鯛めしセット		2862000	2646000	5508000	
15	総計	27138500	27890000	35076500	90105000	
16						

ピボットテーブル、想像以上でした...！
今まで損してた気分です。

ふふふ、そうでしょう？　Excelには数々の機能がありますけど、インパクトではピボットテーブルがナンバーワンだと思います。

データの修正方法も参考になりました！

ええ、ピボットテーブルは作った後でもデータの内容を変更できるんです。更新も忘れずに行いましょう。

基本編

第 3 章

表の項目を切り替えよう

データを分析するには、気になるデータを見つけて、その数値の
大小や頻度、傾向などを把握し、何らかの原因を推測していき
ます。並べ替えやデータの掘り下げ、グループ化などの操作を行
い、ピボットテーブルのレイアウトを変更しながら、気になるデー
タを見つけましょう。

Introduction この章で学ぶこと

さまざまな視点から集計しよう

この章では、集計表の見出しを入れ替えたり、詳細の集計値を表示したり、集計値を並べ替えるなど、ピボットテーブルの基本的な変更方法を紹介します。ピボットテーブルの形を変えながら集計結果を確認して、気になるデータを見つけましょう。

パパっと項目を切り替えよう

ピボットテーブルの作り方にも慣れてきました。簡単にできて面白いですね♪

ふふふ、驚くのはまだ早いですよ。ここをこうして、クリックすると…はい!

え、表がガラッと変わった! どうやったんですか?

これぞピボット! この章では表の項目を一瞬で切り替える方法を説明します。

項目を動かすと表が変わる

「フィルター」や「列」などの項目を移動すると、ピボットテーブルの表示が次々と変わります。データを軸にクルクルと変わる、まさに「ピボット(回転軸)」と呼ばれる所以です。

3	行ラベル	合計 / 計	
4	ONLINE SHOP	9119000	
5	お取り寄せの家	6001000	
6	スーパー中野	11052000	
7	ふるさと土産	13055000	
8	街のMARKET	7944000	
9	向日葵スーパー	5769000	
10	自然食品の佐藤	8185500	
11	全国グルメストア	8067000	
12	日本食ギフト	8894000	
13	美味しいもの屋	12018500	
14	総計	90105000	
15			

→

3	合計 / 計	列ラベル			
4	行ラベル	九州地区	大阪地区	東京地区	総計
5	海鮮茶漬け	3507500		3277500	6785000
6	鮭いくら丼	2450000	2842000	1764000	7056000
7	鯛めしセット		2862000	2646000	5508000
8	低糖質そば	1560000	3120000	3965000	8645000
9	豆塩大福	3190000	3248000	3364000	9802000
10	米粉そば	2108000	2312000	2652000	7072000
11	抹茶プリン		2530000	1702000	4232000
12	名物うどん	6435000	4680000	5200000	16315000
13	名物そば	3910000	3332000	6970000	14212000
14	苺タルト	3978000	2964000	3536000	10478000
15	総計	27138500	27890000	35076500	90105000

項目を掘り下げたりまとめたりも可能

さらに、ピボットテーブルでは項目ごとに詳細を掘り下げて表示したり、複数の項目をまとめて俯瞰したりもできます。

ドリルダウンとドリルアップですね。

●ドリルダウン

3	行ラベル ▼	合計 / 計
4	⊟菓子類	24512000
5	⊞豆塩大福	9802000
6	⊟抹茶プリン	4232000
7	大阪地区	2530000
8	東京地区	1702000
9	⊞苺タルト	10478000
10	⊞魚介類	19349000
11	⊞麺類	46244000
12	総計	90105000

●ドリルアップ

3	行ラベル ▼	合計 / 計
4	菓子類	24512000
5	魚介類	19349000
6	麺類	46244000
7	総計	90105000
8		
9		
10		
11		
12		

並べ替えや集計も自由自在

ピボットテーブルは表示の切り替えだけではなく、強力なフィルター機能も持っています。並べ替えはもちろん、商品名や期間でデータを抽出・集計もできるんですよ。

四半期別や月別の集計がすぐにできますね。これ便利です！

3	合計 / 計	列ラベル ▼					
4		⊟2022年					
5	行ラベル ▼	1月	2月	3月	4月	5月	6月
6	海鮮茶漬け	230000	230000	230000	345000	230000	230000
7	鮭いくら丼	196000	196000	294000	196000	294000	196000
8	鯛めしセット	108000	162000	270000	216000	216000	216000
9	低糖質そば	325000	325000	325000	325000	325000	455000
10	豆塩大福	348000	348000	406000	406000	348000	522000
11	米粉そば	204000	204000	272000	204000	204000	340000
12	抹茶プリン	138000	138000	184000	138000	138000	230000
13	名物うどん	487500	422500	487500	552500	552500	617500
14	名物そば	544000	408000	612000	544000	544000	544000

16 「顧客別」ではなく「商品別」に集計するには

YouTube
動画で
見る
詳細は2ページへ

フィールドエリアの変更　　　　練習用ファイル　L16_フィールドエリア変更.xlsx

関連レッスン

レッスン17
「商品分類」を掘り下げて「商品別」
に集計するには　　　　　p.74

レッスン38
指定した分類のみの集計結果を
表示するには　　　　　　p.140

基本編　第3章　表の項目を切り替えよう

視点を変えて気になるデータを見つけよう

「売り上げが増えた原因」や「売り上げが下がった原因」など、データ分析の過程ではさまざまな原因や要因を推測して検証を行う作業が必要です。違った視点からデータを集計したいというニーズに、瞬時に応えられることがピボットテーブルのメリットの1つです。

Before

行ラベル	合計 / 計
ONLINE SHOP	9119000
お取り寄せの家	6001000
スーパー中野	11052000
ふるさと土産	13055000
街のMARKET	7944000
向日葵スーパー	5769000
自然食品の佐藤	8185500
全国グルメストア	8067000
日本食ギフト	8894000
美味しいもの屋	12018500
総計	90105000

顧客別に売上金額が集計されている

Before

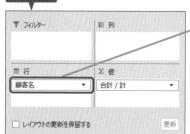

[行] エリアに [顧客名] フィールドが配置されている

After

商品別と地区別に売上金額の集計を変更できる

合計 / 計	列ラベル			
行ラベル	九州地区	大阪地区	東京地区	総計
海鮮茶漬け	3507500		3277500	6785000
鮭いくら丼	2450000	2842000	1764000	7056000
鯛めしセット		2862000	2646000	5508000
低糖質そば	1560000	3120000	3965000	8645000
豆大福	3190000	3248000	3364000	9802000
米粉そば	2108000	2312000	2652000	7072000
抹茶プリン		2530000	1702000	4232000
名物うどん	6435000	4680000	5200000	16315000
名物そば	3910000	3332000	6970000	14212000
苺タルト	3978000	2964000	3536000	10478000
総計	27138500	27890000	35076500	90105000

After

[列] エリアに [地区] フィールドを配置する

[行] エリアに [商品名] フィールドを配置する

使いこなしのヒント

異なる視点で集計してから項目を入れ替える

まずは準備段階として「商品名」や「顧客名」「販売地区」など、いくつか異なる視点でデータを集計します。ピボットテーブルは、元のリストにある「商品名」「顧客名」「支店名」「地域」などのフィールドを利用して簡単に集計できます。上の

[Before] の画面は、顧客別の売り上げを集計したものですが、[After] の画面では、項目を入れ替えて商品の売上金額を地区別に集計した結果を表示しています。

1 行の項目を空にする

最初に、行の項目を変更する

顧客別に売上金額が集計されている

[行] エリアに [顧客名] フィールドが配置されている

[顧客名] にマウスポインターを合わせる **1**

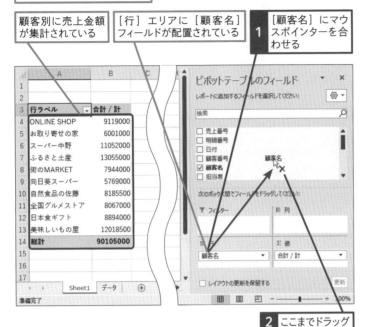

2 ここまでドラッグ

2 行に商品名を追加する

顧客別の集計が解除された

[行] エリアから [顧客名] フィールドが消えた

[商品名] にマウスポインターを合わせる **1**

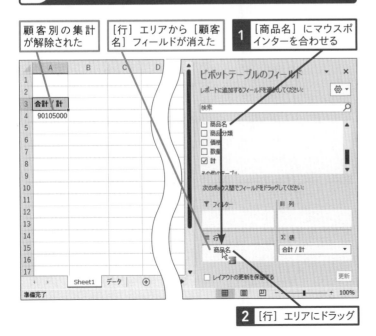

2 [行] エリアにドラッグ

次のページに続く →

使いこなしのヒント

フィールドの見出しを非表示にするには

[行] エリアや [列] エリアにフィールドを配置すると、集計表に行ラベルや列ラベルの見出しが表示されます。見出しを表示したくないときは、以下のように操作します。

ピボットテーブル内のセルを選択しておく

1 [ピボットテーブル分析] タブをクリック

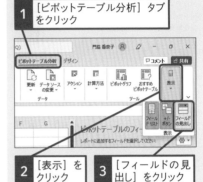

2 [表示] をクリック

3 [フィールドの見出し] をクリック

フィールドの見出しが非表示になった

3 合計 / 計				
4	九州地区	大阪地区	東京地区	総計
5 海鮮茶漬け	3507500		3277500	6785000
6 鮭いくら丼	2450000	2842000	1764000	7056000
7 鯛めしセット		2862000	2646000	5508000
8 低糖質そば	1560000	3120000	3965000	8645000
9 豆大福	3190000	3248000	3364000	9802000
10 米粉そば	2108000	2312000	2652000	7072000
11 抹茶プリン		2530000	1702000	4232000
12 名物うどん	6435000	4680000	5200000	16315000
13 名物そば	3910000	3332000	6970000	14212000
14 苺タルト	3978000	2964000	3536000	10478000
15 総計	27138500	27890000	35076500	90105000

⚠ ここに注意

[フィールドリスト] ウィンドウで目的のフィールドとは違うフィールドを [行] エリアや [列] エリアに追加してしまったときは、手順1を参考にしてフィールドを、[レイアウトセクション] の外にドラッグしましょう。

3 行に地区を追加する

商品別の売上金額が集計された

[行] エリアに [商品名] フィールドが配置された

1 [地区] にマウスポインターを合わせる

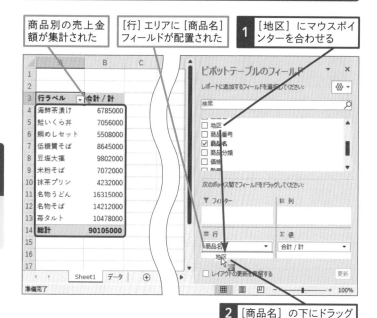

2 [商品名] の下にドラッグ

4 地区を列に移動する

次に、列の項目の変更を行う

商品ごとに地区別の合計金額が集計された

[行] エリアに [地区] フィールドが配置された

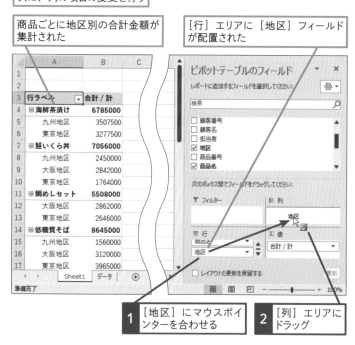

1 [地区] にマウスポインターを合わせる

2 [列] エリアにドラッグ

使いこなしのヒント

[レイアウトセクション] からフィールドを削除するには

[レイアウトセクション] に配置したフィールドを削除するには、フィールドを [レイアウトセクション] 以外の場所にドラッグするか、フィールドのボタンをクリックして [フィールドの削除] を選択します。または、[フィールドセクション] に表示されているフィールドの前のチェックマークをはずします。

●フィールドの削除方法（1）

1 フィールドを [レイアウトセクション] 以外の場所にドラッグ

●フィールドの削除方法（2）

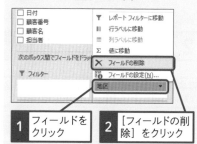

1 フィールドをクリック

2 [フィールドの削除] をクリック

●フィールドの削除方法（3）

1 フィールド名をクリックしてチェックマークをはずす

⚠ ここに注意

間違った場所にフィールドをドラッグしたときは、[レイアウトセクション] のフィールドをドラッグして目的のエリアに配置し直します。

●集計データを確認する

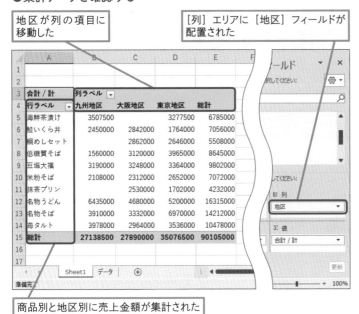

地区が列の項目に移動した

[列] エリアに [地区] フィールドが配置された

商品別と地区別に売上金額が集計された

フィールドの配置を最初からやり直すには

[行] エリアや [列] エリアなどに配置したフィールドを削除して最初から集計表を作成し直したい場合は、以下の手順を実行します。すると、フィールドを配置する前の状態に戻ります。

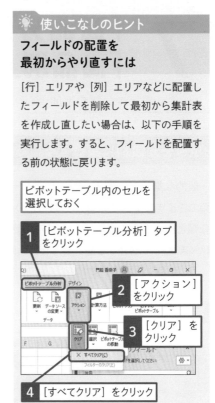

ピボットテーブル内のセルを選択しておく

1 [ピボットテーブル分析] タブをクリック

2 [アクション] をクリック

3 [クリア] をクリック

4 [すべてクリア] をクリック

スキルアップ

クリックやドラッグ操作で [レイアウトセクション] の動きをマスターしよう

これまでのレッスンのように、フィールドはドラッグ操作だけでなく、[フィールドセクション] にあるフィールドの前のチェックボックスをクリックしても、[レイアウトセクション] に配置できます。このとき、数値データが入っているフィールドをクリックすると [値] エリアに、数値以外のデータが入ったフィールドは [行] エリアに配置されます。また、[レイアウトセクション] に配置されたフィールドは、後から自由自在に配置を変更できます。例えば、ほかのエリアへの移動や大分類・中分類などのエリア内のフィールドの配置順を入れ替えるには、フィールドをドラッグします。また、フィールドを削除するには、[レイアウトセクション] の外にフィールドをドラッグします。[レイアウトセクション] 内の操作に慣れて、思い通りの集計表を完成させましょう。

●数値以外のデータが入っているフィールドの配置

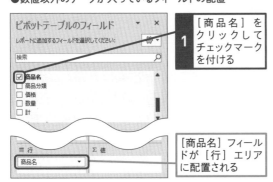

1 [商品名] をクリックしてチェックマークを付ける

[商品名] フィールドが [行] エリアに配置される

●数値データが入っているフィールドの配置

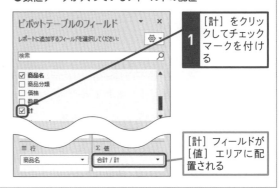

1 [計] をクリックしてチェックマークを付ける

[計] フィールドが [値] エリアに配置される

中分類の追加　　　　　　　　　　　　　練習用ファイル　L17_中分類の追加.xlsx

項目を分類別に集計する

一般的な集計表と同様に、ピボットテーブルでも集計表の項目を分類できます。集計表には、分類ごとの小計も表示されるので、各分類と詳細項目の集計結果を同時に見ることができます。さらに、レッスン20で紹介する並べ替えを行えば、分類ごとの売れ筋商品なども簡単に把握できます。

🔗 関連レッスン

レッスン16
「顧客別」ではなく「商品別」に
集計するには　　　　　　　　　p.70

レッスン38
指定した分類のみの集計結果を
表示するには　　　　　　　　　p.140

Before

商品分類での売上金額は確認できるが、どのような商品が含まれているかが分からない

Before

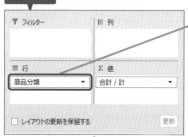

[行]エリアに[商品分類]フィールドのみが配置されている

↓

After

商品分類ごとに商品別の売上金額を集計できる

After

[行]エリアに[商品分類]と[商品名]フィールドが配置されている

💡 使いこなしのヒント

大きい分類から順にフィールドを並べる

[Before]の画面は、商品分類別の売り上げを集計したものです。この集計表の商品分類に商品の項目を追加したものが[After]の画面です。分類ごとに詳細の項目を表示するときは、[行]エリアや[列]エリアに複数のフィールドを追加します。このときの操作のポイントは、大きい分類から順に「大分類」「中分類」となるようにフィールドを並べることです。例えば、[商品分類]の下に[商品名]を並べると、[商品分類]ごとに[商品名]が表示されます。

1 商品分類の下に商品名を追加する

中分類として商品別の集計を追加する

ピボットテーブル内のセルを選択しておく

1 [商品名]にマウスポインターを合わせる

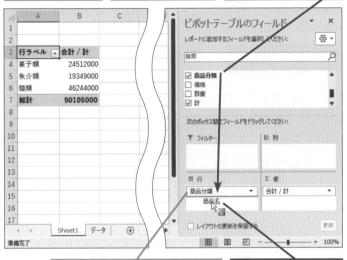

[行]エリアに[商品分類]フィールドが配置されている

2 [商品分類]の下にドラッグ

2 商品分類と個別の商品の売り上げを確認する

商品分類ごとに商品別の売上金額が集計された

[行]エリアの[商品分類]フィールドの下に[商品名]フィールドが配置された

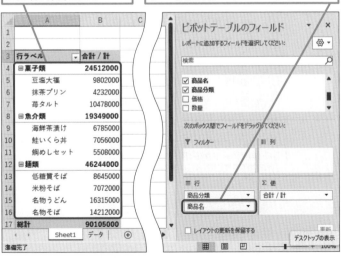

使いこなしのヒント

ピボットテーブルを削除するには

ピボットテーブルを削除するには[ピボットテーブル分析]タブにある[選択]ボタンの[ピボットテーブル全体]をクリックします。ピボットテーブルが選択されたら Delete キーを押します。

ピボットテーブル内のセルを選択しておく

1 [ピボットテーブル分析]タブをクリック

2 [アクション]をクリック

3 [選択]をクリック

4 [ピボットテーブル全体]をクリック

⚠️ ここに注意

間違った場所にフィールドをドラッグしたときは、[レイアウトセクション]のフィールドをドラッグして目的のエリアに配置し直します。

18 データの項目を掘り下げて集計するには

ドリルダウン

練習用ファイル L18_ドリルダウン.xlsx

基本編 第3章 表の項目を切り替えよう

ドリルダウンで事実を把握する

「商品分類別」や「顧客別」などの集計結果から気になるデータを見つけたら、なぜそのような結果になったのか問題点を推測して、詳細な事実を把握しましょう。その過程では、集計項目を掘り下げて表示する「ドリルダウン」を行います。

🔗 関連レッスン

レッスン19
大分類ごとにデータを集計するには
p.80

🔍 用語解説

ドリルダウン

ドリルダウンとは、集計表から気になる集計項目の詳細を掘り下げて確認することです。大きな分類の集計結果から、中分類、小分類の集計結果を確認します。

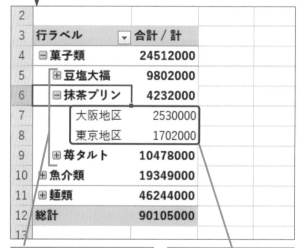

Before

行ラベル ▼	合計 / 計
菓子類	24512000
魚介類	19349000
麺類	46244000
総計	90105000

After

行ラベル ▼	合計 / 計
⊟ 菓子類	24512000
⊞ 豆塩大福	9802000
⊟ 抹茶プリン	4232000
大阪地区	2530000
東京地区	1702000
⊞ 苺タルト	10478000
⊞ 魚介類	19349000
⊞ 麺類	46244000
総計	90105000

商品分類での売上金額は確認できるが、[菓子類]の分類に含まれる商品名が分からない

[菓子類]の項目にある商品名の詳細データが表示された

商品名の項目にある地区の詳細データが表示された

💡 使いこなしのヒント

問題点を推測してドリルダウンを行う

上の[Before]の画面は、商品分類別に売り上げを集計したものです。例えば、商品分類の中で「菓子類」の売り上げが落ち込んでいる場合、問題点として「他社がある地区で新しく販売した『商品B』が売れているために、自社の『商品A』が影響を受けているのではないか」という可能性があれば、それに基づいて、ドリルダウンを行います。[After]の画面は、「商品別の売り上げ、さらに地区別の売り上げ」というように詳細を追って集計値を確認した例です。問題点の推測に基づいて、ドリルダウンを行い、詳細な事実の把握に努めましょう。

1 ピボットテーブルの項目を選択する

ここでは［商品分類］フィールドにある［菓子類］の
詳細データを表示する

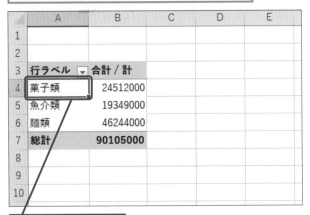

1 ［菓子類］をダブル
クリック

2 項目のデータを掘り下げる

［詳細データの表示］ダイアログ
ボックスが表示された

ここでは［商品名］を
選択する

1 ここを下にドラッグして
スクロール

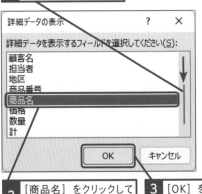

2 ［商品名］をクリックして
選択

3 ［OK］をクリック

🔆 使いこなしのヒント

項目をまとめて
ドリルダウンするには

フィールド内のすべての項目を展開して詳
細データを表示するには、以下の手順で
操作します。

展開するフィールドを選択しておく

1 ［ピボットテーブル分析］タブ
をクリック

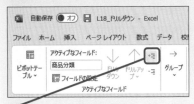

2 ［フィールドの展開］を
クリック

フィールド内のすべての
項目が表示される

	A	B
3	行ラベル	合計 / 計
4	⊟菓子類	24512000
5	⊞豆塩大福	9802000
6	⊟抹茶プリン	4232000
7	大阪地区	2530000
8	東京地区	1702000
9	⊞苺タルト	10478000
10	⊟魚介類	19349000
11	⊞海鮮茶漬け	6785000
12	⊞鮭いくら丼	7056000
13	⊞鯛めしセット	5508000
14	⊟麺類	46244000
15	⊞低糖質そば	8645000
16	⊞米粉そば	7072000
17	⊞名物うどん	16315000
18	⊞名物そば	14212000
19	総計	90105000

⚠ ここに注意

手順1で集計値の数値をダブルクリックす
ると、新しいワークシートが作成され、集
計値の明細データが表示されます（63ペー
ジを参照）。その場合、［元に戻す］ボタ
ン（ラ）をクリックし、作成されたワーク
シートを削除します。

次
の
ペ
ー
ジ
に
続
く
➡

●データを確認する

［菓子類］フィールドにある商品名が
表示された

	A	B	C	D
1				
2				
3	行ラベル ▼	合計 / 計		
4	⊟ 菓子類	24512000		
5	豆塩大福	9802000		
6	抹茶プリン	4232000		
7	苺タルト	10478000		
8	⊞ 魚介類	19349000		
9	⊞ 麺類	46244000		
10	総計	90105000		
11				
12				

3 表示したデータをさらに掘り下げる

ここでは［抹茶プリン］の詳細データを
表示する

	A	B	C	D
1				
2				
3	行ラベル ▼	合計 / 計		
4	⊟ 菓子類	24512000		
5	豆塩大福	9802000		
6	抹茶プリン	4232000		
7	苺タルト	10478000		
8	⊞ 魚介類	19349000		
9	⊞ 麺類	46244000		
10	総計	90105000		
11				
12				

1 ［抹茶プリン］をダブルクリック

使いこなしのヒント

⊞や⊟のボタンは何？

詳細のデータを表示すると、分類の前に
⊞や⊟のボタンが表示されます。⊞をク
リックすると詳細が表示され、⊟をクリッ
クすると詳細が隠れます。なお、⊞や⊟
のボタンが表示されない場合は、下の手
順を実行しましょう。

ピボットテーブル内のセル
を選択しておく

1 ［ピボットテーブル分析］タブ
をクリック

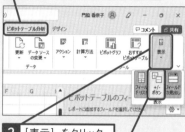

2 ［表示］をクリック

3 ［+/−ボタン］をクリック

ボタンが表示された

	A	B	C
3	行ラベル ▼	合計 / 計	
4	⊟菓子類	24512000	
5	⊞豆塩大福	9802000	
6	⊞抹茶プリン	4232000	
7	⊞苺タルト	10478000	
8	⊞魚介類	19349000	
9	⊞麺類	46244000	
10	総計	90105000	
11			

⚠ ここに注意

手順3でほかの項目をダブルクリックして
しまったときは、次に表示される画面で
［キャンセル］ボタンをクリックしてから
もう一度操作し直します。

4 地区ごとの売上を確認する

[詳細データの表示] ダイアログ ボックスが表示された	ここでは [地区] を 選択する

1 [地区] をクリック

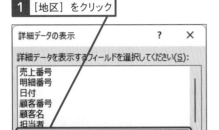

2 [OK] をクリック

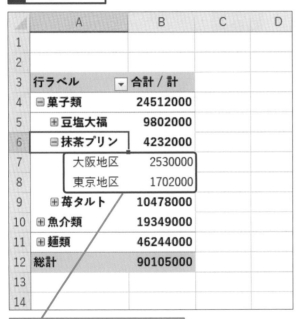

[抹茶プリン] の地区ごとの売り上げ が表示された

詳細データを 非表示にするには

ドリルダウンの操作で、フィールドを指定して詳細のデータを表示した後、そのフィールドを削除して非表示にするには、以下のように操作します。

ここでは、[地区] フィールドを 非表示にする

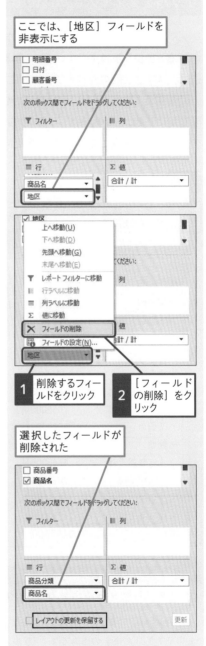

1 削除するフィールドをクリック

2 [フィールドの削除] をクリック

選択したフィールドが 削除された

19 大分類ごとにデータを集計するには

ドリルアップ

練習用ファイル　L19_ドリルアップ.xlsx

基本編　第3章　表の項目を切り替えよう

ドリルアップで大まかに俯瞰する

レッスン18のようにドリルダウンの操作を行い、集計表の項目を深い階層まで掘り下げて見ていくと、詳細な情報は確認できますが、逆に、大まかな傾向が見えづらくなることがあります。

上の階層の「商品分類」別の集計結果、あるいは、さらにその上の階層別に比較したい場合は、「ドリルダウン」とは逆の「ドリルアップ」を行い、上の階層に戻って集計結果を確認しましょう。

🔗 関連レッスン

レッスン18
データの項目を掘り下げて
集計するには　　　　　　　p.76

🔍 用語解説

ドリルアップ

ドリルアップとは、細かい単位での集計結果から、より大まかな単位での集計結果を確認していくことです。ドリルダウンの逆の操作です。

Before

商品別の売上金額は確認できるが、情報が細かすぎて大まかな集計結果がすぐに分からない

After

ダブルクリックすると、詳細データを折り畳める

商品分類のみの集計結果を確認できる

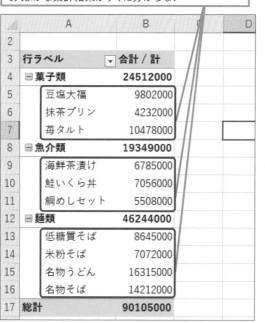

行ラベル ▼	合計 / 計
⊟ 菓子類	24512000
豆塩大福	9802000
抹茶プリン	4232000
苺タルト	10478000
⊟ 魚介類	19349000
海鮮茶漬け	6785000
鮭いくら丼	7056000
鯛めしセット	5508000
⊟ 麺類	46244000
低糖質そば	8645000
米粉そば	7072000
名物うどん	16315000
名物そば	14212000
総計	90105000

→

行ラベル ▼	合計 / 計
⊞ 菓子類	24512000
⊞ 魚介類	19349000
⊞ 麺類	46244000
総計	90105000

💡 使いこなしのヒント

表示の切り替えはダブルクリックで素早く確認できる

上の［Before］の画面は、分類別に商品をまとめて集計したものですが、［After］の画面では、ドリルアップを行って分類の集計結果だけを表示しています。詳細の表示と非表示は、ダブルクリックで簡単に切り替えられます。見たい集計結果を素早く確認できるように、ドリルアップとドリルダウンの操作をしっかり身に付けておきましょう。

1 項目の詳細データを非表示にする

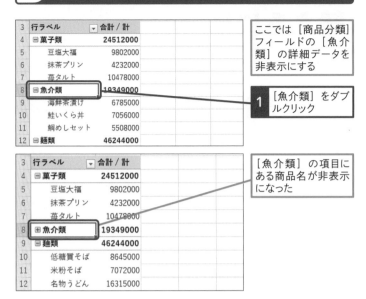

ここでは [商品分類] フィールドの [魚介類] の詳細データを非表示にする

1 [魚介類] をダブルクリック

[魚介類] の項目にある商品名が非表示になった

2 詳細データをまとめて非表示にする

商品分類の詳細データをすべて非表示にする

1 [商品分類] フィールドの項目をクリックして選択

2 [ピボットテーブル分析] タブをクリック

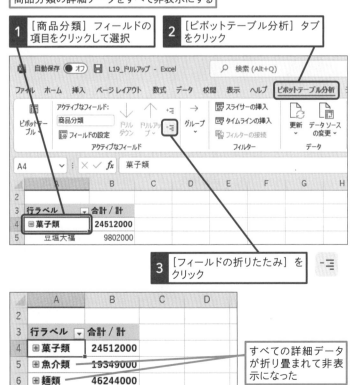

3 [フィールドの折りたたみ] をクリック

すべての詳細データが折り畳まれて非表示になった

使いこなしのヒント

⊞や⊟のボタンでも切り換えられる

詳細の項目を表示したり隠したりする操作は、ダブルクリックではなく、項目の前の⊞や⊟のボタンで切り換えられます。⊞をクリックして項目を展開し、⊟をクリックして項目を折り畳みます。

⚠ ここに注意

手順2で間違って [フィールド全体の展開] ボタン（⁺⊟）をクリックしてしまったときは、もう一度手順2の操作を行います。

レッスン 20 売上金額の高い順に地区を並べ替えるには

並べ替え

練習用ファイル L20_並べ替え.xlsx

「並べ替え」はデータを読み取るカギ

データの傾向を読み取りやすくするには、数値を基準にデータの並べ替えをすることが不可欠です。分類別に集計した表では、分類順にデータを並べ替えるだけで安心してはいけません。分類の中の並び順もきちんと整えておきましょう。どの分類がよく売れているかだけでなく、分類別の売れ筋商品などを把握しやすくなります。

関連レッスン

レッスン21
任意の順番で商品を並べ替えるには　　p.86

レッスン22
特定のリストを元に項目を並べ替えるには　　p.90

基本編 第3章 表の項目を切り替えよう

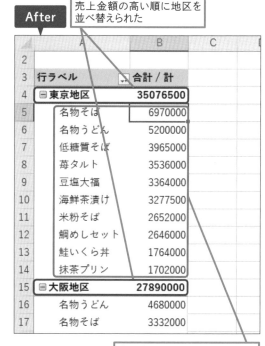

Before

売上金額は確認できるが、地区の売上順がバラバラになっている

行ラベル	合計 / 計
九州地区	27138500
海鮮茶漬け	3507500
鮭いくら丼	2450000
低糖質そば	1560000
豆塩大福	3190000
米粉そば	2108000
名物うどん	6435000
名物そば	3910000
苺タルト	3978000
大阪地区	27890000
鮭いくら丼	2842000
鯛めしセット	2862000
低糖質そば	3120000

売上金額は確認できるが、商品名の売上順がバラバラになっている

After

売上金額の高い順に地区を並べ替えられた

行ラベル	合計 / 計
東京地区	35076500
名物そば	6970000
名物うどん	5200000
低糖質そば	3965000
苺タルト	3536000
豆塩大福	3364000
海鮮茶漬け	3277500
米粉そば	2652000
鯛めしセット	2646000
鮭いくら丼	1764000
抹茶プリン	1702000
大阪地区	27890000
名物うどん	4680000
名物そば	3332000

売上金額の高い順に商品名を並べ替えられた

使いこなしのヒント

分類の並び順もきちんと整えておく

上の［Before］の画面は、地区別に売上金額を集計したものです。［After］の画面では、売上金額の高い順に地区を並べ替えた例を表示しています。さらに、地区ごとに、売上金額の高い順に商品名を並べ替えています。例えば、地区別の販売店や部署別の担当者などの集計結果を並べ替える場合も、分類の並べ替えをした後で、分類の中の項目を並べ替えるといいでしょう。

1 地区の売上順で並べ替える

ここでは地区を売上金額の高い順
（降順）に並べ替える

1 セルB4をクリックして選択

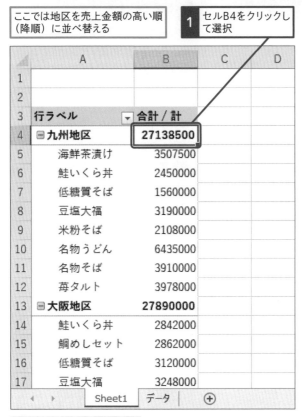

	A	B	C	D
1				
2				
3	行ラベル ▼	合計 / 計		
4	⊟ 九州地区	**27138500**		
5	海鮮茶漬け	3507500		
6	鮭いくら丼	2450000		
7	低糖質そば	1560000		
8	豆塩大福	3190000		
9	米粉そば	2108000		
10	名物うどん	6435000		
11	名物そば	3910000		
12	苺タルト	3978000		
13	⊟ 大阪地区	**27890000**		
14	鮭いくら丼	2842000		
15	鯛めしセット	2862000		
16	低糖質そば	3120000		
17	豆塩大福	3248000		

Sheet1　データ　⊕

2 ［データ］タブをクリック

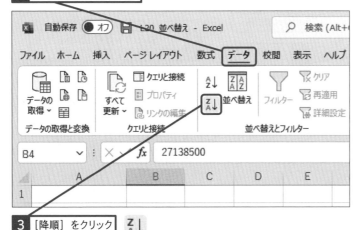

3 ［降順］をクリック

---

20 並べ替え

使いこなしのヒント

［ホーム］タブから並べ替えを行うには

並べ替えを行うには、［ホーム］タブの［並べ替えとフィルター］ボタンをクリックする方法もあります。この場合、ボタンをクリックした後に並べ替えの基準を指定します。

1 ピボットテーブル内の並び替える項目をクリックして選択

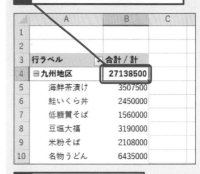

2 ［ホーム］タブをクリック

3 ［並び替えとフィルター］をクリック

並び替えの基準を選択できる

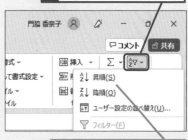

⚠ ここに注意

手順1でセルB4ではなく、ほかのデータが入ったセルを選択した状態で並べ替えを行ってしまったときは、［元に戻す］ボタン（⤺）をクリックして操作し直します。

次のページに続く➡

●地区の並び替えを確認する

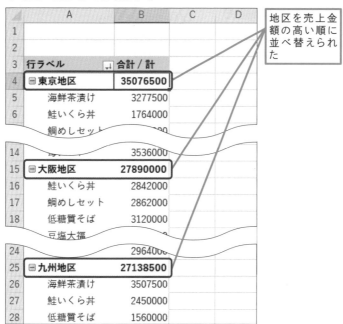

地区を売上金額の高い順に並べ替えられた

	A	B	C	D
1				
2				
3	行ラベル ↓	合計 / 計		
4	⊟ 東京地区	35076500		
5	海鮮茶漬け	3277500		
6	鮭いくら丼	1764000		
	鯛めしセット			
14		3536000		
15	⊟ 大阪地区	27890000		
16	鮭いくら丼	2842000		
17	鯛めしセット	2862000		
18	低糖質そば	3120000		
	豆塩大福			
24		2964000		
25	⊟ 九州地区	27138500		
26	海鮮茶漬け	3507500		
27	鮭いくら丼	2450000		
28	低糖質そば	1560000		

2 地区の中を商品名の売上順で並べ替える

次に、商品名を基準とした並び替えを行う

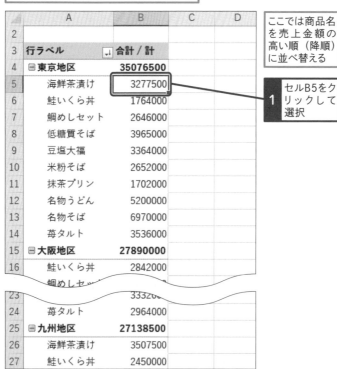

	A	B	C	D
2				
3	行ラベル ↓	合計 / 計		
4	⊟ 東京地区	35076500		
5	海鮮茶漬け	3277500		
6	鮭いくら丼	1764000		
7	鯛めしセット	2646000		
8	低糖質そば	3965000		
9	豆塩大福	3364000		
10	米粉そば	2652000		
11	抹茶プリン	1702000		
12	名物うどん	5200000		
13	名物そば	6970000		
14	苺タルト	3536000		
15	⊟ 大阪地区	27890000		
16	鮭いくら丼	2842000		
	鯛めしセット			
23		3332000		
24	苺タルト	2964000		
25	⊟ 九州地区	27138500		
26	海鮮茶漬け	3507500		
27	鮭いくら丼	2450000		

ここでは商品名を売上金額の高い順（降順）に並べ替える

1 セルB5をクリックして選択

💡 使いこなしのヒント

縦方向ではなく横方向に並べ替えるには

左から右方向にデータを並べ替えたいときは、並べ替えの方向を変更しましょう。例えば、商品名を［行フィールド］、販売月を［列フィールド］に配置している集計表で、売上金額の高い月から順に左から販売月を並べるようなケースでは、列方向にデータを並べ替えます。並べ替えたい数値が含まれるいずれかのセルを選択し、以下の手順で並べ替える順を選択した後、並べ替えの方向を［列単位］に変更します。

左から右方向に並べ替える数値の項目を選択しておく

1 ［データ］タブをクリック

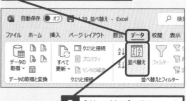

2 ［並べ替え］をクリック

［値で並べ替え］ダイアログボックスが表示された

3 並べ替えの種類を選択

4 ［列単位］をクリック

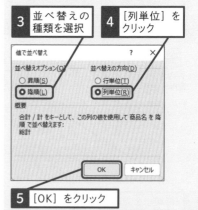

5 ［OK］をクリック

売上金額の高い月から順に並べ替えられた

●商品名を並べ替える

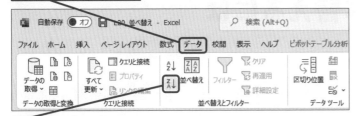

2 [データ] タブをクリック

3 [降順] をクリック Z↓A

3 地区と商品名の並び順を確認する

商品名を売上金額の高い順に並べ替えられた

3	行ラベル	↓ 合計 / 計
4	⊟ 東京地区	35076500
5	名物そば	6970000
6	名物うどん	5200000
7	低糖質そば	3965000
8	苺タルト	3536000
9	豆塩大福	3364000
10	海鮮茶漬け	3277500
11	米粉そば	2652000
12	鯛めしセット	2646000
13	鮭いくら丼	1764000
14	抹茶プリン	1702000
15	⊟ 大阪地区	27890000
16	名物うどん	4680000
17	名物そば	3332000
18	豆塩大福	3248000
19	低糖質そば	3120000
20	苺タルト	2964000
21	鯛めしセット	2862000
22	鮭いくら丼	2842000
23	抹茶プリン	2530000
24	米粉そば	2312000
25	⊟ 九州地区	27138500
26	名物うどん	6435000
27	苺タルト	3978000
28	名物そば	3910000
29	海鮮茶漬け	3507500
30	豆塩大福	3190000
31	鮭いくら丼	2450000
32	米粉そば	2108000
33	低糖質そば	1560000
34	総計	90105000

使いこなしのヒント

**ショートカットメニューで
並べ替えるには**

ショートカットメニューを利用して並べ替えるには、まず、並べ替えの基準となる項目を選択して右クリックし、ショートカットメニューから [並べ替え] を選択します。[データ] タブが選択されていない場合に、右クリックで操作すると、タブを切り替える手間が省けて便利です。

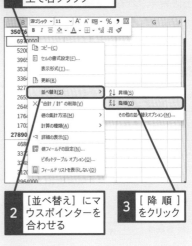

1 並べ替える数値の
上で右クリック

2 [並べ替え] にマ
ウスポインターを
合わせる

3 [降順]
をクリック

⚠ ここに注意

手順2で間違って [昇順] ボタン (↑↓) をクリックしてしまったときは、[降順] ボタン (↓↑) をクリックして降順で並べ替えます。

21 任意の順番で 商品を並べ替えるには

項目の移動

練習用ファイル　L21_項目の移動.xlsx

基本編

第3章

表の項目を切り替えよう

気になる項目は集計表の上部に移動する

注目したい項目を集計表の上部に表示しておくと、集計値の確認時に画面をスクロールする手間が省けて便利です。しかし、あいうえお順や数値の大きい順で並べ替えを行った場合、気になる項目が上に表示されるとは限りません。そんなときは、項目を任意の順番に並べ替えましょう。

🔗 関連レッスン

レッスン20
売上金額の高い順に地区を
並べ替えるには　　　　　p.82

レッスン22
特定のリストを元に項目を
並べ替えるには　　　　　p.90

商品分類の[魚介類]が上から2番目の位置にある

商品分類の[魚介類]を一番上に移動できた

[鯛めしセット]が商品分類[魚介類]の一番下の位置にある

[鯛めしセット]を商品分類[魚介類]の一番上に移動できた

💡 使いこなしのヒント

並べ替えはドラッグ操作で簡単に行える

上の[Before]の画面は、商品分類別に商品の売り上げを集計したものです。[After]の画面では、分類の並び順を「菓子類」「魚介類」「麺類」から「魚介類」「菓子類」「麺類」に変更し、さらに、「魚介類」の分類の商品の並びを任意の並び順にした例です。並べ替えはドラッグ操作で簡単に行えるので、項目の配置順を自由に入れ替えてみましょう。

1 商品分類の順序を変える

ここでは商品分類の［魚介類］を
一番上に移動する

| | セルA8をクリックして選択 |
| 2 | ここにマウスポインターを合わせる |

マウスポインターの形が変わった

3 行番号3と行番号4の境界線までドラッグ

次のページに続く ➡

💡 使いこなしのヒント

**すべての項目が
選択されたときは**

手順1で項目を選択するとき、項目のセルの上の方をクリックしてしまうと、すべての項目が選択されます。その場合は、セルの中央付近をクリックしてセルを選択し直しましょう。

1 ここにマウスポインターを
合わせる

3	行ラベル	▼	合計 / 計
4	⊟菓子類		24512000
5	豆塩大福		9802000
6	抹茶プリン		4232000
7	苺タルト		10478000
8	⊟魚介類		19349000
9	海鮮茶漬け		6785000
10	鮭いくら丼		7056000
11	鯛めしセット		5508000
12	⊟麺類		46244000
13	低糖質そば		8645000
14	米粉そば		7072000

マウスポインターの形が変わった

2 そのまま
クリック

ほかの商品分類も
選択されてしまう

3	行ラベル	▼	合計 / 計
4	⊟菓子類		24512000
5	豆塩大福		9802000
6	抹茶プリン		4232000
7	苺タルト		10478000
8	⊟魚介類		19349000
9	海鮮茶漬け		6785000
10	鮭いくら丼		7056000
11	鯛めしセット		5508000
12	⊟麺類		46244000
13	低糖質そば		8645000
14	米粉そば		7072000

手順1を参考に
クリックし直す

⚠ ここに注意

項目の選択を間違ってドラッグしてしまったときは、［元に戻す］ボタン（↺）をクリックして操作し直します。

●移動した商品分類を確認する

商品分類の［魚介類］が［菓子類］の
上に移動した

	A	B	C	D
1				
2				
3	行ラベル ▼	合計 / 計		
4	⊟魚介類	**19349000**		
5	海鮮茶漬け	6785000		
6	鮭いくら丼	7056000		
7	鯛めしセット	5508000		
8	⊟菓子類	**24512000**		
9	豆塩大福	9802000		
10	抹茶プリン	4232000		
11	苺タルト	10478000		
12	⊟麺類	**46244000**		
13	低糖質そば	8645000		
14	米粉そば	7072000		
15	名物うどん	16315000		

2 商品名の順序を変える

次に、商品名の並び替えを行う

ここでは商品名の［鯛めしセット］を
［海鮮茶漬け］の上に移動する

1 セルA7をクリックして選択

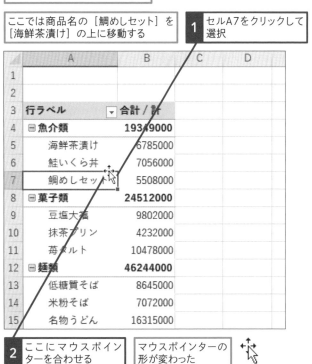

	A	B	C	D
1				
2				
3	行ラベル ▼	合計 / 計		
4	⊟魚介類	**19349000**		
5	海鮮茶漬け	6785000		
6	鮭いくら丼	7056000		
7	鯛めしセット	5508000		
8	⊟菓子類	**24512000**		
9	豆塩大福	9802000		
10	抹茶プリン	4232000		
11	苺タルト	10478000		
12	⊟麺類	**46244000**		
13	低糖質そば	8645000		
14	米粉そば	7072000		
15	名物うどん	16315000		

2 ここにマウスポインターを合わせる

マウスポインターの形が変わった

💡 使いこなしのヒント

あいうえお順に並べるには

項目を「あいうえお順」に並べるには、並べ替えをする項目を含むいずれかのセルを選択して［データ］タブの［昇順］ボタン（↓）をクリックします。ただし、項目名を手動で入力している場合（99ページを参照）は、この方法でうまくいくこともありますが、そうでない場合、並べ替えの実行時に「ふりがなを使う」の設定をしていても、思うように並べ替えが行われないことがあります。その場合は、レッスン22で紹介する方法を使うといいでしょう。並び順のリストを元に並べ替えができます。

1 ピボットテーブル内の並び替える項目をクリックして選択

2 ［データ］タブをクリック

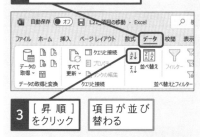

3 ［昇順］をクリック

項目が並び替わる

💡 使いこなしのヒント

行全体が選択されてしまったときは

手順2で項目を選択するとき、項目のセルの左の方をクリックしてしまうと、行全体が選択されます。その場合は、セルの中央付近にマウスポインターを移動してマウスポインターの形を確認してからクリックし、セルを選択し直します。

マウスポインターを合わせたときのカーソルの形に注意する ➡

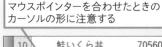

10	鮭いくら丼	7056000
11	→ 鯛めしセット	5508000
12	⊟麺類	46244000

●商品名を移動する

3 行番号4と行番号5の境界線まで
ドラッグ

	A	B	C	D
1				
2				
3	行ラベル ▼	合計 / 計		
4	⊟魚介類	**19349000**		
5	海鮮茶漬け	6785000		
6	鮭いくら丼	7056000		
7	鯛めしセット	5508000		
8	⊟菓子類	**24512000**		
9	豆塩大福	9802000		
10	抹茶プリン	4232000		
11	苺タルト	10478000		
12	⊟麺類	**46244000**		
13	低糖質そば	8645000		
14	米粉そば	7072000		
15	名物うどん	16315000		
16	名物そば	14212000		
17	総計	**90105000**		

［鯛めしセット］を商品分類［魚介類］の
一番上に移動できた

	A	B	C	D
1				
2				
3	行ラベル ▼	合計 / 計		
4	⊟魚介類	**19349000**		
5	鯛めしセット	5508000		
6	海鮮茶漬け	6785000		
7	鮭いくら丼	7056000		
8	⊟菓子類	**24512000**		
9	豆塩大福	9802000		
10	抹茶プリン	4232000		
11	苺タルト	10478000		
12	⊟麺類	**46244000**		
13	低糖質そば	8645000		
14	米粉そば	7072000		
15	名物うどん	16315000		
16	名物そば	14212000		

列の項目を並べ替えるには

［列］エリアに配置したフィールドの項目
を並べ替えるには、並び順を変更する項
目を選択し、右（または左）に向かってド
ラッグします。

1 ここにマウスポインターを
合わせる

列ラベル ▼			
九州地区	大阪地区	東京地区	総計
3507500		3277500	6785000
2450000	2842000	1764000	7056000
	2862000	2646000	5508000
1560000	3120000	3965000	8645000
3190000	3248000	3364000	9802000
2108000	2312000	2652000	7072000
	2530000	1702000	4232000
6435000	4680000	5200000	16315000
3910000	3332000	6970000	14212000
3978000	2964000	3536000	10478000
27138500	27890000	35076500	90105000

2 ここまでドラッグ

列の項目の並び順が変わった

列ラベル ▼			
大阪地区	九州地区	東京地区	総計
	3507500	3277500	6785000
2842000	2450000	1764000	7056000
2862000		2646000	5508000
3120000	1560000	3965000	8645000
3248000	3190000	3364000	9802000
2312000	2108000	2652000	7072000
2530000		1702000	4232000
4680000	6435000	5200000	16315000
3332000	3910000	6970000	14212000
2964000	3978000	3536000	10478000
27890000	27138500	35076500	90105000

⚠ ここに注意

項目のドラッグ先を間違えてしまったとき
は、［元に戻す］ボタン（↺）をクリック
して操作し直します。

22 特定のリストを元に項目を並べ替えるには

ユーザー設定リスト　　　　　　　　　　　　　　　　　練習用ファイル　L22_ユーザー設定リスト.xlsx

関連レッスン

レッスン20
売上金額の高い順に地区を
並べ替えるには　　　　　　　p.82

レッスン21
任意の順番で商品を並べ替えるには
　　　　　　　　　　　　　　　p.86

リストを使って、見慣れた順番に並べ替えられる

集計表の「商品名」や「担当者名」などの項目を並べ替えるときは、あいうえ順などではなく、普段から見慣れている順番に並べ替えた方が使いやすい場合もあります。

レッスン21で紹介したように、項目の並び順はドラッグ操作で入れ替えることもできますが、常に同じ順番で並べるときに、毎回並べ替えの操作をするのは面倒です。そのようなときには、項目の並び順を「ユーザー設定リスト」に登録しておく方法をお薦めします。

基本編　第3章　表の項目を切り替えよう

Before

いつも決まった順番で並べ替えることができない

	A	B
3	行ラベル	合計 / 計
4	海鮮茶漬け	6785000
5	鮭いくら丼	7056000
6	鯛めしセット	5508000
7	低糖質そば	8645000
8	豆塩大福	9802000
9	米粉そば	7072000
10	抹茶プリン	4232000
11	名物うどん	16315000
12	名物そば	14212000
13	苺タルト	10478000
14	総計	90105000

After

リストと同じ並び順で並べ替えができた

	A	B
3	行ラベル	合計 / 計
4	名物そば	14212000
5	名物うどん	16315000
6	米粉そば	7072000
7	低糖質そば	8645000
8	豆塩大福	9802000
9	抹茶プリン	4232000
10	苺タルト	10478000
11	鮭いくら丼	7056000
12	海鮮茶漬け	6785000
13	鯛めしセット	5508000
14	総計	90105000

使いこなしのヒント

リストに一度登録すればワンクリックで並び替えられる

上の［Before］の画面は、商品別の売り上げをまとめたものですが、［After］の画面では、いつも決まった順に商品を並べ替える手間を省くため、「ユーザー設定リスト」に並び順を登録して、並べ替えを行っています。一度、並び順を登録しておけば、「昇順」や「降順」と同じように、ワンクリックでリストの順番通りにデータを並べ替えられます。次ページからの手順を参考に、ぜひ「ユーザー設定リスト」の使い方をマスターしてください。

1 ユーザー設定リストを編集する

1 [ファイル] タブをクリック

[ファイル] 画面が表示された

2 [その他…] をクリック

3 [オプション] をクリック

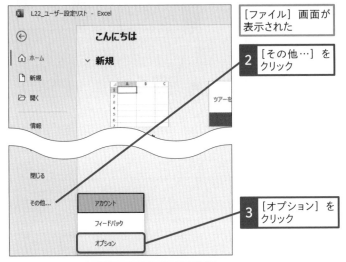

[Excelのオプション] ダイアログボックスが表示された

4 [詳細設定] をクリック

5 スクロールバーを下にドラッグしてスクロール

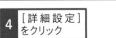

6 [ユーザー設定リストの編集] をクリック

使いこなしのヒント

「ユーザー設定リスト」って何？

ユーザー設定リストとは、頻繁に利用する連続データを登録したリストのことです。ユーザー設定リストに登録された項目は、オートフィル機能を利用して自動入力したり、並べ替えの基準に指定したりすることもできます。なお、ユーザー設定リストの内容は、Excelのブックごとにではなく、Excelに保存されます。そのため、他のブックでも登録したユーザー設定リストを使用できます。

1 「名物そば」と入力

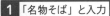

2 フィルハンドルにマウスポインターを合わせる

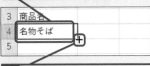

3 ここまでドラッグ

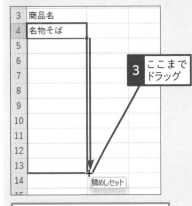

ユーザー設定リストに登録済みの項目が自動で入力された

3	商品名
4	名物そば
5	名物うどん
6	米粉そば
7	低糖質そば
8	豆塩大福
9	抹茶プリン
10	苺タルト
11	鮭いくら丼
12	海鮮茶漬け
13	鯛めしセット
14	

次のページに続く→

2 並び順を登録したいリストを指定する

[ユーザー設定リスト] ダイアログボックス
が表示された

1 ここをクリック

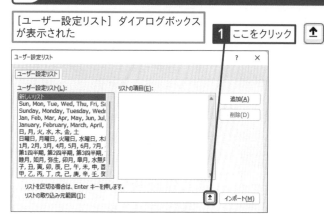

ここでは、すでに用意してある
並び順のリストを選択する

**2 [ユーザー設定の並び順] シートを
クリックしてシートを表示**

3 セルA2 〜 A11までドラッグして選択

4 ここをクリック

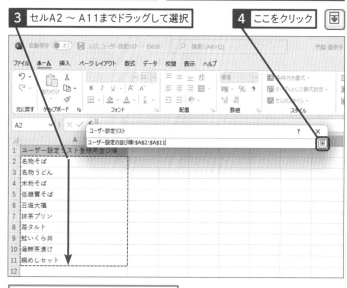

1 ユーザー設定リスト登録用並び順
2 名物そば
3 名物うどん
4 米粉そば
5 低糖質そば
6 豆塩大福
7 抹茶プリン
8 苺タルト
9 鮭いくら丼
10 海鮮茶漬け
11 鯛めしセット
12

[並び順リスト] のセルA2 〜 A11が
選択された

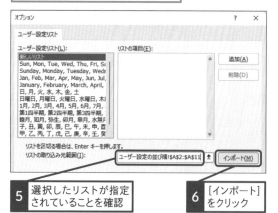

**5 選択したリストが指定
されていることを確認**

**6 [インポート]
をクリック**

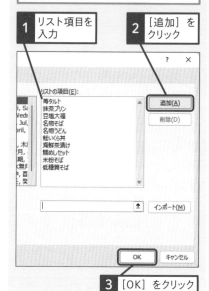
基本編　第3章　表の項目を切り替えよう

3 データを並べ替える

1 リストがインポートされ [ユーザー設定リスト] に一覧が表示されたことを確認

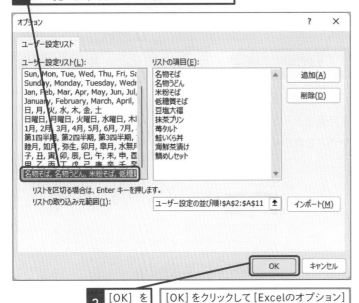

2 [OK] をクリック　[OK] をクリックして [Excelのオプション] ダイアログボックスを閉じる

3 [Sheet1] シートの [商品名] フィールド の項目をクリックして選択

4 [データ] タブ をクリック

5 [昇順] をクリック

3	行ラベル	合計 / 計
4	名物そば	14212000
5	名物うどん	16315000
6	米粉そば	7072000
7	低糖質そば	8645000
8	豆塩大福	9802000
9	抹茶プリン	4232000
10	苺タルト	10478000
11	鮭いくら丼	7056000
12	海鮮茶漬け	6785000
13	鯛めしセット	5508000
14	総計	90105000

リストの順番で並べ 替えられた

「ユーザー設定リスト」を 編集するには

リストに登録した項目の順番を変更する には、91ページの方法で、[ユーザー設定 リスト] ダイアログボックスを表示し、登 録したリストを選択します。[リストの項 目] 欄にリストが表示されたら、順番を変 更し、[OK]ボタンをクリックします。また、 ユーザー設定リストに登録したリストを削 除するには、下の画面で、[ユーザー設定 リスト] から削除するリストをクリックし て選択し、[削除] ボタンをクリックします。

手順1を参考に [ユーザー設定リスト] ダイアログボックスを表示しておく

1 [ユーザー設定リスト] から編集する リストをクリックして選択

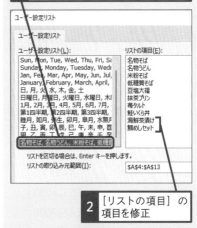

2 [リストの項目] の 項目を修正

3 [OK] をクリック

[OK] をクリックして [Excelのオプショ ン] ダイアログボックスを閉じる

⚠ ここに注意

[昇順] ボタン（↑↓）がクリックできない ときは、並べ替えを行うフィールドの項目 のいずれかのセルをクリックしてから操作 し直します。

23 売上金額の上位5位までの商品を集計するには

トップテンフィルター

練習用ファイル L23_トップテンフィルター .xlsx

「今月のトップ3」もすぐに表示できる!

トップテンやワーストテンなど、「上位○位」や「下位○位」を見ると、人気のある商品に共通する特徴などを発見できることがあります。多くの項目からトップテンやワーストテンのみを表示するには、値フィルターの［トップテン］を利用します。

関連レッスン

レッスン14
指定した商品のみの集計結果を
表示するには   p.64

レッスン24
指定したキーワードに
一致する商品を集計するには   p.96

Before

	A	B	C
1			
2			
3	行ラベル	合計 / 計	
4	海鮮茶漬け	6785000	
5	鮭いくら丼	7056000	
6	鯛めしセット	5508000	
7	低糖質そば	8645000	
8	豆塩大福	9802000	
9	米粉そば	7072000	
10	抹茶プリン	4232000	
11	名物うどん	16315000	
12	名物そば	14212000	
13	苺タルト	10478000	
14	総計	90105000	
15			

上位5位に入る商品名と合計金額が
分からない

→

After

	A	B	C
2			
3	行ラベル	合計 / 計	
4	低糖質そば	8645000	
5	豆塩大福	9802000	
6	名物うどん	16315000	
7	名物そば	14212000	
8	苺タルト	10478000	
9	総計	59452000	
10			
11			
12			
13			
14			
15			
16			

上位5位の商品名と合計金額が
抽出できた

💡 使いこなしのヒント

データをいじる必要がない

上の［Before］の画面は、商品別の売り上げをまとめた結果ですが、［After］の画面では、売り上げのトップ5だけを表示しています。表示する条件を指定するだけで、商品全体の中から売り上げのトップ5(「低糖質そば」「豆塩大福」「名物そば」「名物うどん」「苺タルト」)が抽出されます。データを並べ替えたり、表示する項目を変更したりしなくても、「トップ3」や「ワースト3」「トップ10%」などを素早く表示できて、とても便利です。

1 商品名のフィルター一覧を表示する

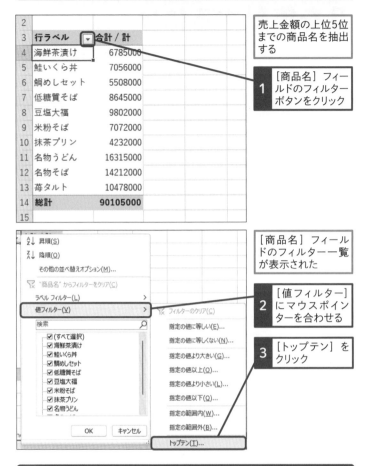

売上金額の上位5位までの商品名を抽出する

1 [商品名] フィールドのフィルターボタンをクリック

[商品名] フィールドのフィルター一覧が表示された

2 [値フィルター] にマウスポインターを合わせる

3 [トップテン] をクリック

2 トップテンフィルターを設定する

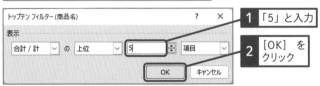

[トップテンフィルター（商品名）] ダイアログボックスが表示された

1 「5」と入力

2 [OK] をクリック

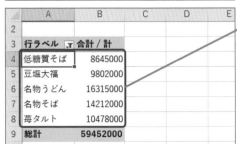

売上金額が上位5位までの商品名と合計金額が抽出された

使いこなしのヒント

上位10%を表示するには

「上から数えて10%」「下から数えて10%」など、パーセント単位でもデータを表示できます。以下の手順で操作しましょう。

[トップテンフィルター] ダイアログボックスを表示しておく

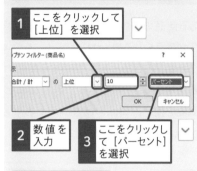

1 ここをクリックして [上位] を選択

2 数値を入力

3 ここをクリックして [パーセント] を選択

4 [OK] をクリック

使いこなしのヒント

ワースト5項目を表示するには

下位5項目を表示するには、手順2で [上位] の横の⌄をクリックし、[下位] を選択します。続いて表示する項目の数を指定します。

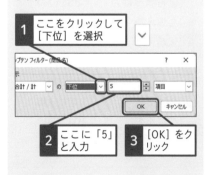

1 ここをクリックして [下位] を選択

2 ここに「5」と入力

3 [OK] をクリック

⚠ ここに注意

手順2で表示する項目数を間違って入力してしまったときは、[商品名] フィールドのフィルターボタンをクリックして [値フィルター] の [トップテン] をクリックして項目数を指定し直しましょう。

指定したキーワードに
一致する商品を集計するには

ラベルフィルター

練習用ファイル　L24_ラベルフィルター.xlsx

キーワードから気になるデータを一発表示

ある商品の売り上げに影響を及ぼす要因として、ほかの商品の存在が考えられる場合があります。このようなケースで複数の商品同士の関係を探るときは、関連する商品の情報のみに注目するために、表示する項目を絞り込みます。このレッスンでは、「フィルター」の機能を使い、商品の品番や商品名などに含まれるキーワードをヒントにして、表示する項目を絞り込む方法を紹介します。

🔗 関連レッスン

レッスン14
指定した商品のみの集計結果を
表示するには　　　　　　　　p.64

レッスン23
売上金額の上位5位までの
商品を集計するには　　　　　p.94

Before

「そば」を含む商品の売り上げだけをチェックしたい

	A	B	C
1			
2			
3	行ラベル ▾	合計 / 計	
4	海鮮茶漬け	6785000	
5	鮭いくら丼	7056000	
6	鯛めしセット	5508000	
7	低糖質そば	8645000	
8	豆塩大福	9802000	
9	米粉そば	7072000	
10	抹茶プリン	4232000	
11	名物うどん	16315000	
12	名物そば	14212000	
13	苺タルト	10478000	
14	総計	90105000	
15			

→

After

「そば」のキーワードで商品名を抽出できた

	A	B	C
2			
3	行ラベル ▾	合計 / 計	
4	低糖質そば	8645000	
5	米粉そば	7072000	
6	名物そば	14212000	
7	総計	29929000	
8			
9			
10			
11			
12			
13			
14			
15			
16			

💡 使いこなしのヒント

キーワードから項目を絞り込む

上の[Before]の画面は、商品別の売り上げをまとめたものですが、[After]の画面では、商品名に「そば」を含む商品だけを表示しています。条件の指定方法を変更すれば、「そば○○」という商品や、「○○そば」という商品などを表示できます。あらかじめ元のリストに「商品の分類を示すフィールド」などがあれば簡単に必要な項目を絞り込めますが、分類がないリストの場合は、このようにキーワードをヒントにすると、項目の絞り込みがうまくいきます。

1 ［ラベルフィルター］を表示する

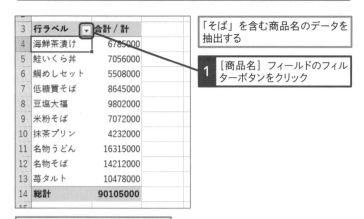

「そば」を含む商品名のデータを抽出する

1 ［商品名］フィールドのフィルターボタンをクリック

［商品名］フィールドのフィルター一覧が表示された

2 ［ラベルフィルター］にマウスポインターを合わせる

3 ［指定の値を含む］をクリック

2 キーワードを入力する

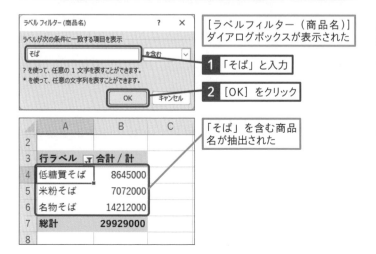

［ラベルフィルター（商品名）］ダイアログボックスが表示された

1 「そば」と入力

2 ［OK］をクリック

「そば」を含む商品名が抽出された

使いこなしのヒント

条件を複数指定できるようにするには

1つのフィールドで複数のフィルターを指定できるようにするには、以下の手順で操作します。こうすることで、商品名を［商品名］フィールドのフィルターボタンをクリックして絞り込み、その中からさらに［ラベルフィルター］で「そば」を含む項目に絞り込むなど、1つのフィールドで複数のフィルター条件を指定することが可能になります。

57ページのヒントを参考に［ピボットテーブルオプション］ダイアログボックスを表示しておく

1 ［集計とフィルター］タブをクリック

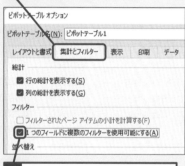

2 ここをクリックしてチェックマークを付ける

3 ［OK］をクリック

使いこなしのヒント

フィルターを解除するには

フィルターを指定したフィールドを［レイアウトセクション］から削除しても、フィルターの条件はそのまま残るので、次にそのフィールドを［レイアウトセクション］に移動すると、指定されていたフィルターが適用されます。フィルターの条件を解除するには、手順1で、［"（フィールド名）"からフィルターをクリア］をクリックしましょう。

25 集計表の項目名を変更するには

フィールド名の変更

練習用ファイル　L25_フィールド名の変更.xlsx

集計結果は「分かりやすさ」が大切

ピボットテーブルに表示される行や列、値の内容を表すフィールド名は、後から変更できます。誰にでも見やすい集計表にするには、見出しや項目名を分かりやすく変更しましょう。見出しの表示方法は、ピボットテーブルのレイアウトによって異なります。

🔗 関連レッスン

レッスン05
ピボットテーブルの各部の名称を
知ろう　　　　　　　　　　p.32

p.32

Before

フィールド名が変更されていないので
集計内容が分かりづらい

	A	B	C	D
1				
2				
3	合計 / 計	地区		
4	商品名	九州地区	大阪地区	東京地区
5	海鮮茶漬け	3507500		3277500
6	鮭いくら丼	2450000	2842000	1764000
7	鯛めしセット		2862000	2646000
8	低糖質そば	1560000	3120000	3965000
9	豆塩大福	3190000	3248000	3364000
10	米粉そば	2108000	2312000	2652000
11	抹茶プリン		2530000	1702000
12	名物うどん	6435000	4680000	5200000
13	名物そば	3910000	3332000	6970000
14	苺タルト	3978000	2964000	3536000
15	総計	27138500	27890000	35076500
16				

After

商品名や売上金額に合わせた
フィールド名を入力できる

	A	B	C	D
1				
2				
3	売上金額合計	地区		
4	お取り寄せグルメ	九州地区	大阪地区	東京地
5	海鮮茶漬け	3507500		32
6	鮭いくら丼	2450000	2842000	17
7	鯛めしセット		2862000	26
8	低糖質そば	1560000	3120000	39
9	豆塩大福	3190000	3248000	33
10	米粉そば	2108000	2312000	26
11	抹茶プリン		2530000	17
12	名物うどん	6435000	4680000	52
13	名物そば	3910000	3332000	69
14	苺タルト	3978000	2964000	35
15	総計	27138500	27890000	3507
16				

💡 **使いこなしのヒント**

誰が見ても分かりやすい名前を心がける

ピボットテーブルのレイアウトを「アウトライン形式」や「表形式」にすると、行や列、値の見出しにピボットテーブルに配置したフィールド名や集計方法が表示されます。上の[Before]の画面は、レイアウトを「表形式」にしています。

[After]の画面は、行や値の見出しを変更した例です。また、ピボットテーブルは、元のリストで略称などが使われていると、表の項目にもその略称が使われます。必要に応じて項目名も変更できます。

基本編　第3章　表の項目を切り替えよう

1 フィールド名を変更する

レッスン42の方法で、ピボットテーブルのレイアウトを「アウトライン形式」または「表形式」に変更しておく

1 セルA3をクリックして選択

	A	B	C	D	E	F
1						
2						
3	合計 / 計	地区				
4	商品名	九州地区	大阪地区	東京地区	総計	
5	海鮮茶漬け	3507500		3277500	6785000	
6	鮭いくら丼	2450000	2842000	1764000	7056000	
7	鯛めしセット		2862000	2646000	5508000	
8	低糖質そば	1560000	3120000	3965000	8645000	
9	豆塩大福	3190000	3248000	3364000	9802000	
10	米粉そば	2108000	2312000	2652000	7072000	

2 「売上金額合計」と入力

3 [Enter]キーを押す

	A	B	C	D	E	F
1						
2						
3	売上金額合計	地区				
4	商品名	九州地区	大阪地区	東京地区	総計	
5	海鮮茶漬け	3507500		3277500	6785000	
6	鮭いくら丼	2450000	2842000	1764000	7056000	
7	鯛めしセット		2862000	2646000	5508000	
8	低糖質そば	1560000	3120000	3965000	8645000	
9	豆塩大福	3190000	3248000	3364000	9802000	
10	米粉そば	2108000	2312000	2652000	7072000	

2 ほかのフィールド名も変更する

セルA4に「お取り寄せグルメ」と入力し、列幅を調整する

	A	B	C	D	E
1					
2					
3	売上金額合計	地区			
4	お取り寄せグルメ	九州地区	大阪地区	東京地区	総計
5	海鮮茶漬け	3507500		3277500	6785000
6	鮭いくら丼	2450000	2842000	1764000	7056000
7	鯛めしセット		2862000	2646000	5508000
8	低糖質そば	1560000	3120000	3965000	8645000
9	豆塩大福	3190000	3248000	3364000	9802000
10	米粉そば	2108000	2312000	2652000	7072000

ほかのフィールド名が変更された

使いこなしのヒント
項目名も変更できる

行や列ラベルではなく、集計表やレッスン27で紹介するグループ名の項目も自由に変更できます。例えば、集計表の項目の商品名を変更するには、以下のように操作します。このとき、変更する商品名のセルをダブルクリックしてしまうと、[詳細データの表示] ダイアログボックスが表示されてしまいます（77ページ参照）。その場合には、[キャンセル] ボタンをクリックして項目名を入力しましょう。なお、集計表の項目名を変更しても、集計元リストのデータ内容が変わるわけではありません。また、ピボットテーブルを更新しても、変更したピボットテーブルの項目名はそのまま表示されます。

1 項目名を変更するセルをクリックして選択

10	米粉そば	2108000	23
11	抹茶プリン		25
12	名物うどん	6435000	46

2 項目名を修正

10	米粉そば	2108000	23
11	抹茶プディング		25
12	名物うどん	6435000	46

使いこなしのヒント
コンパクト形式の場合

コンパクト形式では、「行ラベル」や「列ラベル」と表示されます。セルをクリックして書き替えることもできますが、後でフィールドを入れ替えた場合、入力した文字は変わらないので注意しましょう。

ここに注意

フィールド名や項目名を間違って指定してしまったときは、もう一度、フィールド名や項目名のセルを選択して文字を入力し直します。

日付をまとめて集計するには

日付のグループ化

練習用ファイル　L26_日付のグループ化.xlsx

「四半期別」や「月別」の売り上げもすぐ分かる

1つ1つの集計結果からは分からないことでも、データの推移を見ると、売り上げがどのように変化しているのかが分かります。データの推移を見るときは、売上日などの日付データを利用して、日付順に集計します。

🔗 関連レッスン

レッスン27
いくつかの商品をまとめて集計するには
　　　　　　　　　　　　　　　　　　p.102

レッスン35
項目をグループ化して構成比を求めるには　　　　　　　　　　　　p.130

レッスン61
タイムラインで特定の期間の集計結果を表示するには　　　　p.224

Before

	A	B	C	D	E	F	G
1							
2							
3	合計 / 計	列ラベル ▾					
4		⊞2022年	⊞2023年　総計				
5							
6	行ラベル ▾						
7	海鮮茶漬け	3335000	3450000	6785000			
8	鮭いくら丼	3234000	3822000	7056000			
9	鯛めしセット	2592000	2916000	5508000			

> 前年との比較はできるが、月別の売上金額が分からない

After

	A	B	C	D	E	F	G	H
1								
2								
3	合計 / 計	列ラベル ▾						
4		⊟2022年						
5	行ラベル ▾	1月	2月	3月	4月	5月	6月	7月
6	海鮮茶漬け	230000	230000	230000	345000	230000	230000	34
7	鮭いくら丼	196000	196000	294000	196000	294000	196000	19
8	鯛めしセット	108000	162000	270000	216000	216000	216000	21
9	低糖質そば	325000	325000	325000	325000	325000	455000	45
10	豆塩大福	348000	348000	406000	406000	348000	522000	34

> 日付をまとめて年月ごとにグループ化できた

> 月別の売り上げの推移が分かる

💡 使いこなしのヒント

単位ごとにまとめてみるとデータの推移が分かる

日付データを[行]や[列]エリアに配置すると、日付の単位が自動的に「年」「四半期」などの単位でまとめて表示されるので、表示する単位を簡単に指定できます。単位を「月」にすれば短期間のデータの推移が、「四半期」や「年」にすれば長期間の推移が見えてくるでしょう。

上の[After]の画面は、商品の売り上げを「年別」「月別」にまとめて集計した例です。年別の集計表では月別の売り上げの推移は分かりませんが、月ごとにまとめれば、売り上げの推移が分かります。

1 グループ化したい項目を選択する

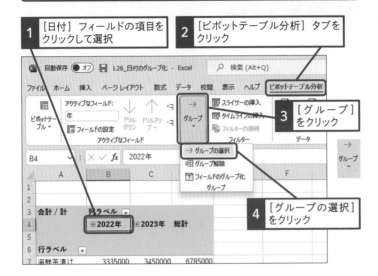

1 [日付] フィールドの項目を
クリックして選択

2 [ピボットテーブル分析] タブを
クリック

3 [グループ]
をクリック

4 [グループの選択]
をクリック

2 期間を選択する

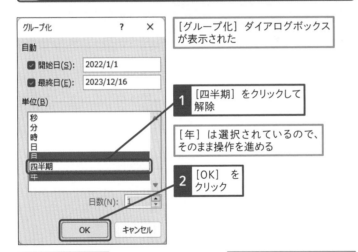

[グループ化] ダイアログボックス
が表示された

1 [四半期] をクリックして
解除

[年] は選択されているので、
そのまま操作を進める

2 [OK] を
クリック

日付が年月ごとに
グループ化された

年月ごとに商品の売り上げ
を集計できた

⚠ ここに注意

[グループ化] ダイアログボックスでは、
クリックして青く表示された項目が選択さ
れます。手順2で、[月] をクリックして月
の選択が解除されてしまったときは、もう
一度 [月] をクリックして選択します。

⌨ ショートカットキー

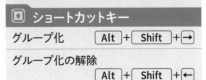

グループ化　　　`Alt` + `Shift` + `→`

グループ化の解除

　　　　　　　　`Alt` + `Shift` + `←`

27 いくつかの商品を まとめて集計するには

文字のグループ化

練習用ファイル L27_文字のグループ化.xlsx

任意のグループごとに集計できる

商品名や担当者別などにデータを集計した後、「商品の種類」や「営業グループ」など、もう少し大きな単位にまとめた集計結果を確認したい場合には、分類の項目を追加して集計します。しかし、元のリストに、「商品の種類」や「営業グループ」などの情報が入ったフィールドが都合よくあるとは限りません。そんなときに利用すると便利なのが、「グループ化」の機能です。これを利用すれば、元のリストに手を加えなくても、任意に選んだ項目を1つにまとめて、その結果を簡単に把握できます。

関連レッスン

レッスン26
日付をまとめて集計するには   p.100

レッスン35
項目をグループ化して構成比を
求めるには   p.130

Before

商品別の売上金額は確認できるが、種類別に売り上げを集計したい

3	行ラベル	合計 / 計
4	海鮮茶漬け	6785000
5	鮭いくら丼	7056000
6	鯛めしセット	5508000
7	低糖質そば	8645000
8	豆塩大福	9802000
9	米粉そば	7072000
10	抹茶プリン	4232000
11	名物うどん	16315000
12	名物そば	14212000
13	苺タルト	10478000
14	総計	90105000
15		
16		
17		

After

商品の種類別にグループ化できた

3	行ラベル	合計 / 計
4	⊟家庭用	**47385000**
5	鮭いくら丼	7056000
6	豆塩大福	9802000
7	名物うどん	16315000
8	名物そば	14212000
9	⊟贈答用	**27003000**
10	海鮮茶漬け	6785000
11	鯛めしセット	5508000
12	抹茶プリン	4232000
13	苺タルト	10478000
14	⊟その他	**15717000**
15	低糖質そば	8645000
16	米粉そば	7072000
17	総計	**90105000**

使いこなしのヒント

項目を自由に分類できる

上の [Before] の画面は、商品別の売り上げを集計したものですが、[After] の画面では、商品をいくつかの種類にまとめて、集計結果を表示しています。元のリストに商品の種類を表すフィールドがなくても、グループ化の機能を利用すれば、「贈答用」「家庭用」「その他」など、任意の分類の集計結果をまとめられます。なお、このレッスンの例では、分類別の小計を表示しています。小計の表示方法はレッスン36で詳しく解説します。

1 グループ化したい項目を選択する

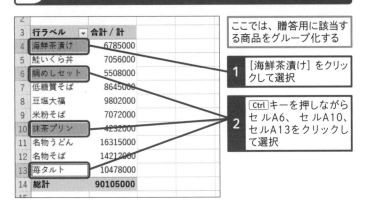

ここでは、贈答用に該当する商品をグループ化する

1 [海鮮茶漬け] をクリックして選択

2 Ctrl キーを押しながらセルA6、セルA10、セルA13をクリックして選択

2 選択した項目をグループ化する

1 [ピボットテーブル分析] タブをクリック

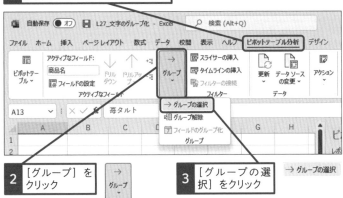

2 [グループ] をクリック

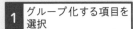

3 [グループの選択] をクリック

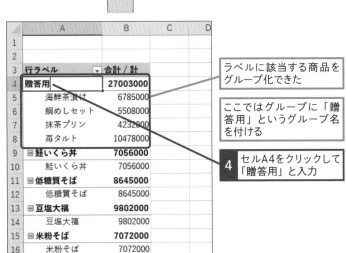

ラベルに該当する商品をグループ化できた

ここではグループに「贈答用」というグループ名を付ける

4 セルA4をクリックして「贈答用」と入力

使いこなしのヒント

右クリックでグループ化するには

[ピボットテーブル分析] タブが表示されていない場合は、ショートカットメニューからグループ化を行うと手早く操作できます。それには、グループ化する項目を選択した後、右クリックすると表示されるショートカットメニューの [グループ化] を選択します。

1 グループ化する項目を選択

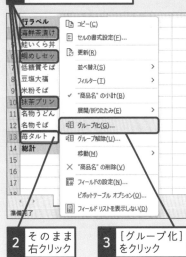

2 そのまま右クリック

3 [グループ化] をクリック

項目がグループ化される

⚠ ここに注意

間違って違う項目をグループ化してしまったときは、グループ化された項目を選択し、[ピボットテーブル分析] タブにある [グループ解除] ボタンをクリックします。

次のページに続く ➡

3 さらにグループ化したい項目を選択する

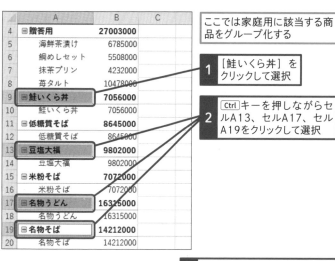

ここでは家庭用に該当する商品をグループ化する

1 [鮭いくら丼]をクリックして選択

2 Ctrl キーを押しながらセルA13、セルA17、セルA19をクリックして選択

3 [ピボットテーブル分析]タブをクリック

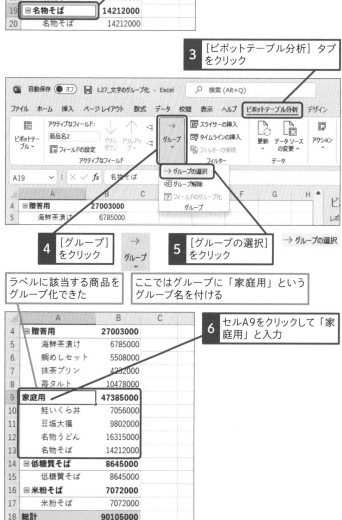

4 [グループ]をクリック

5 [グループの選択]をクリック

ラベルに該当する商品をグループ化できた

ここではグループに「家庭用」というグループ名を付ける

6 セルA9をクリックして「家庭用」と入力

フィールドリストにフィールドが追加される

任意に選んだ項目をグループ化すると、フィールドリストにグループ化したフィールドが追加されます。追加したフィールドの名前を変更するには、フィールド名をクリックして[フィールドの設定]をクリックします。フィールド名を入力して[OK]をクリックします。

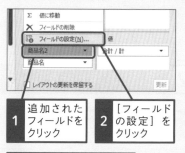
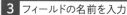

1 追加されたフィールドをクリック

2 [フィールドの設定]をクリック

3 フィールドの名前を入力

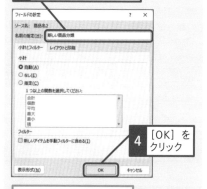
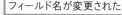

4 [OK]をクリック

フィールド名が変更された

ショートカットキー

グループ化　　 Alt + Shift + →

グループ化の解除　 Alt + Shift + ←

4 余った項目もグループ化する

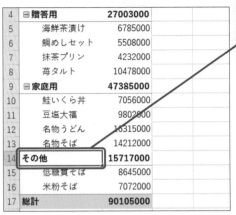

4	⊟贈答用	27003000
5	海鮮茶漬け	6785000
6	鯛めしセット	5508000
7	抹茶プリン	4232000
8	苺タルト	10478000
9	⊟家庭用	47385000
10	鮭いくら丼	7056000
11	豆塩大福	9802000
12	名物うどん	16315000
13	名物そば	14212000
14	その他	15717000
15	低糖質そば	8645000
16	米粉そば	7072000
17	総計	90105000

1 手順1～3を参考に、残った商品を「その他」というグループ名でグループ化

5 グループを並べ替える

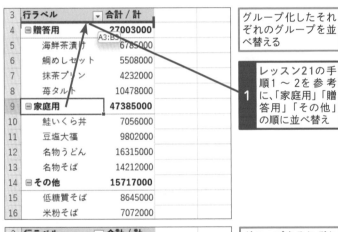

3	行ラベル ▼	合計 / 計
4	⊟贈答用	27003000
5	海鮮茶漬け	6785000
6	鯛めしセット	5508000
7	抹茶プリン	4232000
8	苺タルト	10478000
9	⊟家庭用	47385000
10	鮭いくら丼	7056000
11	豆塩大福	9802000
12	名物うどん	16315000
13	名物そば	14212000
14	⊟その他	15717000
15	低糖質そば	8645000
16	米粉そば	7072000

グループ化したそれぞれのグループを並べ替える

1 レッスン21の手順1～2を参考に、「家庭用」「贈答用」「その他」の順に並べ替え

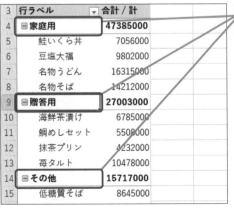

3	行ラベル ▼	合計 / 計
4	⊟家庭用	47385000
5	鮭いくら丼	7056000
6	豆塩大福	9802000
7	名物うどん	16315000
8	名物そば	14212000
9	⊟贈答用	27003000
10	海鮮茶漬け	6785000
11	鯛めしセット	5508000
12	抹茶プリン	4232000
13	苺タルト	10478000
14	⊟その他	15717000
15	低糖質そば	8645000

グループをそれぞれ並べ替えられた

💡 **使いこなしのヒント**

数値データをグループ化するには

項目が数値データの場合は、数値の範囲を指定してデータをグループ化します。数値データが入っているフィールドをクリックし、手順2の操作を行います。どの範囲の数値を対象にするか、また、いくつずつ同じグループにまとめるかを、[グループ化] ダイアログボックスで設定しましょう。

ピボットテーブル内の数値のフィールドを選択して、手順2の操作を実行しておく

1 数値の範囲を入力　**2** グループ化する単位を入力

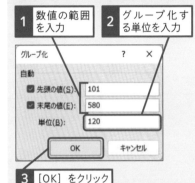

グループ化	? ✕
自動	
☑先頭の値(S):	101
☑末尾の値(E):	580
単位(B):	120

3 [OK] をクリック

「101～580」の項目が「120」ずつグループ化された

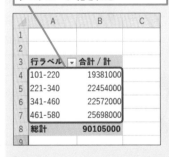

	A	B	C
1			
2			
3	行ラベル ▼	合計 / 計	
4	101-220	19381000	
5	221-340	22454000	
6	341-460	22572000	
7	461-580	25698000	
8	総計	90105000	
9			

⚠️ **ここに注意**

間違って違う項目をグループ化してしまったときは、グループ化されてしまった項目を選択し、[ピボットテーブル分析] タブの [グループ解除] ボタンをクリックしましょう。

この章のまとめ

レイアウト変更を活用してデータを分析しよう

データ分析をするには、まず「商品名」や「顧客名」などの単位でデータを集計するところから始めます。ピボットテーブルでは、フィールドを簡単に入れ替えられるので、さまざまな視点で集計できます。項目が多い場合は、データの傾向を読み取りやすくするために並べ替えを行

います。気になるデータを見つけたら、データの詳細を掘り下げて事実を把握していきます。ドリルダウンやドリルアップで他の角度からも見てみましょう。気になるデータを手がかりに、事実を把握できれば、問題点の推測もしやすくなります。

3	行ラベル ▼	合計 / 計
4	⊟ 家庭用	47385000
5	鮭いくら丼	7056000
6	豆塩大福	9802000
7	名物うどん	16315000
8	名物そば	14212000
9	⊟ 贈答用	27003000
10	海鮮茶漬け	6785000
11	鯛めしセット	5508000
12	抹茶プリン	4232000
13	苺タルト	10478000
14	⊟ その他	15717000

機能が盛りだくさんでした…！
でも面白かった！

でしょう？ ピボットテーブルは習うより慣れろ、まずは触って操作してみることが大切です。

データ分析のいろいろなヒントをもらいました。

表の内容を変えることで、新しい気づきも生まれますからね。次の章ではさらに、違う視点を得るための操作方法を紹介しますよ。

基本編

第 **4** 章

集計方法を
変えた表を作ろう

ピボットテーブルは、数値の合計だけでなく、データの個数や比
率なども求められます。違った視点からデータを集計して、デー
タの裏に隠れている事実を探ってみましょう。

28

さまざまな方法で集計しよう

この章では、ピボットテーブルの集計方法を変更して、違った角度からデータを集計する方法を紹介します。また、目的の集計結果を表示するフィールドを追加する方法なども知りましょう。また、［フィルター］エリアを利用して、集計対象を絞り込んで表示します。

ワンランク上の集計方法

先生、この章ではどんな操作を学ぶんですか？

ピボットテーブルにだいぶ慣れたみたいですね。この章ではさらに高度な集計方法を紹介します。

累計や個数の集計、比率などですね。

そうです。といっても操作は単純なので、手順どおりに進めていきましょう。

集計方法を一瞬で切り替える

ピボットテーブルはデータの合算以外にも、個数を集計したり、割合を求めたりすることができます。しかもそれも、設定を1つ変えるだけで、全体を一瞬で変更できるんです！

行ラベル	1月	2月	3月	4月	5月	6月	7月	8月	9月	10月
合計 / 計	列ラベル									
	⊟2022年									
ONLINE SHOP	351000	215000	351000	351000	449000	351000	351000	351000	351000	184000
お取り寄せの家	168000	220000	246000	220000	220000	220000	285000	220000	220000	220000
スーパー中野	404000	404000	472000	404000	404000	404000	472000	472000	472000	472000
ふるさと土産	250000	304000	358000	358000	358000	624000	608000	638000	524000	576000
街のMARKET	266000	201000	266000	266000	266000	266000	266000	266000	266000	266000
向日葵スーパー	213500	213500	271500	271500	213500	271500	213500	213500	213500	213500
自然食品の佐藤	303000	303000	303000	303000	303000	303000	360500	428500	360500	360500
全国グルメストア	247000	247000	293000	247000	247000	312000	426000	426000	358000	358000
日本食ギフト	312000	312000	366000	312000	312000	520000	416000	422000	364000	312000
美味しいもの屋	378000	378000	544000	558000	443000	443000	534500	477000	568500	443000
総計	2892500	2797500	3470500	3290500	3215500	3714500	3932500	3914000	3697500	3405000

さまざまな集計方法をマスターしよう

この章でイチオシの機能はこれ。「集計フィールド／集計アイテム」を使うと、さまざまな計算が可能になります！

数式に商品名が直接入れられるんですね！普通の関数より分かりやすいです！

"商品名" への集計アイテムの挿入　　? ✕

名前(<u>N</u>): その他 ⌄　　追加(<u>A</u>)

数式(<u>M</u>): = 低糖質そば+ 米粉そば　　削除(<u>D</u>)

フィールド(<u>E</u>):
- 担当者
- 地区
- 商品番号
- 商品名
- 商品分類
- 価格
- 数量
- 計

アイテム(<u>I</u>):
- 海鮮茶漬け
- 鮭いくら丼
- 鯛めしセット
- 低糖質そば
- 豆塩大福
- 米粉そば
- 抹茶プリン
- 名物うどん

フィールドの挿入(<u>E</u>)　　アイテムの挿入(<u>I</u>)

OK　　閉じる

新しいシートにまとめる

さらにもう一段ステップアップ。追加した集計表を別のシートに作成することで、見やすくまとめることができます。

分析結果を共有するときに便利ですね。この機能、マスターしたいです！

14	総計	12684000	14454500	27138500	
15					
16					
17					

◀ ▶ 　九州地区　大阪地区　東京地区　… ⊕ ⋮ ◀

準備完了

29 「月別」の注文明細件数を求めるには

データの個数

練習用ファイル L29_データの個数.xlsx

基本編

第4章 集計方法を変えた表を作ろう

計算方法をデータの「個数」に変更してみよう

これまでのレッスンでは、商品名や顧客別に売上金額の合計を求めましたが、合計だけでは見えてこないデータもあります。例えば、注文明細件数の推移や、平均購入金額の推移などは合計を見ているだけでは分かりません。このようなときにも、ピボットテーブルを使えば、合計を求める以外にもさまざまな計算ができます。

🔗 関連レッスン

Before

顧客別の売上金額は確認できるが、どの顧客から月ごとに何件注文があったかが分からない

After

顧客別の注文明細件数を集計できる

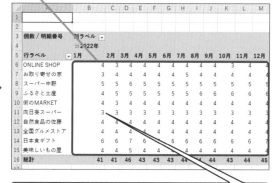

集計元のリストを見ると、3件の明細があることが分かる

💡 使いこなしのヒント

計算方法を変更してデータの詳細を読み解く

上の[Before]の画面は、売上明細表を元に顧客と月別の売上合計を表示した例ですが、計算方法を「合計」ではなくデータの「個数」に変更することで、[After]の画面のように、顧客からの注文明細件数を数えられます。例えば、行番号11の「向日葵スーパー」は、月ごとの売上金額に変動があり

ますが（[Before]の画面）、注文明細件数は、毎月3件で変動がないことが把握できます（[After]の画面）。売上金額が変わらないのに販売費が上昇しているようなケースで、注文明細件数が増加している可能性がある場合は、データ件数を数えれば、その詳細を確認できます。

1 [明細番号] の連番の合計数を集計する

[値] エリアの [計] フィールドを削除する

| 1 | ピボットテーブル内のセルを クリックして選択 |

| 2 | [合計/計] にマウスポインター を合わせる |

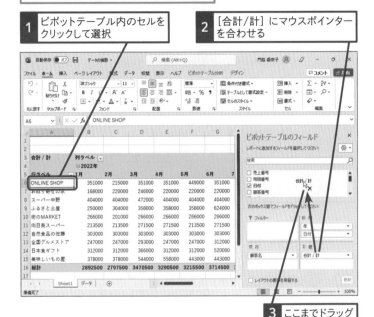

| 3 | ここまでドラッグ |

[値] エリアに [明細番号] フィールドを配置する

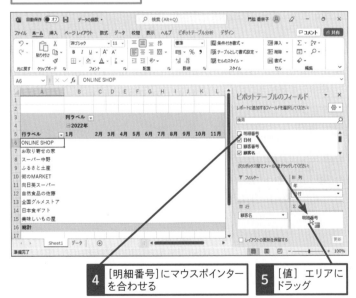

| 4 | [明細番号]にマウスポインター を合わせる |

| 5 | [値] エリアに ドラッグ |

次のページに続く ➡

使いこなしのヒント

なぜ [明細番号] フィールドを 集計するの?

このレッスンでは、注文明細件数を数え るために [明細番号] のフィールドを利 用していますが、ほかのフィールドを利 用しても同様の結果を求められます。し かし、データの数を数えるような場合は、 合計などを求めるときに利用する数値の フィールドではなく、明細別に固有の番号 を振った [明細番号] などを利用すること で、何を計算しているのかが分かりやすく なります。

[明細番号] などのフィールドが あれば、注文件数を集計できる

個数 / 明細番号	列ラベル							
	□2022年							
行ラベル	1月	2月	3月	4月	5月	6月	7月	8月
ONLINE SHOP	4	3	4	4	4	4	4	4
お取り寄せの家	3	4	4	4	4	4	5	4
スーパー中野	5	5	6	5	5	5	5	5
ふるさと土産	4	5	5	5	5	5	5	6
街のMARKET	4	3	4	4	4	4	4	4
向日葵スーパー	3	3	3	3	3	3	3	3
自然食品の佐藤	4	4	4	4	4	4	4	4
全国グルメストア	4	4	4	4	4	4	4	4
日本食ギフト	6	6	7	6	6	6	6	6
美味しいもの屋	4	4	5	4	4	4	4	4
総計	41	41	46	43	43	43	44	44

使いこなしのヒント

初めから集計方法がデータの 「個数」のときもある

ピボットテーブルでは、数値データがあ るフィールドを [値] エリアに配置すると、 集計方法が自動的に「合計」になります。 また、数値以外のデータがあるフィールド を [値]エリアに配置すると、集計方法が [個 数] になります。集計方法は手順2 ～ 4の 方法で必要に応じて変更できます。

⚠ ここに注意

間違ったエリアにフィールドを配置して しまったときは、[レイアウトセクション] の目的のエリアにフィールドをドラッグし て配置し直します。

2 値フィールドの集計方法を設定する

[明細番号] フィールドが [値] エリアに配置された

ここでは注文件数を集計したいので、フィールドの計算方法を変更する

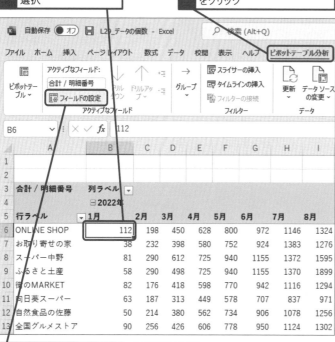

1 値の項目をクリックして選択

2 [ピボットテーブル分析] タブをクリック

3 [フィールドの設定] をクリック

[値フィールドの設定] ダイアログボックスが表示された

ここでは [明細番号] フィールドの個数を集計するので [個数] を選択する

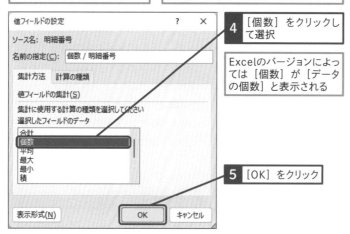

4 [個数] をクリックして選択

Excelのバージョンによっては [個数] が [データの個数] と表示される

5 [OK] をクリック

使いこなしのヒント
別のダイアログボックスが表示されたときは

手順2で、[値フィールドの設定] ダイアログボックスが表示されない場合は、手順2の操作1で、[行フィールド] や [列フィールド] に配置されたフィールドを選択していた可能性があります。その場合は [キャンセル] ボタンをクリックし、操作1から操作し直します。

使いこなしのヒント
フィールドエリアから設定できる

集計方法を変更する [値フィールドの設定] ダイアログボックスを表示するには、[値] エリアに配置されているフィールドをクリックする方法もあります。次のように操作します。

1 [合計/明細番号] をクリック

2 [値フィールドの設定] をクリック

[値フィールドの設定] ダイアログボックスが表示される

基本編

第4章 集計方法を変えた表を作ろう

●注文件数が集計された

[明細番号] フィールドのデータの個数が表示された

個数 / 明細番号	列ラベル	☐2022年								
行ラベル	1月	2月	3月	4月	5月	6月	7月	8月	9月	
ONLINE SHOP	4	3	4	4	4	4	4	4	4	
お取り寄せの家	3	4	4	4	4	4	5	4	4	
スーパー中野	5	5	6	5	5	5	5	5	5	
ふるさと土産	4	5	5	5	5	5	5	6	6	
街のMARKET	4	3	4	4	4	4	4	4	4	
向日葵スーパー	3	3	3	3	3	3	3	3	3	
自然食品の佐藤	4	4	4	4	4	4	4	4	4	
全国グルメストア	4	4	4	4	4	4	4	4	4	

💡 使いこなしのヒント

右クリックで集計方法を変えるには

値の項目を右クリックして、ショートカットメニューの [値の集計方法] の [データの個数] をクリックしても集計方法を変更できます。

👍 スキルアップ

集計方法の種類を知る

[値] エリアのフィールドの集計方法は、[合計] 以外にもさまざまなものがあります。ここでは、注文明細件数を求める ため、[個数] を選択しましたが、ほかにも次のようなものが用意されています。

計算方法	内容
合計	数値の合計
個数（データの個数）	データの数
平均	数値の平均
最大（最大値）	数値の最大値
最小（最小値）	数値の最小値
積	数値の積
数値の個数	数値データの数

計算方法	内容
標本標準偏差	データを母集団の標本と見なす母集団の推定標準偏差
標準偏差	データ全体を母集団と見なす母集団の標準偏差
標本分散	データを母集団の標本と見なす母集団の推定分散
分散	データ全体を母集団と見なす母集団の分散

👍 スキルアップ

集計したデータ件数の明細リストを見るには

データの個数を集計した結果、その件数分の明細リストを確認するには、「総計」に表示されている集計値をダブルクリックします。例えば、2022年の1月には、41件の注文明細件数があります。この明細を見るには、セルB16の集計結果を ダブルクリックします。なお、顧客ごとの月別の明細データを確認するには、63ページのように、集計値のセルをダブルクリックします。

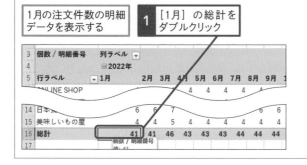

1月の注文件数の明細データを表示する

1 [1月] の総計をダブルクリック

新しいワークシートに1月の注文件数の明細データが表示された

30

「商品別」の売り上げの割合を求めるには

行方向の比率

YouTube 動画で 見る

詳細は2ページへ

練習用ファイル　L30_行方向の比率.xlsx

計算の種類を変更して、構成比を意識してみよう

数値の実態を正確に把握するためには、各項目が全体に占める構成比率を求めたり、前年度との差分の比率を求めて成長率を確認したりするなど、さまざまな角度からデータを見ることが重要です。

🔗 **関連レッスン**

基本編　第4章　集計方法を変えた表を作ろう

Before

合計 / 計	列ラベル								
行ラベル	1月	2月	3月	4月	5月	6月	7月	8月	
海鮮茶漬け	230000	230000	230000	345000	230000	230000	345000	287500	
鮭いくら丼	196000	196000	294000	196000	294000	196000	196000	294000	
鯛めしセット	108000	162000	270000	216000	216000	216000	216000	216000	
低糖質そば	325000	325000	325000	325000	325000	455000	455000	455000	
豆塩大福	348000	348000	406000	406000	348000	522000	348000	406000	
米粉そば	204000	204000	272000	204000	204000	340000	374000	306000	
抹茶プリン	138000	138000	184000	138000	138000	230000	184000	184000	
名物うどん	487500	422500	487500	552500	552500	617500	682500	617500	
名物そば	544000	408000	612000	544000	544000	544000	612000	680000	
苺タルト	312000	364000	390000	364000	364000	364000	520000	468000	
総計	2892500	2797500	3470500	3290500	3215500	3714500	3932500	3914000	

商品別の売上金額は確認できるが、各商品の構成比は分からない

After

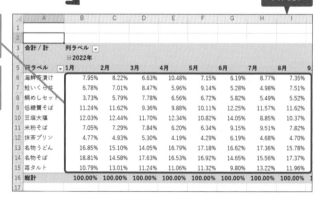

売り上げ全体に占める各商品の売り上げの割合を求められた

総計（行番号16）を100%とした商品（縦方向）の割合が表示された

合計 / 計	列ラベル								
行ラベル	1月	2月	3月	4月	5月	6月	7月	8月	9
海鮮茶漬け	7.95%	8.22%	6.63%	10.48%	7.15%	6.19%	8.77%	7.35%	
鮭いくら丼	6.78%	7.01%	8.47%	5.96%	9.14%	5.28%	4.98%	7.51%	
鯛めしセット	3.73%	5.79%	7.78%	6.56%	6.72%	5.82%	5.49%	5.52%	
低糖質そば	11.24%	11.62%	9.36%	9.88%	10.11%	12.25%	11.57%	11.62%	
豆塩大福	12.03%	12.44%	11.70%	12.34%	10.82%	14.05%	8.85%	10.37%	
米粉そば	7.05%	7.29%	7.84%	6.20%	6.34%	9.15%	9.51%	7.82%	
抹茶プリン	4.77%	4.93%	5.30%	4.19%	4.29%	6.19%	4.68%	4.70%	
名物うどん	16.85%	15.10%	14.05%	16.79%	17.18%	16.62%	17.36%	15.78%	
名物そば	18.81%	14.58%	17.63%	16.53%	16.92%	14.65%	15.56%	17.37%	
苺タルト	10.79%	13.01%	11.24%	11.06%	11.32%	9.80%	13.22%	11.96%	
総計	100.00%	100.00%	100.00%	100.00%	100.00%	100.00%	100.00%	100.00%	1

💡 **使いこなしのヒント**

ピボットテーブルなら瞬時に構成比を求められる

一般的に商品の売上構成比を求めるには、各商品の売り上げを全商品の売り上げで割り算してパーセント表示に変更する必要がありますが、ピボットテーブルなら計算の種類を変更するだけで、瞬時に構成比を求められます。上の［Before］の画面は、商品別の売上金額をまとめたものですが、［After］の画面では、商品別の売上構成比を表示しました。例えば、売上上昇の背景に客層の趣向の変化が考えられる場合などは、構成比の変化を見れば、その状況を把握できることがあります。

1 値フィールドの集計方法を設定する

商品の売上金額の構成比を計算する

1	値の項目をクリックして選択

2	[ピボットテーブル分析] タブをクリック

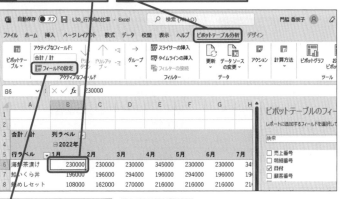

3	[フィールドの設定] をクリック

[フィールドの設定] のアイコン

4	[計算の種類] タブをクリック

5	ここをクリックして [列集計に対する比率] を選択

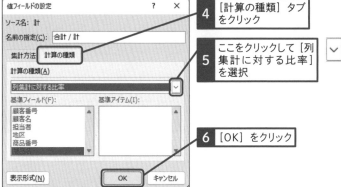

6	[OK] をクリック

売り上げ全体に占める各商品の売り上げの割合を求められた

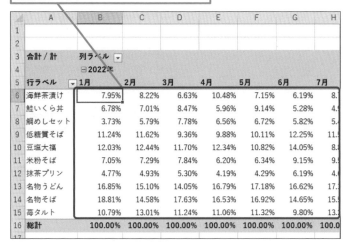

	A	B	C	D	E	F	G	H
1								
2								
3	合計 / 計	列ラベル						
4		⊟2022年						
5	行ラベル	1月	2月	3月	4月	5月	6月	7月
6	海鮮茶漬け	7.95%	8.22%	6.63%	10.48%	7.15%	6.19%	8.
7	鮭いくら丼	6.78%	7.01%	8.47%	5.96%	9.14%	5.28%	4.
8	鯛めしセット	3.73%	5.79%	7.78%	6.56%	6.72%	5.82%	5.
9	低糖質そば	11.24%	11.62%	9.36%	9.88%	10.11%	12.25%	11.
10	豆塩大福	12.03%	12.44%	11.70%	12.34%	10.82%	14.05%	8.
11	米粉そば	7.05%	7.29%	7.84%	6.20%	6.34%	9.15%	9.
12	抹茶プリン	4.77%	4.93%	5.30%	4.19%	4.29%	6.19%	4.
13	名物うどん	16.85%	15.10%	14.05%	16.79%	17.18%	16.62%	17.
14	名物そば	18.81%	14.58%	17.63%	16.53%	16.92%	14.65%	15.
15	苺タルト	10.79%	13.01%	11.24%	11.06%	11.32%	9.80%	13.
16	総計	100.00%	100.00%	100.00%	100.00%	100.00%	100.00%	100.0

使いこなしのヒント

同時にラベル名も変更できる

ラベルの名前は、[値フィールドの設定] ダイアログボックスの [名前の指定] 欄でも指定できます。

[値フィールドの設定] ダイアログボックスを表示しておく

1	[名前の指定] に ラベル名を入力

2	[OK] をクリック

変更したラベル名が表示された

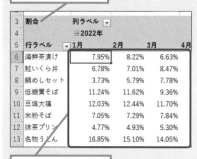

売上金額の構成比が表示された

31 売上金額の前月比を求めるには

比率

練習用ファイル L31_比率.xlsx

前月比は成長率を知るカギ

前月と今月の売り上げや利益を比較すれば、「どの商品に勢いがあるのか」「プラス成長なのかマイナス成長なのか」など、商品の売上成長率や利益率が見えてきます。ピボットテーブルの計算方法を変更するだけで、簡単に前月比や伸び率などを求められます。

関連レッスン

レッスン29
「月別」の注文明細件数を
求めるには　　　　　　　　p.110

レッスン30
「商品別」の売り上げの割合を
求めるには　　　　　　　　p.114

レッスン32
集計値の累計を求めるには　p.120

Before

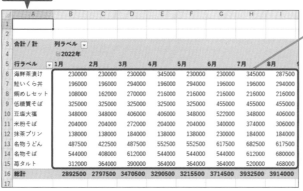

> 商品別の売上金額は確認できるが、売り上げが前月より上がっているか下がっているかが分かりづらい

> 商品の売上金額から前月比を求められた

After

行ラベル	列ラベル ⊟2022年								
	1月 合計 / 計	合計 / 計2	2月 合計 / 計	合計 / 計2	3月 合計 / 計	合計 / 計2	4月 合計 / 計	合計 / 計
海鮮茶漬け	230000		230000	0.00%	230000	0.00%	345000	50.0
鮭いくら丼	196000		196000	0.00%	294000	50.00%	196000	-33.3
鯛めしセット	108000		162000	50.00%	270000	66.67%	216000	-20.0
低糖質そば	325000		325000	0.00%	325000	0.00%	325000	0.0
豆塩大福	348000		348000	0.00%	406000	16.67%	406000	0.0
米粉そば	204000		204000	0.00%	272000	33.33%	204000	-25.0
抹茶プリン	138000		138000	0.00%	184000	33.33%	138000	-25.0
名物うどん	487500		422500	-13.33%	487500	15.38%	552500	13.3
名物そば	544000		408000	-25.00%	612000	50.00%	544000	-11.1
苺タルト	312000		364000	16.67%	390000	7.14%	364000	-6.6
総計	2892500		2797500	-3.28%	3470500	24.06%	3290500	-5.1

使いこなしのヒント

成長の大きさを数値で把握できる

上の［Before］の画面は、月ごとに商品別の売上金額をまとめたものですが、これに前月比の値を追加したものが［After］の画面です。成長率を見れば、成長の大きさを数値で把握できるので、成長性に影響を与える要因を検証するときなどに役立てられます。例えば、売り上げ上昇の背景に広告掲載の影響が考えられる場合などは、影響力の大きさを数値で把握できます。

① 前月比を求めるフィールドを追加する

[計] フィールドを [値] エリアに配置する

1 ピボットテーブル内のセルをクリックして選択

2 ここを下にドラッグしてスクロール

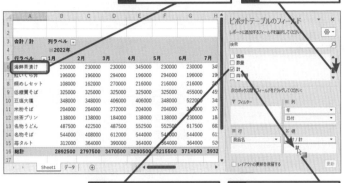

3 [計] にマウスポインターを合わせる

4 [合計/計] の下にドラッグ

[計2] フィールドが [値] エリアに配置された

商品の売上金額について前月比を求める

5 追加された [計2] フィールドの項目をクリックして選択

6 [ピボットテーブル分析] タブをクリック

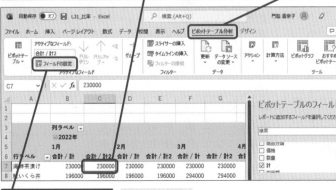

7 [フィールドの設定] をクリック

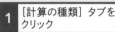 フィールドの設定

次のページに続く ➡

使いこなしのヒント

商品ごとに月別の構成比を求めるには

レッスン30では、列ごとに各行の比率を求めましたが、各列の比率を求めるには、[値フィールドの設定] ダイアログボックスで [行集計に対する比率] を選択します。すると、行の合計を100%としたときの、各列の比率を求められます。

[値フィールドの設定] ダイアログボックスを表示しておく

1 [計算の種類] タブをクリック

2 ここをクリックして [行集計に対する比率] を選択

3 [OK] をクリック

列方向に構成比が求められた

行ラベル	2022年 1月 合計 / 計	合計 / 計2	2月 合計 / 計	合計
海鮮茶漬け	230000	3.39%	230000	
鮭いくら丼	196000	2.78%	196000	
鯛めしセット	108000	1.96%	162000	
低糖質そば	325000	3.76%	325000	
豆塩大福	348000	3.55%	348000	
米粉そば	204000	2.88%	204000	
抹茶プリン	138000	3.26%	138000	
名物うどん	487500	2.99%	422500	
名物そば	544000	3.83%	408000	
苺タルト	312000	2.98%	364000	
総計	2892500	3.21%	2797500	

⚠ ここに注意

間違ったエリアにフィールドを配置してしまったときは、[レイアウトセクション] の目的のエリアにフィールドをドラッグして配置し直します。

●値フィールドの計算の種類を選択する

[値フィールドの設定] ダイアログ
ボックスが表示された

ここでは前月との差分の比率を
計算するように設定する

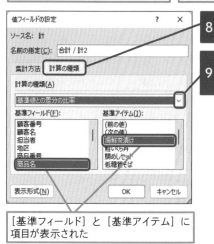

8 [計算の種類] タブ
をクリック

9 ここをクリックして、
[基準値との差分の
比率] を選択

[基準フィールド] と [基準アイテム] に
項目が表示された

使いこなしのヒント

計算の種類って何？

ピボットテーブルで集計を行うときは、「合計」や「平均」などの「集計方法」を選択できるほか、「計算の種類」を指定することで、ほかのセルの値を比較して集計できます。ここでは、「計算の種類」を指定し、前月との比率の差分を求めています。

使いこなしのヒント

「基準フィールド」と「基準アイテム」って何？

選択した計算の種類によっては、計算を行う [基準フィールド] や計算に使用する [基準アイテム] を指定する必要があります。その場合、まずは [基準フィールド] を選択します。[基準アイテム] ボックスに指定したフィールドのアイテム一覧、前後の項目を計算の対象にする [(前の値)] [(次の値)] などの項目が表示された場合は、[基準アイテム] を選択し、計算の内容を指定します。

🖐 スキルアップ

目的に応じて計算の種類を選ぼう

[値フィールドの設定] ダイアログボックスで指定できる計算の種類には、次のようなものがあります。目的に合わせて、計算の種類を選択しましょう。

計算の種類	内容
計算なし	計算なし。[集計方法] で指定した計算結果をそのまま表示
総計に対する比率	総計に対する比率を表示
列集計に対する比率	列ごとの合計値に対して各項目の比率を表示
行集計に対する比率	行ごとの合計値に対して各項目の比率を表示
基準値に対する比率	[基準フィールド] の [基準アイテム] で指定した値に対する比率を表示
親行集計に対する比率	次の式の結果を表示 （アイテムの値）÷（行の親アイテムの値）

計算の種類	内容
親列集計に対する比率	次の式の結果を表示 （アイテムの値）÷（列の親アイテムの値）
親集計に対する比率	次の式の結果を表示 （アイテムの値）÷（選択した [基準フィールド] の親アイテムの値）
基準値との差分	[基準フィールド] の [基準アイテム] で指定した値との差分を表示
基準値との差分の比率	[基準フィールド] の [基準アイテム] で指定した値に対する比率との差を表示
累計	[基準フィールド] の値の累計を表示
比率の累計	累計の比率（構成比の累計）を表示
昇順での順位	値の昇順の順位を表示
降順での順位	値の降順の順位を表示
指数（インデックス）	次の式の結果を表示 （（セルの値）×（総計））÷（（行の総計）×（列の総計））

② 計算の基準にする項目を選択する

ここでは日付を基準に比率を求める

1 ここを上にドラッグしてスクロール

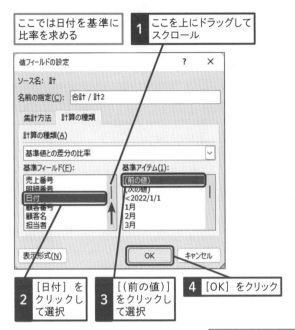

2 [日付]をクリックして選択

3 [(前の値)]をクリックして選択

4 [OK]をクリック

商品の売上金額から前月比を求められた

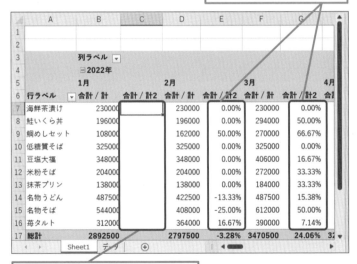

	A	B	C	D	E	F	G
1							
2							
3	列ラベル ▼						
4	⊟2022年						
5		1月		2月		3月	4月
6	行ラベル ▼	合計 / 計	合計 / 計2	合計 / 計	合計 / 計2	合計 / 計	合計 / 計2
7	海鮮茶漬け	230000		230000	0.00%	230000	0.00%
8	鮭いくら丼	196000		196000	0.00%	294000	50.00%
9	鯛めしセット	108000		162000	50.00%	270000	66.67%
10	低糖質そば	325000		325000	0.00%	325000	0.00%
11	豆塩大福	348000		348000	0.00%	406000	16.67%
12	米粉そば	204000		204000	0.00%	272000	33.33%
13	抹茶プリン	138000		138000	0.00%	184000	33.33%
14	名物うどん	487500		422500	-13.33%	487500	15.38%
15	名物そば	544000		408000	-25.00%	612000	50.00%
16	苺タルト	312000		364000	16.67%	390000	7.14%
17	総計	2892500		2797500	-3.28%	3470500	24.06%

Sheet1 データ ⊕

「1月」は年をまたいで算出できないので、空白になる

使いこなしのヒント

前月からの差分や比率を求めるには

このレッスンでは、前月からの売上金額の比率の差を求めましたが、前月からの売り上げの差分を表示するには、計算方法を[基準値との差分]に設定しましょう。また、前月と比較した比率を求めるには、[基準値に対する比率]をクリックします。

[値フィールドの設定]ダイアログボックスを表示しておく

1 ここをクリックして[基準値との差分]を選択

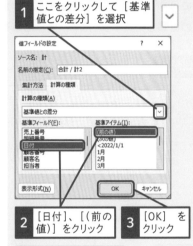

2 [日付]、[(前の値)]をクリック

3 [OK]をクリック

前月からの売り上げの差分が求められた

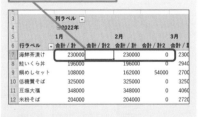

使いこなしのヒント

値フィールドの並び順を変更するには

[値]エリアに複数のフィールドを配置するときは、フィールドを横または縦に並べられます。124ページのヒントを参照してください。

31
比率

32 集計値の累計を求めるには

累計

関連レッスン

レッスン29
「月別」の注文明細件数を
求めるには   p.110

レッスン30
「商品別」の売り上げの割合を
求めるには   p.114

レッスン31
売上金額の前月比を
求めるには   p.116

パレート図の作成などにも役立つ

「今月の10日時点の売り上げ」や「20日時点の売り上げ」「売上高上位○位までの商品の売上合計」など、「ある時点での売上金額の合計」がすぐに分かるようにするには、各項目の合計を上から順に足す「累計」を使いましょう。ピボットテーブルを使えば、計算の種類を変更するだけで、簡単に累計データを追加できます。

Before

合計 / 計	列ラベル			
行ラベル	九州地区	大阪地区	東京地区	総計
⊟2022年				
1月	897000	982000	1013500	2892500
2月	813000	917000	1067500	2797500
3月	1141000	1104000	1225500	3470500
4月	1129000	982000	1179500	3290500
5月	1112000	982000	1121500	3215500
6月	1014000	1190000	1510500	3714500
7月	1170500	1154000	1608000	3932500
8月	1048000	1160000	1706000	3914000
9月	1139500	1102000	1456000	3697500
10月	847000	1050000	1508000	3405000

月ごとの累計売上金額が分からない

月ごとの売り上げの合計を上から順に足した累計を、地区別に表示できる

After

	列ラベル							
	九州地区		大阪地区		東京地区		全体の 合計	全体の 累計
行ラベル	合計	累計	合計	累計	合計	累計		
⊟2022年								
1月	897000	897000	982000	982000	1013500	1013500	2892500	2892500
2月	813000	1710000	917000	1899000	1067500	2081000	2797500	5690000
3月	1141000	2851000	1104000	3003000	1225500	3306500	3470500	9160500
4月	1129000	3980000	982000	3985000	1179500	4486000	3290500	12451000
5月	1112000	5092000	982000	4967000	1121500	5607500	3215500	15666500
6月	1014000	6106000	1190000	6157000	1510500	7118000	3714500	19381000
7月	1170500	7276500	1154000	7311000	1608000	8726000	3932500	23313500
8月	1048000	8324500	1160000	8471000	1706000	10432000	3914000	27227500
9月	1139500	9464000	1102000	9573000	1456000	11888000	3697500	30925000

使いこなしのヒント

累計はデータ分析では必須の値

上の［Before］の画面は、地区ごとの売上金額を月別に集計したものです。［After］の画面は、累計の売上高を追加しています。ピボットテーブルでは、計算の種類を変えるだけで、累計や比率の累計（構成比の累計）を求められます。例えば、商品ごとの売上金額を求めて金額の高い順に並べ替えた表に、比率の累計データを加えれば、ABC分析を利用して、会社の売り上げに貢献している商品を把握できます。累計や比率の累計データは、パレート図やZチャートなど、データ分析でおなじみのグラフを作成するときにも必要な値なので、計算方法を知っておくと便利です。

基本編　第4章　集計方法を変えた表を作ろう

1 値フィールドの計算の種類を設定する

レッスン31の手順1を参考に［計］フィールドを
［値］エリアにドラッグしておく

1 追加した［計2］フィールドの
項目をクリックして選択

2 ［ピボットテーブル分析］タブ
をクリック

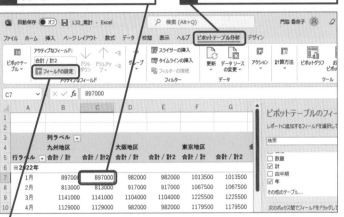

3 ［フィールドの設定］をクリック　📇 フィールドの設定

［値フィールドの設定］ダイアログボックスが
表示された

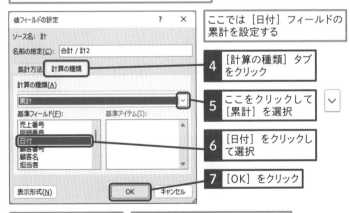

ここでは［日付］フィールドの
累計を設定する

4 ［計算の種類］タブ
をクリック

5 ここをクリックして
［累計］を選択

6 ［日付］をクリックし
て選択

7 ［OK］をクリック

月ごとの売上金額から
累計が求められた

レッスン25を参考に分かりやすい
ラベル名に変更しておく

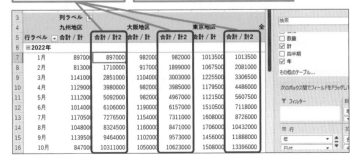

分かりやすいフィールド名に変更する

複数の集計結果を表示するときは、フィールド名を分かりやすくしておくといいでしょう。以下の手順で操作すると、計算式の内容を指定するときにフィールド名を同時に指定できて便利です。

［値フィールドの設定］ダイアログ
ボックスを表示しておく

1 ［名前の指定］に
フィールド名を入力

2 ［OK］をクリック

フィールド名が表示された

⚠️ ここに注意

計算の種類の選択を間違えて［OK］ボタンをクリックしてしまったときは、もう一度最初から操作し直します。

33 複数の集計結果を並べて表示するには

複数のフィールドの追加

練習用ファイル　L33_複数フィールド.xlsx

複数の集計値を並べて比較してみよう

ピボットテーブルでは、1つの集計結果だけでなく、複数の集計結果を同じ集計表の中に表示できます。例えば、合計と構成比、合計と平均値などを1つの集計表に表示したり、成長率と収益率などを横に並べて比較したりできます。

関連レッスン

レッスン30
「月別」の注文明細件数を
求めるには　　　　　　p.114

Before

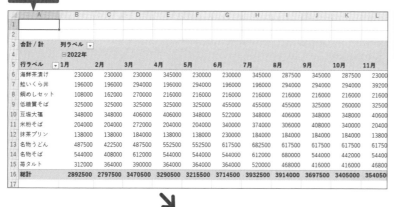

商品別の売上金額から、どれくらいの注文件数と注文数量があったのか分からない

月別の注文明細件数や注文数量を集計できる

After

💡 **使いこなしのヒント**

読みやすい並び順を心がける

上の［Before］の画面は、商品ごとに月別の売上金額をまとめたものですが、［After］の画面では、注文明細件数（注文件数）と注文数量の合計を、売上金額の横に並べて表示しています。集計結果の列は入れ替えることもできるので、読みやすいように列の並び順にも配慮しましょう。

1 月別の注文数量を集計する

ここでは、フィールドの追加を行う。[数量] フィールドを
[値] エリアに配置する

1 ピボットテーブル内のセルを
クリックして選択

2 ここを下にドラッグして
スクロール

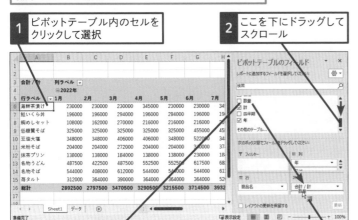

3 [数量] にマウスポインターを
合わせる

4 [合計/計] の
下にドラッグ

[数量] フィールドが
[値] フィールドに配
置された

[明細番号] フィールド
を [値] エリアに配置
する

5 ここを上にドラッ
グしてスクロール

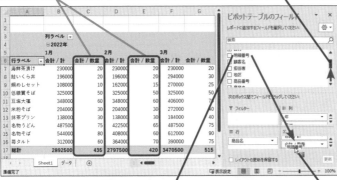

6 [明細番号] にマウス
ポインターを合わせる

7 [合計/数量] の
下にドラッグ

使いこなしのヒント

フィールドリストの表示位置や
サイズを変更するには

フィールドリストに複数のフィールドを配
置したとき、フィールドが見づらい場合は、
[フィールドセクション] や [レイアウト
セクション] の表示位置を変更して使いま
しょう。次のように表示方法を選択します。

[フィールドリスト] ウィンドウを
表示しておく

1 [ツール] を
クリック

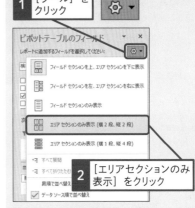

2 [エリアセクションのみ
表示] をクリック

エリアセクションが大きく表示
された

⚠ ここに注意

間違ったエリアにフィールドを配置して
しまったときは、[レイアウトセクション]
の目的のエリアにフィールドをドラッグし
て配置し直します。

次のページに続く→

●フィールドの計算方法を変更する

[明細番号] フィールドが [値] エリアに配置された

ここでは注文件数を集計したいので、フィールドの計算方法を変更する

8 [明細番号] フィールドの項目をクリックして選択

9 [ピボットテーブル分析] タブをクリック

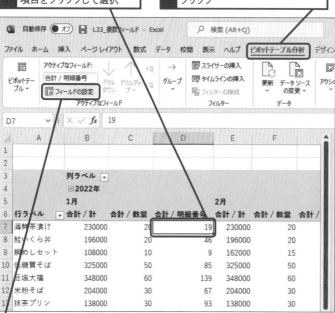

10 [フィールドの設定] をクリック　🖼 フィールドの設定

[値フィールドの設定] ダイアログボックスが表示された

ここでは [明細番号] フィールドの個数を集計するので [個数] を選択する

11 [個数] をクリックして選択

Excelのバージョンによっては [個数] が [データの個数] と表示される

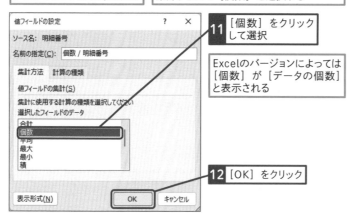

12 [OK] をクリック

基本編

第4章

集計方法を変えた表を作ろう

使いこなしのヒント

値フィールドを縦に並べるには

複数の集計フィールドを [値] エリアに配置しているときは、集計フィールドを縦に並べるか横に並べるかを選択できます。表示方法を変更するには、[レイアウトセクション] に表示されている [値] フィールドを [行] または [列] エリアにドラッグします。

1 [値] にマウスポインターを合わせる

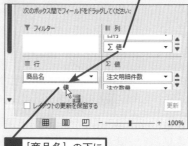

2 [商品名] の下にドラッグ

集計フィールドが縦に並んで表示された

⚠ ここに注意

操作8で [値] エリアにあるフィールド以外のセルを選択して [フィールドの設定] ボタンをクリックすると、[フィールドの設定]ダイアログボックスが表示されます。その場合は、[キャンセル] ボタンをクリックして、操作8からやり直します。

② フィールドの並び順を変更する

[明細番号] フィールドの 集計方法が変わった	続いて、フィールドの並び順を 変更する

1 セルC6をクリッ クして選択	**2** ここにマウスポイン ターを合わせる	マウスポインター の形が変わった

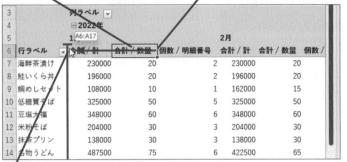

3	列ラベル ▼
4	⊟2022年
5	1月 A6:A17 2月
6	**行ラベル** ▼ 合計 / 計 合計 / 数量 個数 / 明細番号 合計 / 計 合計 / 数量 個数 /
7	海鮮茶漬け 230000 20 2 230000 20
8	鮭いくら丼 196000 20 2 196000 20
9	鯛めしセット 108000 10 1 162000 15
10	低糖質そば 325000 50 5 325000 50
11	豆塩大福 348000 60 6 348000 60
12	米粉そば 204000 30 3 204000 30
13	抹茶プリン 138000 30 3 138000 30
14	名物うどん 487500 75 6 422500 65

3 ここまで ドラッグ	列番号Aと列番号Bの間に太い線が表示 されるところまでドラッグする

4 セルD6をクリッ クして選択	**5** ここにマウスポイン ターを合わせる	マウスポインター の形が変わった

3	列ラベル ▼
4	⊟2022年
5	1月 A6:A17 2月
6	**行ラベル** ▼ 合計 / 数量 合計 / 計 個数 / 明細番号 合計 / 数量 合計 / 計 個数 / 明
7	海鮮茶漬け 20 230000 2 20 230000
8	鮭いくら丼 20 196000 2 20 196000
9	鯛めしセット 10 108000 1 15 162000
10	低糖質そば 50 325000 5 50 325000
11	豆塩大福 60 348000 6 60 348000
12	米粉そば 30 204000 3 30 204000
13	抹茶プリン 30 138000 3 30 138000
14	名物うどん 75 487500 6 65 422500

6 ここまで ドラッグ	列番号Aと列番号Bの間に太い線が表示される ところまでドラッグする

フィールドの並び順を 変更できた	レッスン25を参考に分かりやすいラベル名に 変更しておく

3	列ラベル ▼
4	⊟2022年
5	1月 2月
6	**行ラベル** ▼ 個数 / 明細番号 合計 / 数量 合計 / 計 個数 / 明細番号 合計 / 数量 合計
7	海鮮茶漬け 2 20 230000 2 20 23
8	鮭いくら丼 2 20 196000 2 20 19
9	鯛めしセット 1 10 108000 2 15 16
10	低糖質そば 5 50 325000 5 50 32
11	豆塩大福 6 60 348000 6 60 34
12	米粉そば 3 30 204000 3 30 20
13	抹茶プリン 3 30 138000 3 30 13
14	名物うどん 6 75 487500 5 65 42

レッスン13を参考に列幅を 調整しておく

使いこなしのヒント
複数の列幅を自動調整するには

文字の長さに合わせて列幅を自動調整するには、調整する列の列番号の右側の境界線部分をダブルクリックします。複数の列幅を同時に調整するには、複数の列を選択し、いずれかの列の境界線部分をダブルクリックします。

1	調整する列幅をドラッグして 選択

2	列の境界線にマウスポインターを 合わせる

マウスポインターの 形が変わった	✛

3	そのままダブルクリック

列幅が自動調整される

使いこなしのヒント
[レイアウトセクション]でも並び順を指定できる

フィールドの並び順は、[レイアウトセクション]内でも変更できます。例えば、注文数量を合計の前に表示するには、注文数量のフィールドを合計のフィールドの上にドラッグします。

1	[注文数量]にマウスポインター を合わせる

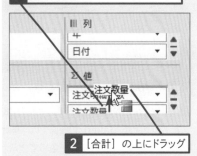

2 [合計]の上にドラッグ

34 数式のフィールドを挿入して手数料を計算するには

集計フィールドの挿入

すでにあるフィールドで数式を作成する

ピボットテーブルでは、リストのフィールドを元に集計しますが、集計したいフィールドが常にリストにあるとは限りません。しかし、ピボットテーブルでは、既存のフィールドから数式を作成し、集計用のフィールドを追加できます。

関連レッスン

レッスン35
項目をグループ化して
構成比を求めるには　　　p.130

Before

合計 / 計	列ラベル									
	⊟2022年									
行ラベル	1月	2月	3月	4月	5月	6月	7月	8月	9月	10月
ONLINE SHOP	351000	215000	351000	351000	449000	351000	351000	351000	351000	184000
お取り寄せの家	168000	220000	246000	220000	220000	220000	285000	220000	220000	220000
スーパー中野	404000	404000	472000	404000	404000	404000	472000	472000	472000	472000
ふるさと土産	250000	304000	358000	358000	358000	624000	608000	638000	524000	576000
街のMARKET	266000	201000	266000	266000	266000	266000	266000	266000	266000	266000
向日葵スーパー	213500	213500	271500	271500	213500	271500	213500	213500	213500	213500
自然食品の佐藤	303000	303000	303000	303000	303000	303000	360500	428500	360500	360500
全国グルメストア	247000	247000	293000	247000	247000	312000	426000	426000	358000	358000
日本食ギフト	312000	312000	366000	312000	312000	520000	416000	422000	364000	312000
美味しいもの屋	378000	378000	544000	558000	443000	443000	534500	477000	568500	443000
総計	2892500	2797500	3470500	3290500	3215500	3714500	3932500	3914000	3697500	3405000

顧客別の売上金額と、その売上金額によってかかる手数料を集計したい

合計金額の手数料を集計できる

After

行ラベル	列ラベル										
	⊟2022年										
	1月		2月		3月		4月		5月		
行ラベル	合計 / 計	合計 / 手数料	合計 / 計	合計 / 手数料	合計 / 計	合計 / 手数料	合計 / 計	合計 / 手数料	合計 / 計		
ONLINE SHOP	351000	¥17,550	215000	¥10,750	351000	¥17,550	351000	¥17,550	449000		
お取り寄せの家	168000	¥8,400	220000	¥11,000	246000	¥12,300	220000	¥11,000	220000		
スーパー中野	404000	¥20,200	404000	¥20,200	472000	¥23,600	404000	¥20,200	404000		
ふるさと土産	250000	¥12,500	304000	¥15,200	358000	¥17,900	358000	¥17,900	358000		
街のMARKET	266000	¥13,300	201000	¥10,050	266000	¥13,300	266000	¥13,300	266000		
向日葵スーパー	213500	¥10,675	213500	¥10,675	271500	¥13,575	271500	¥13,575	213500		
自然食品の佐藤	303000	¥15,150	303000	¥15,150	303000	¥15,150	303000	¥15,150	303000		
全国グルメストア	247000	¥12,350	247000	¥12,350	293000	¥14,650	247000	¥12,350	247000		
日本食ギフト	312000	¥15,600	312000	¥15,600	366000	¥18,300	312000	¥15,600	312000		
美味しいもの屋	378000	¥18,900	378000	¥18,900	544000	¥27,200	558000	¥27,900	443000		
総計	2892500	¥144,625	2797500	¥139,875	3470500	¥173,525	3290500	¥164,525	3215500		

使いこなしのヒント

さまざまな計算に応用できる

上の［Before］の画面は、顧客ごとに月別の売上金額をまとめたものですが、［After］の画面では、集計結果を元に、「手数料（＝計×0.05)」の金額を求めて表示しています。数式の内容を変更すれば、消費税率を掛けて消費税の金額を求めたり、売上額から原価を引いて粗利を求めたりするなど、さまざまな計算に応用できます。

1 手数料を計算するフィールドを追加する

列フィールドに［手数料］フィールドを追加する

1 ［顧客名］フィールドの項目を
クリックして選択

2 ［ピボットテーブル分析］タブ
をクリック

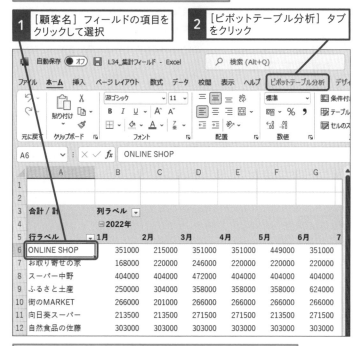

ウィンドウの大きさによっては［計算方法］が表示されないので、
操作2の後に操作4〜5を実行する

3 ［計算方法］を
クリック

4 ［フィールド/アイテム/
セット］をクリック

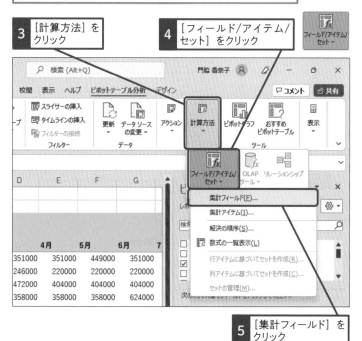

5 ［集計フィールド］を
クリック

💡 使いこなしのヒント

集計フィールドと
集計アイテム

手順1で［フィールドアイテムセット］をク
リックすると、［集計フィールド］や［集計
アイテム］が表示されます。集計フィール
ドは、既存のフィールドを元に数式を作成
して計算結果を表示するものです。集計ア
イテムは、［商品名］フィールドの指定した
商品など、既存のフィールドの項目の値を
元に計算した結果を集計表の項目に追加し
て表示するものです。集計アイテムについ
ては、レッスン35を参照してください。

⚠ ここに注意

手順1で間違って［集計アイテム］を選択
してしまうと、アイテムを追加できないこ
とを示すメッセージが表示されます。その
場合は、［OK］ボタンをクリックし、操作
をやり直します。

次のページに続く→

2 [手数料] フィールドを追加する

[集計フィールドの挿入] ダイアログボックスが
表示された

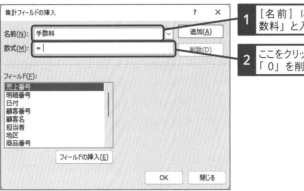

```
1  [名前] に「手
   数料」と入力
2  ここをクリックして
   「0」を削除
```

ここでは一定のパーセンテージを乗算する

```
3  ここを下にドラッグして
   スクロール
```

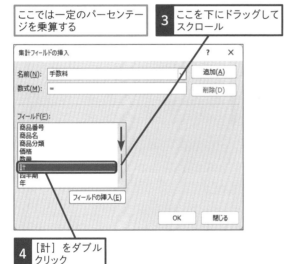

```
4  [計] をダブル
   クリック
```

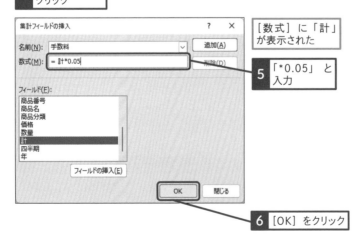

[数式] に「計」
が表示された

```
5  「*0.05」と
   入力
6  [OK] をクリック
```

使いこなしのヒント

数式で利用する演算子について

数式の内容は、フィールド名や算術演算子、
関数などを利用して指定します。主な算術
演算子は次の通りです。算術演算子や( )な
どの記号は半角文字で入力します。

内容	演算子
足し算	「+」（プラス）
引き算	「-」（マイナス）
掛け算	「*」（アスタリスク）
割り算	「/」（スラッシュ）

使いこなしのヒント

数式の内容を修正するには

集計フィールドで指定した数式の内容を変
更するには、まず、[集計フィールドの挿入]
ダイアログボックスの [名前] 欄で、目的
の集計フィールドを選択します。続いて、
[数式] 欄で計算式の内容を変更し、[変更]
ボタンをクリックします。

[集計フィールドの挿入] ダイアロ
グボックスを表示しておく

```
1  ここをクリックして修正したい
   フィールドを選択
```

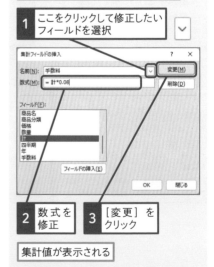

```
2  数式を     3  [変更] を
   修正          クリック
```

集計値が表示される

●表示された集計値を確認する

[手数料] フィールドを追加できた

合計金額の手数料を集計できた

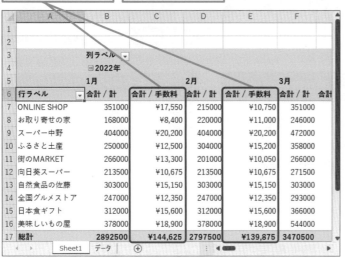

	A	B	C	D	E	F
3		列ラベル ▼				
4		⊟2022年				
5		1月		2月		3月
6	行ラベル ▼	合計 / 計	合計 / 手数料	合計 / 計	合計 / 手数料	合計 / 計　合計
7	ONLINE SHOP	351000	¥17,550	215000	¥10,750	351000
8	お取り寄せの家	168000	¥8,400	220000	¥11,000	246000
9	スーパー中野	404000	¥20,200	404000	¥20,200	472000
10	ふるさと土産	250000	¥12,500	304000	¥15,200	358000
11	街のMARKET	266000	¥13,300	201000	¥10,050	266000
12	向日葵スーパー	213500	¥10,675	213500	¥10,675	271500
13	自然食品の佐藤	303000	¥15,150	303000	¥15,150	303000
14	全国グルメストア	247000	¥12,350	247000	¥12,350	293000
15	日本食ギフト	312000	¥15,600	312000	¥15,600	366000
16	美味しいもの屋	378000	¥18,900	378000	¥18,900	544000
17	総計	2892500	¥144,625	2797500	¥139,875	3470500

Sheet1　データ

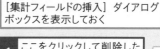

集計フィールドを削除するには

集計フィールドを削除するには、[集計フィールドの挿入] ダイアログボックスの [名前] 欄で、削除する集計フィールドを選択し、[削除] ボタンをクリックします。

[集計フィールドの挿入] ダイアログボックスを表示しておく

1 ここをクリックして削除したいフィールドを選択

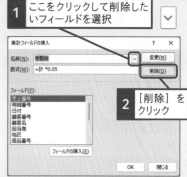

2 [削除] をクリック

[OK] をクリックすると集計フィールドが削除される

数式の内容を一覧で確認するには

集計フィールドの数式の内容を一覧で確認するには、下の手順で操作しましょう。すると、新しいワークシートに数式の内容が表示されます。なお、下の操作2で [計算方法] のボタンが表示されていない場合は、[フィールド/アイテム/セット] をクリックして [数式の一覧表示] をクリックします。

ピボットテーブル内のセルを選択しておく

1 [ピボットテーブル分析] タブをクリック

2 [計算方法] をクリック

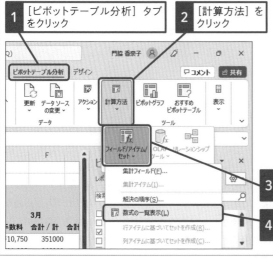

3 [フィールド/アイテム/セット] をクリック

4 [数式の一覧表示] をクリック

新しいワークシートが作成されて、数式の一覧が表示された

	A	B	C	D	E	F
1	*集計フィールド*					
2	解決の順序	フィールド	数式			
3		1 手数料	=計 *0.05			
4						
5	*集計アイテム*					
6	解決の順序	アイテム	数式			
7						
8						
9	注意:		複数の数式によってセルが更新されたとき、			
10			最後の解決の順序の数式によって値が設定されます。			

35 項目をグループ化して 構成比を求めるには

集計アイテムの挿入

練習用ファイル　L35_集計アイテム.xlsx

基本編　第4章　集計方法を変えた表を作ろう

集計アイテムで任意の集計項目を追加できる

集計表の項目をひとまとめにする操作は、レッスン27で紹介したグループ化で実現できますが、「集計アイテム」を利用すれば、データをまとめるだけでなく、項目の値を利用して計算した結果を、表の項目と同じ位置に並べて表示できます。

🔗 関連レッスン

レッスン34
数式のフィールドを挿入して
手数料を計算するには　　　　　p.126

Before

商品の売上金額は確認できるが、麺類の中での売り上げと全体に対する構成比が分からない

After

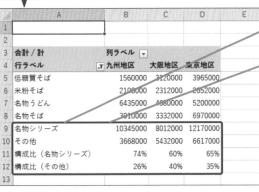

集計アイテムが追加された

[名物うどん]と[名物そば]を[名物シリーズ]として、[米粉そば]と[低糖質そば]を[その他]としてそれぞれグループ化し、売上金額と構成比を集計できる

💡 使いこなしのヒント

集計表の項目を柔軟に設定できる

上の[Before]の画面は、麺類の売上金額を地区別にまとめたものですが、[After]の画面では、そこに4つの「集計アイテム」を加えています。1つ目は、名物シリーズの商品を集計した「名物シリーズ」。2つ目は、名物シリーズ以外の商品を集計した「その他」。3つ目と4つ目は、全体を100%としたときに「名物シリーズ」と「その他」のそれぞれが占める割合を集計した結果です。このレッスンの方法で集計アイテムを利用すると、集計表の項目を柔軟に設定できます。

1 集計アイテムを追加する

商品の中分類となる項目を追加する

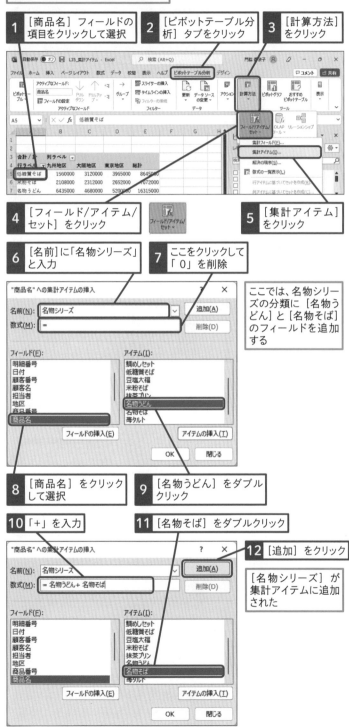

1	[商品名] フィールドの項目をクリックして選択
2	[ピボットテーブル分析] タブをクリック
3	[計算方法] をクリック

| 4 | [フィールド/アイテム/セット] をクリック |
| 5 | [集計アイテム] をクリック |

| 6 | [名前]に「名物シリーズ」と入力 |
| 7 | ここをクリックして「0」を削除 |

ここでは、名物シリーズの分類に [名物うどん]と[名物そば]のフィールドを追加する

| 8 | [商品名] をクリックして選択 |
| 9 | [名物うどん] をダブルクリック |

| 10 | 「+」を入力 |
| 11 | [名物そば] をダブルクリック |

| 12 | [追加] をクリック |

[名物シリーズ] が集計アイテムに追加された

次のページに続く→

使いこなしのヒント

[計算方法] ボタンが表示されていないときは

手順1の操作3で [計算方法] ボタンが表示されていない場合は、[フィールド/アイテム/セット] をクリックして [集計アイテム] をクリックします。

使いこなしのヒント

グループ化していると[集計アイテム] を選べない

グループ化されたフィールドには、集計アイテムを追加できません。集計アイテムを選べない場合や、エラーメッセージが表示されてしまう場合は、日付などのフィールドがグループ化されていないか確認しましょう。グループ化を解除するには、グループ化されているフィールドを [行] エリアや [列] エリアに配置し、フィールドを選択して、以下の手順で操作しましょう。

グループ化を解除する項目を選択しておく

| 1 | [ピボットテーブル分析] タブをクリック |

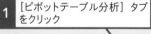
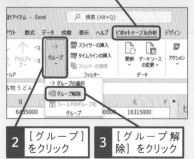

| 2 | [グループ] をクリック |
| 3 | [グループ解除] をクリック |

2 グループ「その他」を作成する

続けて商品の中分類となる
項目を追加する

1 [その他]と入力　　**2** ここをクリックして「=」の後を削除

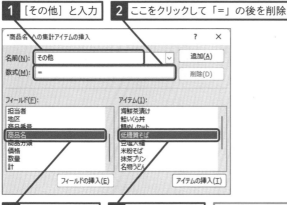

3 [商品名]をクリックして選択　　**4** [低糖質そば]をダブルクリック

ここでは、[その他]の分類に[低糖質そば]と[米粉そば]のフィールドを追加する

5 「+」と入力　　**6** [米粉そば]をダブルクリック　　**7** [追加]をクリック

[その他]が集計アイテムに追加された

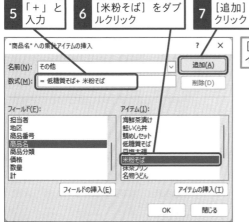

8 「構成比(名物シリーズ)」と入力　　**9** [数式]に「=名物シリーズ/(名物シリーズ+その他)」と入力

10 [追加]をクリック

[構成比(名物シリーズ)]が集計アイテムに追加された

💡 使いこなしのヒント

**アイテムの名前が
表示されないときは**

手順2の[フィールド]欄で[商品名]をクリックしても、[アイテム]欄に商品名のアイテムが表示されない場合は、もう一度[フィールド]欄で[商品名]をクリックします。

💡 使いこなしのヒント

集計アイテムを削除するには

集計アイテムを削除するには、[集計アイテムの挿入]ダイアログボックスの[名前]欄で削除したい集計アイテムを選択し、[削除]ボタンをクリックします。

[集計アイテムの挿入]ダイアログボックスを表示しておく

1 ここをクリックして削除するアイテムを選択

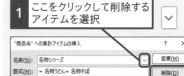

2 [削除]をクリック

⚠️ ここに注意

手順2で、数式の入力中に間違って[OK]ボタンをクリックしてしまったときは、もう一度、[集計アイテムの挿入]ダイアログボックスを表示します。その上で、[名前]欄で修正する集計アイテムの名前を選択し、[数式]欄で数式を修正して、[変更]ボタンをクリックします。

基本編　第**4**章　集計方法を変えた表を作ろう

●その他の項目に数式を追加する

11 「構成比（その他）」と入力

12 ［数式］に「＝その他／（名物シリーズ＋その他）」と入力

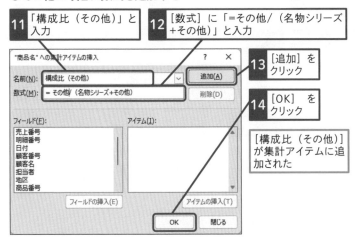

13 ［追加］をクリック

14 ［OK］をクリック

［構成比（その他）］が集計アイテムに追加された

35 集計アイテムの挿入

3 構成比をパーセント形式で表示する

商品を名物シリーズとその他でグループ化し、売上金額と比率を集計できた

構成比をパーセント形式で表示する

1 セルB11〜E12をドラッグして選択

2 ［ホーム］タブをクリック

3 ［パーセントスタイル］をクリック

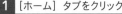

%

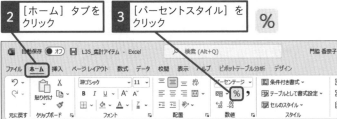

8行目と9行目の間に、区切りの罫線を引いておく

レッスン36の手順1を参考に総計行を非表示にしておく

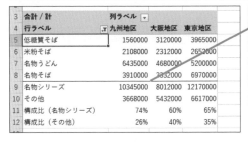

35 集計アイテムの挿入

使いこなしのヒント

総計を非表示にするには

このレッスンでは、比率を計算した結果を表示しています。この場合、総計行で比率の合計を表示する必要はないので、総計行は非表示にしておくといいでしょう。総計行の表示と非表示については、レッスン36を参照してください。

使いこなしのヒント

一部のセルをパーセントで表示するには

ピボットテーブルのフィールドにある一部のセルの表示形式を変更するには、セルを選択し、［ホーム］タブの［数値］グループで表示形式を指定します。なお、フィールド全体の表示形式を指定する方法については、レッスン44を参照してください。

1 ［ホーム］タブをクリック

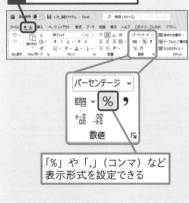

「％」や「，」（コンマ）など表示形式を設定できる

ショートカットキー

パーセントスタイル

`Ctrl` + `Shift` + `%`

36 小計や総計行を
非表示にするには

小計、総計　　　　　　　　　　　　　　　練習用ファイル　L36_小計総計.xlsx

小計や総計を隠してスッキリさせよう

ピポットテーブルを作成すると、行や列の集計値の合計がピポット
テーブルの右端と下端に表示されます。しかし、集計値に割合や
比率を表示している場合など、総計を表示する必要がないケースも
あります。そのような場合、不要な値が表示されていると集計表が
読みづらくなるので、隠しておくといいでしょう。

🔗 関連レッスン

レッスン37
すべての分類に含まれる商品を
合計して表に追加するには　　p.138

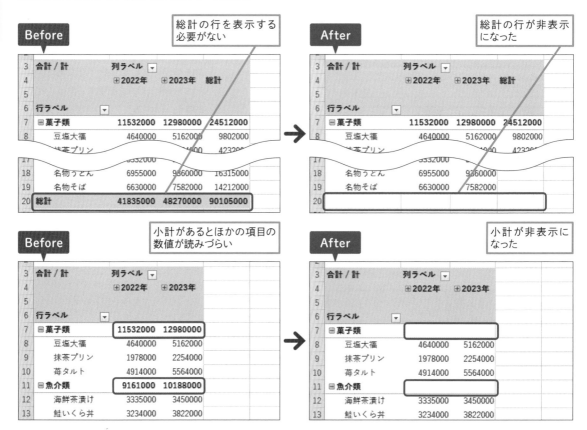

💡 使いこなしのヒント

表示と非表示をクリック操作で使いこなす

上の［Before］の画面は、商品分類別に商品の売上金額を
集計したものです。この集計表には、総計や小計が表示され
ていますが、このレッスンでは［After］のように、小計や総

計を非表示にする方法を紹介します。表示と非表示は、クリッ
ク操作で簡単に変更できます。

1 総計の行と列を非表示にする

ここでは商品の売上金額の総計の
行と列を非表示にする

ピボットテーブル内のセルを
選択しておく

1 [デザイン] タブをクリック

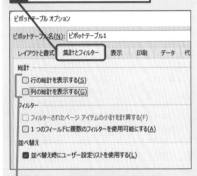

2 [総計] を
クリック

3 [行と列の集計を行わない] を
クリック

	A	B	C	D	E
7	⊟菓子類	11532000	12980000		
8	豆塩大福	4640000	5162000		
9	抹茶プリン	1978000	2254000		
10	苺タルト	4914000	5564000		
11	⊟魚介類	9161000	10188000		
12	海鮮茶漬け	3335000	3450000		
13	鮭いくら丼	3234000	3822000		
14	鯛めしセット	2592000	2916000		
15	⊟麺類	21142000	25102000		
16	低糖質そば	4225000	4420000		
17	米粉そば	3332000	3740000		
18	名物うどん	6955000	9360000		
19	名物そば	6630000	7582000		
20					
21					

一番下に表示されていた総計の行と右に表示され
ていた総計の列が非表示になった

使いこなしのヒント

ダイアログボックスで
表示と非表示を指定するには

総計を表示するかどうかは、[ピボットテーブルオプション] ダイアログボックスでも指定できます。その場合、ピボットテーブル内のセルをクリックし、以下の手順で表示と非表示を切り替えます。

57ページのヒントを参考に [ピボットテーブルオプション] ダイアログボックスを表示しておく

1 [集計とフィルター] タブを
クリック

ここをクリックして行と列の表示と
非表示を切り替えることができる

⚠ ここに注意

操作3で間違った項目をクリックしてしまったときは、もう一度 [総計] ボタンをクリックし、目的の項目を選択し直します。

次のページに続く→

2 小計を非表示にする

こでは商品分類の売上金額の
小計を非表示にする

ピボットテーブル内のセルを
選択しておく

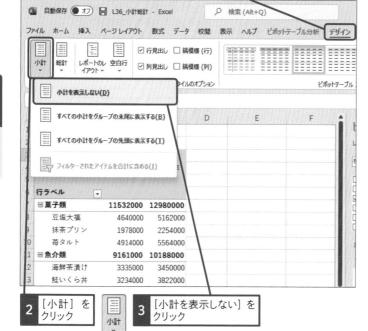

1 [デザイン] タブをクリック

2 [小計] を
クリック

3 [小計を表示しない] を
クリック

表示されていた小計が非表示になった

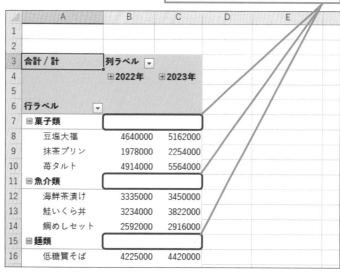

合計 / 計	列ラベル	
	⊞2022年	⊞2023年
行ラベル		
⊟菓子類		
豆塩大福	4640000	5162000
抹茶プリン	1978000	2254000
苺タルト	4914000	5564000
⊟魚介類		
海鮮茶漬け	3335000	3450000
鮭いくら丼	3234000	3822000
鯛めしセット	2592000	2916000
⊟麺類		
低糖質そば	4225000	4420000

小計を分類の末尾に表示するには

小計は、グループの先頭または末尾に表示することもできます。各グループの最後に表示したい場合は、以下の手順で操作しましょう。

1 [デザイン] タブ
をクリック

2 [小計] を
クリック

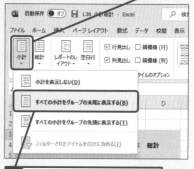

3 [すべての小計をグループの
末尾に表示する] をクリック

小計が分類の末尾に
表示された

合計 / 計	列ラベル		
	⊞2022年	⊞2023年	総計
行ラベル			
⊟菓子類			
豆塩大福	4640000	5162000	9802000
抹茶プリン	1978000	2254000	4232000
苺タルト	4914000	5564000	10478000
菓子類 集計	11532000	12980000	24512000
⊟魚介類			
海鮮茶漬け	3335000	3450000	6785000
鮭いくら丼	3234000	3822000	7056000
鯛めしセット	2592000	2916000	5508000
魚介類 集計	9161000	10188000	19349000
⊟麺類			
低糖質そば	4225000	4420000	8645000
米粉そば	3332000	3740000	7072000

⚠ ここに注意

間違った項目をクリックしてしまったときは、もう一度、[小計] ボタンをクリックして目的の項目を選択し直します。

レポートの種類を理解する

ピボットテーブルを作成し、[行] や [列]、[値] エリアにフィールドを配置すると、総計行、総計列が表示されます。総計行、総計列を表示しない場合は、135ページの手順1で [行と列の集計を行わない] を選択します。総計行のみ表示したい場合は [行のみ集計を行う]、総計列のみ表示したい場合は [列のみ集計を行う] を選択します。総計行、総計列ともに表示するには [行と列の集計を行う] を選択します。総計行の表示イメージは次の通りです。

●[行と列の集計を行う] の設定例

総計の行と列が表示される

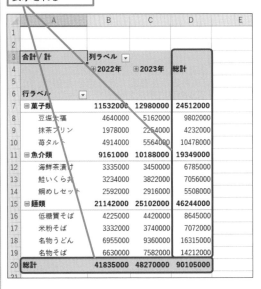

●[行と列の集計を行わない] の設定例

総計の行と列が表示されない

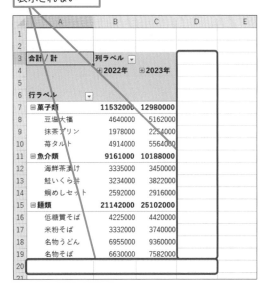

●[列のみ集計を行う] の設定例

列の総計だけが表示される

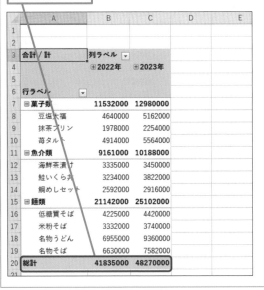

●[行のみ集計を行う] の設定例

行の総計だけが表示される

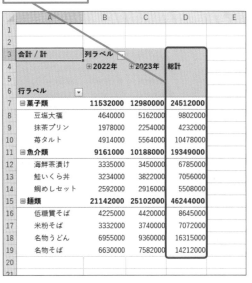

37 すべての分類に含まれる商品を合計して表に追加するには

YouTube 動画で見る

詳細は2ページへ

詳細項目の小計

練習用ファイル　L37_詳細項目の小計.xlsx

分類別の表に商品別の小計を追加する

ピボットテーブルでは、項目を分類して集計しているとき、各項目の小計を集計表の末尾に表示できます。

🔗 関連レッスン

レッスン36
小計や総計行を非表示にするには
p.134

Before

地区ごとに各商品の売上合計は分かるが、すべての地区での合計金額が分からない

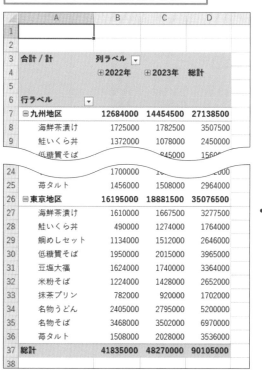

After

すべての地区における各商品の売上合計金額が、ピボットテーブルの下に表示された

💡 **使いこなしのヒント**

小計も1つの表にまとめて表示できる

上の［Before］の画面は、地区ごとに商品の売上金額をまとめたものです。このような集計表の場合、地区別の商品の売り上げは分かりますが、商品ごとの売り上げの合計は分かりません。そこで［After］の画面のように、ピボットテーブル の末尾に小計を追加してみましょう。この操作を覚えておけば、分類ごとの項目の集計だけでなく、すべての分類を対象に項目を集計した結果を、1つの集計表にまとめて表示できます。

（左余白）基本編　第4章　集計方法を変えた表を作ろう

1 フィールドの設定を変更する

ピボットテーブルの下に［商品名］フィールドの
各項目の売上合計金額を表示する

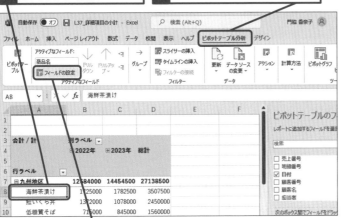

1 ［商品名］フィールドの項目
をクリックして選択

2 ［ピボットテーブル分析］タブを
クリック

3 ［フィールドの設定］
をクリック

［フィールドの設定］ダイアログボックスが表示された

［商品名］フィールドの各項目の売上合計
金額を計算するため［合計］を選択する

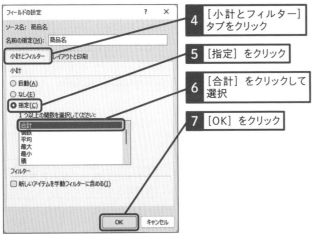

4 ［小計とフィルター］
タブをクリック

5 ［指定］をクリック

6 ［合計］をクリックして
選択

7 ［OK］をクリック

35	名物そば	3468000	3502000	6970000
36	苺タルト	1508000	2028000	3536000
37	海鮮茶漬け 合計	3335000	3450000	6785000
38	鮭いくら丼 合計	3234000	3822000	7056000
39	鯛めしセット 合計	2592000	2916000	5508000
40	低糖質そば 合計	4225000	4420000	8645000
41	豆塩大福 合計	4640000	5162000	9802000
42	米粉そば 合計	3332000	3740000	7072000
43	抹茶プリン 合計	1978000	2254000	4232000
44	名物うどん 合計	6955000	9360000	16315000
45	名物そば 合計	6630000	7582000	14212000
46	苺タルト 合計	4914000	5564000	10478000
47	総計	41835000	48270000	90105000
48				

ピボットテーブルの
下部に［商品名］
フィールドの各項目
の売上合計金額が
追加された

使いこなしのヒント

**ほかにどんな関数が
用意されているの?**

小計の集計方法には、［合計］以外にもさ
まざまなものが用意されています。集計
方法の種類は、113ページのスキルアップ
「集計方法の種類を知る」を参照してくだ
さい。

使いこなしのヒント

複数の集計方法を選べる

集計方法を選ぶときは、複数の集計方法
を選べます。例えば、「最大」「最小」をクリッ
クすると、最大値と最小値の値を並べて
表示できます。

ここに注意

［フィールドの設定］ダイアログボックス
が表示されない場合は、手順1に戻って［商
品名］フィールドの項目をクリックしてか
ら操作します。

38 指定した分類のみの 集計結果を表示するには

レポートフィルター

練習用ファイル　L38_レポートフィルター.xlsx

レポートフィルターで集計表のデータを絞り込む

「東京地区の集計表」と「大阪地区の集計表」、「菓子類の集計表」
と「麺類の集計表」など、特定の分類を絞り込んで集計したいときは、
[フィルター] エリアを利用するといいでしょう。集計表の内容を、
地域や日付の期間などで簡単に絞り込めます。

関連レッスン

レッスン39
「地区別」の集計表を別の
ワークシートに作成するには　　p.144

基本編　第4章　集計方法を変えた表を作ろう

商品別の売上金額が表示されて
いるが、地区や分類から表示す
る集計結果を選択したい

地区や商品分類を選んで
集計結果を抽出できる

Before

	A	B	C	D
1				
2				
3	合計 / 計	列ラベル		
4		⊞2022年	⊞2023年	総計
5				
6	行ラベル			
7	九州地区	12684000	14454500	27138500
8	⊟菓子類	3400000	3768000	7168000
9	豆塩大福	1450000	1740000	3190000
10	苺タルト	1950000	2028000	3978000
11	⊟魚介類	3097000	2860500	5957500
12	海鮮茶漬け	1725000	1782500	3507500
13	鮭いくら丼	1372000	1078000	2450000
14	⊟麺類	6187000	7826000	14013000
15	低糖質そば	715000	845000	1560000
16	米粉そば	1020000	1088000	2108000
17	名物うどん	2990000	3445000	6435000

After

	A	B	C	D	E
1	地区	東京地区			
2	商品分類	麺類			
3					
4	合計 / 計	列ラベル			
5		⊞2022年	⊞2023年	総計	
6					
7	行ラベル				
8	低糖質そば	1950000	2015000	3965000	
9	米粉そば	1224000	1428000	2652000	
10	名物うどん	2405000	2795000	5200000	
11	名物そば	3468000	3502000	6970000	
12	総計	9047000	9740000	18787000	
13					
14					
15					
16					
17					

東京地区の麺類の集計結果だけ
を抽出できた

使いこなしのヒント

知りたい集計結果だけを簡単に表示できる

上の [Before] の画面は、地区と商品分類別に商品の売上
金額をまとめたものです。これに対して [After] の画面は、
[フィルター] エリアを利用して、「東京地区」や「麺類」など、
指定した地区や商品分類で集計表の内容を絞り込んだ例で

す。分類が多い大きな集計表などでは、見たい個所がなか
なか探せないこともありますが、[フィルター] エリアを利用
すれば、見たい部分の集計結果だけを簡単に表示できて便
利です。

1 フィールドを配置する

[行] エリアの [地区] フィールドを [フィルター] エリアに
配置する

1	ピボットテーブル内のセルを クリックして選択

2	[地区] にマウスポインターを 合わせる

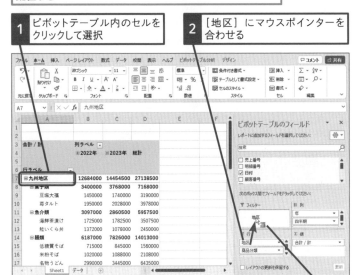

3	[フィルター] エリアに ドラッグ

[地区] フィールドが [フィルター] エリアに
配置された

[行] エリアの [商品分類] フィールドを [フィルター] エリアに
配置する

◆フィルター
フィールド

4	[商品分類] にマウスポインターを 合わせる

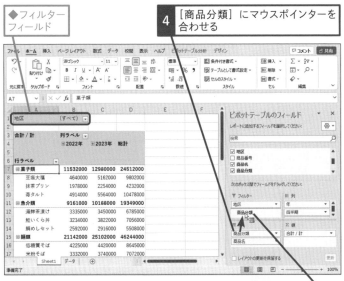

5	[地区] の下に ドラッグ

次のページに続く ➡

使いこなしのヒント

目的のフィールドがないときは

ピボットテーブル内に目的のフィールドが
表示されていない場合は、[フィールドセク
ション] から、[フィルター] エリアに
配置するフィールドを選択し、ドラッグし
ます。

使いこなしのヒント

レポートフィルターの
配置を変えるには

レポートフィルターに複数のフィールドを
配置するときは、フィールドを横に並べる
か、縦に並べるか、また、いくつずつ並
べるかを指定できます。並べる方向を変
更するには、ピボットテーブルを選択し、
以下の手順で操作しましょう。

57ページのヒントを参考に [ピボット
テーブルオプション] ダイアログボック
スを表示しておく

1	[レイアウトと書式] タブを クリック

ここをクリックしてフィルターエリアの
表示方法を設定できる

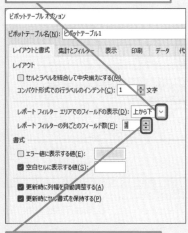

ここをクリックして1行に並べる
フィールド数を設定できる

2 データを抽出する

[商品分類] フィールドが [フィルター] エリアに配置された

1 [地区] フィールドのフィルターボタンをクリック

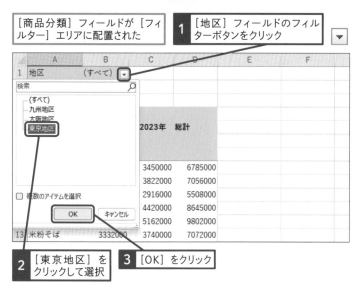

2 [東京地区] をクリックして選択

3 [OK] をクリック

東京都の商品の集計結果を抽出できた

4 [商品分類] フィールドのフィルターボタンをクリック

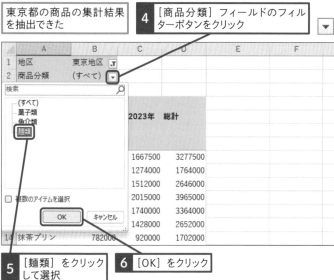

5 [麺類] をクリックして選択

6 [OK] をクリック

東京地区の麺類の集計結果が表示された

3				
4	合計 / 計	列ラベル		
5		⊞2022年	⊞2023年	総計
6				
7	行ラベル			
8	低糖質そば	1950000	2015000	3965000
9	米粉そば	1224000	1428000	2652000
10	名物うどん	2405000	2795000	5200000
11	名物そば	3468000	3502000	6970000
12	総計	9047000	9740000	18787000
13				

使いこなしのヒント

複数のアイテムをレポートフィルターで抽出するには

レポートフィルターで集計表に表示する内容を切り替えるとき、複数の項目を指定したい場合は、以下の手順で操作しましょう。

1 [商品分類] のフィルターボタンをクリック

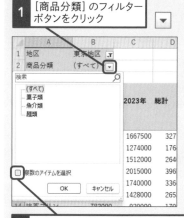

2 [複数のアイテムを選択] をクリックしてチェックマークを付ける

3 [(すべて)] をクリックしてチェックマークをはずす

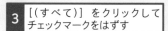

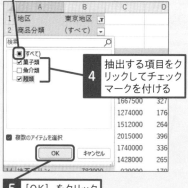

4 抽出する項目をクリックしてチェックマークを付ける

5 [OK] をクリック

[菓子類] と [麺類] の集計結果が抽出される

⚠ ここに注意

フィールドを配置する場所を間違ってしまったときは、フィールドをドラッグし、配置し直します。

👍 スキルアップ

フィルターを解除するには

ピポットテーブルで、すべてのフィルター条件を解除するには、ピボットテーブルを選択し、以下の手順で操作します。

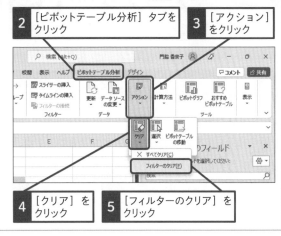

👍 スキルアップ

クイック調査ツールで集計対象を指定できる

データモデルのデータを元に作成したピボットテーブル（レッスン75のヒント参照）で、フィールドの項目をクリックすると、使用環境によっては、［クイック調査］ボタン（🔍）が表示される場合があります。詳細を確認したいフィールドを選択

すると、選択していたフィールドが［フィルター］エリアに自動的に移動し、選択していた項目がフィルター条件に指定されます。集計対象を絞り込む手間が省け、データの詳細を素早く確認できて便利です。

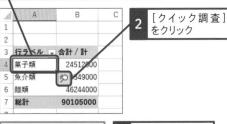

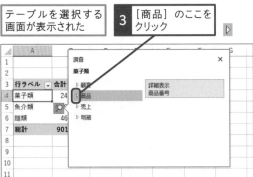

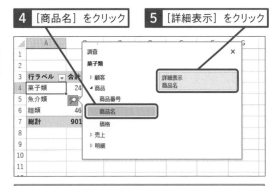

39 「地区別」の集計表を別の ワークシートに作成するには

レポートフィルターページの表示　　　　　　　　練習用ファイル　L39_レポートフィルターページ.xlsx

分類別の集計表をあっという間に作成

レッスン38で紹介したように、「レポートフィルター」を利用すれば、分類を指定して集計表の中身を入れ替えられますが、よく見る集計表のパターンがいくつか決まっているような場合は、パターンの数だけ集計表を作成し、別のワークシートで管理すると効率的です。

🔗 関連レッスン

レッスン38
指定した分類のみの集計結果を
表示するには　　　　　　　　　　p.140

レッスン69
複数のテーブルにあるデータを
集計しよう　　　　　　　　　　　p.254

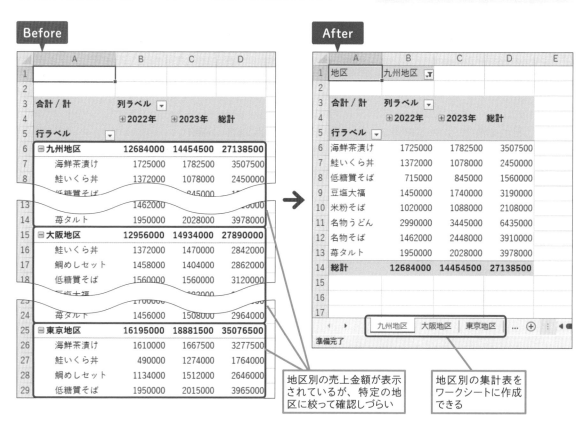

地区別の売上金額が表示されているが、特定の地区に絞って確認しづらい

地区別の集計表をワークシートに作成できる

💡 使いこなしのヒント

シート見出しのクリックで簡単に切り替えられる

上の［Before］の画面は、地区別に商品ごとの売り上げをまとめていますが、［After］の画面は、地区別の集計表を各シートに分けて表示しています。こうしておけば、各分類の集計表を一度にまとめて印刷できる上、レポートフィルターから

地区の項目を選択しなくても、シート見出しをクリックするだけで集計表の内容を簡単に切り替えられます。集計表をワークシートに分けるときは、このレッスンで紹介するワザを活用しましょう。

1 レポートフィルターの設定を変更する

[行] エリアの [地区] フィールドを
[フィルター] エリアへ配置する

1 ピボットテーブル内のセルを
クリックして選択

2 [地区] にマウスポインターを
合わせる

3 [フィルター] エリアに
ドラッグ

[地区] フィールドが [フィルター]
エリアに配置された

4 [ピボットテーブル分析] タブを
クリック

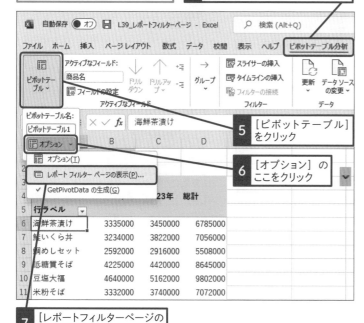

5 [ピボットテーブル]
をクリック

6 [オプション] の
ここをクリック

7 [レポートフィルターページの
表示] をクリック

次のページに続く →

使いこなしのヒント

見やすいようにワークシートの
順番を変えるには

ワークシートの順番は、ドラッグして簡単
に入れ替えられます。見やすい順番に変
更して利用しましょう。

1 順番を変えたいシート見出しにマウ
スポインターを合わせる

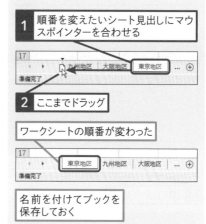

2 ここまでドラッグ

ワークシートの順番が変わった

名前を付けてブックを
保存しておく

使いこなしのヒント

[オプション] ボタンの
左右で表示される
ダイアログボックスが異なる

[レポートフィルターページの表示] ダイ
アログボックスを表示するには、手順1で
以下のように操作します。[オプション]
ボタンをクリックしないように注意しま
しょう。

[オプション] の右にある
ボタンをクリックする

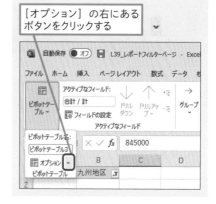

2 ワークシートに分けるフィールドを設定する

[レポートフィルターページの表示] ダイアログ
ボックスが表示された

1 [地区]をクリックして
選択

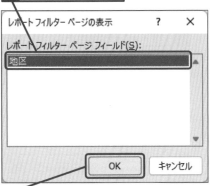

2 [OK]をクリック

	A	B	C	D	E	F
1	地区	九州地区 🔽				
2						
3	合計 / 計	列ラベル 🔽				
4		⊞2022年	⊞2023年	総計		
5	行ラベル 🔽					
6	海鮮茶漬け	1725000	1782500	3507500		
7	鮭いくら丼	1372000	1078000	2450000		
8	低糖質そば	715000	845000	1560000		
9	豆塩大福	1450000	1740000	3190000		
10	米粉そば	1020000	1088000	2108000		
11	名物うどん	2990000	3445000	6435000		
12	名物そば	1462000	2448000	3910000		
13	苺タルト	1950000	2028000	3978000		
14	総計	12684000	14454500	27138500		
15						
16						
17						

九州地区 大阪地区 東京地区 … ⊕

準備完了

地区別の集計表がワークシートに
作成された

💡 使いこなしのヒント

複数のワークシートを
画面に並べて表示するには

複数のワークシートを画面に並べて表示
するには、別のウィンドウを利用します。
それには、下の手順で操作しましょう。

1 [表示]タブをクリック

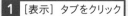

2 [新しいウィンドウを開く]
をクリック

同じ内容のブックが表示される

3 [表示]タブを
クリック

4 [整列]を
クリック

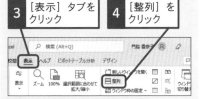

[ウィンドウの整列]ダイアログボックス
が表示された

5 [左右に並べて表示]
をクリック

6 [OK]をクリック

複数のワークシートを左右に
並べて表示できた

シート見出しをクリックして
データを比較できる

👍 スキルアップ

レポートフィルターに複数のフィールドがあるときは

[フィルター] エリアに複数のフィールドが配置されているときは、手順2の [レポートフィルターページの表示] ダイアログボックスで、どのフィールドの値を条件にワークシートを分けるのかを選択できます。

例えば、[商品分類] と [地区] フィールドが配置されているとき、[商品分類] フィールドを選択すると、商品分類ごとにワークシートが作成されます。それぞれのシートには、商品分類ごとの集計表が表示されます。

❶ピボットテーブルのオプションを表示する

| 1 | [商品名] フィールドの項目をクリックして選択 |
| 2 | [ピボットテーブル分析] タブをクリック |

❷ [レポートフィルターページの表示] ダイアログボックスを表示する

| 1 | [ピボットテーブル] をクリック |
| 2 | [オプション] のここをクリック |

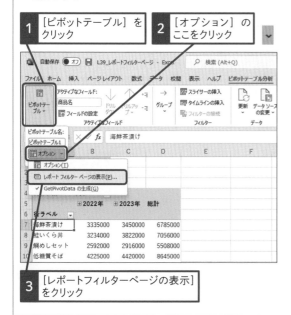

| 3 | [レポートフィルターページの表示] をクリック |

❸ワークシートに分けるフィールドを選択する

[レポートフィルターページの表示] ダイアログボックスが表示された

| 1 | [商品分類] をクリック |

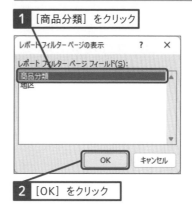

| 2 | [OK] をクリック |

❹フィールドごとにワークシートが作成された

商品分類別の集計表がワークシートに作成された

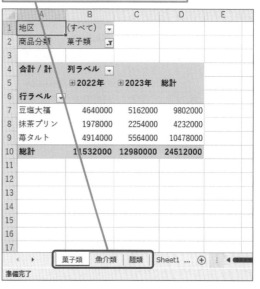

40 集計値の項目の後に空白行を入れて見やすくするには

空白行の挿入 | 練習用ファイル **L40_空白行の挿入.xlsx**

空白を入れて分類別の区別を明確にする

ピボットテーブルで、集計する項目を分類別にまとめて表示しているとき、項目の数が少ないと、集計行と小計行の区別がはっきりしないことがあります。また、どの分類の小計なのか分かりづらかったり、印刷したときに、分類と分類の区切りが分かりづらくなったりすることもあるでしょう。そのような場合は、分類と分類の間に空白行を入れると、すっきりと見やすくなります。

🔗 関連レッスン

Before

	A	B	C	D
1				
2				
3	合計 / 計	列ラベル ▼		
4		⊞2022年	⊞2023年	総計
5	行ラベル ▼			
6	⊟九州地区	12684000	14454500	27138500
7	海鮮茶漬け	1725000	1782500	3507500
8	鮭いくら丼	1372000	1078000	2450000
9	低糖質そば	715000	845000	1560000
10	豆塩大福	1450000	1740000	3190000
11	米粉そば	1020000	1088000	2108000
12	名物うどん	2990000	3445000	6435000
13	名物そば	1462000	2448000	3910000
14	苺タルト	1950000	2028000	3978000
15	⊟大阪地区	12956000	14934000	27890000
16	鮭いくら丼	1372000	1470000	2842000
17	鯛めしセット	1458000	1404000	2862000

商品別の売上金額が表示されているが、地区別に区切られていない

After

	A	B	C	D
2				
3	合計 / 計	列ラベル ▼		
4		⊞2022年	⊞2023年	総計
5	行ラベル ▼			
6	⊟九州地区	12684000	14454500	27138500
7	海鮮茶漬け	1725000	1782500	3507500
8	鮭いくら丼	1372000	1078000	2450000
9	低糖質そば	715000	845000	1560000
10	豆塩大福	1450000	1740000	3190000
11	米粉そば	1020000	1088000	2108000
12	名物うどん	2990000	3445000	6435000
13	名物そば	1462000	2448000	3910000
14	苺タルト	1950000	2028000	3978000
15				
16	⊟大阪地区	12956000	14934000	27890000
17	鮭いくら丼	1372000	1470000	2842000
18	鯛めしセット	1458000	1404000	2862000

地区の区切りに空白行が挿入された

💡 使いこなしのヒント

ボタン1つで切り替えられる

上の [Before] の画面は、地区別に商品の売上金額をまとめたものですが、[After] の画面のように地区の区切りに空白行を入れてみましょう。空白行の有無はボタン1つで切り替えられるので、見やすいように整えられます。

1 集計値の項目の後に空白行を挿入する

[地区] フィールドの集計の後に空白行を挿入する

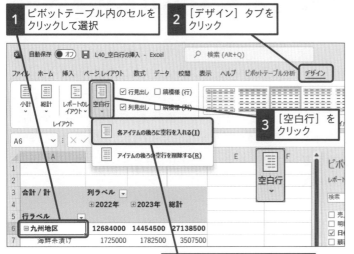

1 ピボットテーブル内のセルをクリックして選択

2 [デザイン] タブをクリック

3 [空白行] をクリック

4 [各アイテムの後ろに空行を入れる] をクリック

[地区] フィールドの集計の後に空白行が挿入された

	A	B	C	D	E
2					
3	合計 / 計	列ラベル			
4		⊞2022年	⊞2023年	総計	
5	行ラベル				
6	⊟九州地区	12684000	14454500	27138500	
7	海鮮茶漬け	1725000	1782500	3507500	
8	鮭いくら丼	1372000	1078000	2450000	
9	低糖質そば	715000	845000	1560000	
10	豆塩大福	1450000	1740000	3190000	
11	米粉そば	1020000	1088000	2108000	
12	名物うどん	2990000	3445000	6435000	
13	名物そば	1462000	2448000	3910000	
14	苺タルト	1950000	2028000	3978000	
15					
16	⊟大阪地区	12956000	14934000	27890000	
17	鮭いくら丼	1372000	1470000	2842000	

10	豆塩大福	1450000	1740000	
11	米粉そば	1020000	1088000	2108000
12	名物うどん	2990000	3445000	6435000
13	名物そば	1462000	2448000	3910000
14	苺タルト	1950000	2028000	3978000
15				
16	⊟大阪地区	12956000	14934000	27890000
17	鮭いくら丼	1372000	1470000	2842000
18	鯛めしセット	1458000	1404000	2862000

空白行を削除するには

このレッスンの手順で表示した空白行を削除するには、手順1の操作で [アイテムの後ろの空行を削除する] をクリックしましょう。

1 空白行が含まれたフィールドの項目をクリックして選択

	A	B	C	D
4		⊞2022年	⊞2023年	総計
5	行ラベル			
6	⊟九州地区	12684000	14454500	27138500
7	海鮮茶漬け	1725000	1782500	3507500
8	鮭いくら丼	1372000	1078000	2450000
9	低糖質そば	715000	845000	1560000
10	豆塩大福	1450000	1740000	3190000
11	米粉そば	1020000	1088000	2108000
12	名物うどん	2990000	3445000	6435000
13	名物そば	1462000	2448000	3910000
14	苺タルト	1950000	2028000	3978000
15				
16	⊟大阪地区	12956000	14934000	27890000
17	鮭いくら丼	1372000	1470000	2842000
18	鯛めしセット	1458000	1404000	2862000
19	低糖質そば	1560000	1560000	3120000

2 デザイン] タブをクリック

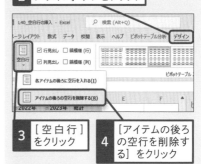

3 [空白行] をクリック

4 [アイテムの後ろの空行を削除する] をクリック

[地区] フィールドの空白行が削除された

	A	B	C	D
4		⊞2022年	⊞2023年	総計
5	行ラベル			
6	⊟九州地区	12684000	14454500	27138500
7	海鮮茶漬け	1725000	1782500	3507500
8	鮭いくら丼	1372000	1078000	2450000
9	低糖質そば	715000	845000	1560000
10	豆塩大福	1450000	1740000	3190000
11	米粉そば	1020000	1088000	2108000
12	名物うどん	2990000	3445000	6435000
13	名物そば	1462000	2448000	3910000
14	苺タルト	1950000	2028000	3978000
15	⊟大阪地区	12956000	14934000	27890000
16	鮭いくら丼	1372000	1470000	2842000
17	鯛めしセット	1458000	1404000	2862000
18	低糖質そば	1560000	1560000	3120000
19	豆塩大福	1566000	1682000	3248000
20	米粉そば	1088000	1224000	2312000

この章のまとめ

数式を設定して問題点の手がかりを探ろう

商品別や顧客別など大まかにデータを集計した後は、売り上げの構成比や成長率などを求めてデータの裏に隠れている事実を見てみましょう。ピボットテーブルでは、「合計」以外にもさまざまな集計方法を指定できます。計算の種類を変えれば、「構成比」や「累計」なども求められ

ます。さらに、既存のフィールドを利用して数式を作って結果を表示できます。いつもとは違う角度からデータを集計することで、「何らかの」問題点が浮かび上がってくることがあります。問題点を見つける手がかりを探ってみましょう。

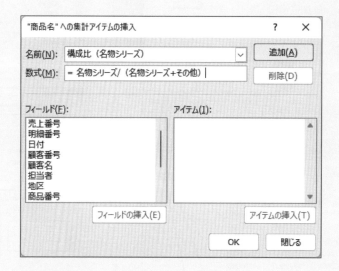

集計方法の指定、奥が深いですね…！

フィールド名を使った数式で設定ができますからね。項目が多くて初めは難しいと思いますので、練習用ファイルを使ってゆっくり操作してみてください。

集計した結果をきちんとまとめられるか、ちょっと不安になってきました。

それでは次の章では、ピボットテーブルの表示方法について説明しますね。お楽しみに！

基本編
第4章 集計方法を変えた表を作ろう

基本編

第5章

表を見やすく加工しよう

この章では、ピボットテーブルで作成した集計表をより読み取り
やすく表示するためのテクニックを紹介します。書式やデザインを
変更して集計表の見栄えをよくするテクニックや、指定した値だ
けに色を付けて目立たせるワザなど、データや数字の内容を強調
する方法を紹介します。

ピボットテーブルを見やすく整えよう

この章では、集計表を読みやすくするテクニックを紹介します。集計値には、3けたごとの区切り「,」を表示して、数字のけたが分かりやすくなるようにします。また、条件付き書式を使用して、強調したいデータを自動的に目立たせる機能などを紹介します。

表は見た目が9割！

基本編も大詰めですね。

はい。この章では表の見た目を工夫する方法を紹介します。

見た目大事ですね！

きれいに整えたデータに、最後の仕上げをしてあげましょう。

表のスタイルを変更できる

通常のテーブルと同様に、ピボットテーブルも「スタイル」を設定できます。色を変更するだけで見栄えがぐっと変わるので、ぜひ試してみましょう。

	合計 / 計	列ラベル		
3				
4		⊞2022年	⊞2023年	総計
5	行ラベル			
6	⊟九州地区	12684000	14454500	27138500
7	海鮮茶漬け	1725000	1782500	3507500
8	鮭いくら丼	1372000	1078000	2450000
9	低糖質そば	715000	845000	1560000
10	豆塩大福	1450000	1740000	3190000
11	米粉そば	1020000	1088000	2108000

条件付き書式で強調する

さらに強調したいときはこれ。「条件付き書式」の機能を使うと、セルごとに強調したりアイコンを表示したりといったことが可能になります！

アイコン、かわいい☆ 表がぱっと賑やかになりますね！

3	合計 / 計	列ラベル		
4		⊞2022年	⊞2023年	総計
5	行ラベル			
6	ONLINE SHOP	4,075,000	5,044,000	9,119,000
7	お取り寄せの家	2,841,000	3,160,000	6,001,000
8	スーパー中野	5,394,000	5,658,000	11,052,000
9	ふるさと土産	5,630,000	7,425,000	13,055,000
10	街のMARKET	3,192,000	4,752,000	7,944,000
11	向日葵スーパー	2,794,000	2,975,000	5,769,000
12	自然食品の佐藤	3,986,000	4,199,500	8,185,500
13	全国グルメストア	3,785,000	4,282,000	8,067,000
14	日本食ギフト	4,370,000	4,524,000	8,894,000
15	美味しいもの屋	5,768,000	6,250,500	12,018,500

書式をキープすることもできる

表の項目や総計などに、別々に書式を設定することもできますよ。レイアウトを変更しても書式を保持できます。

ピボットテーブルの使いやすさがアップしますね！使ってみたいです！

3	合計 / 計	列ラベル		
4		⊞2022年	⊞2023年	総計
5	行ラベル			
6	⊟九州地区	12,684,000	14,454,500	27,138,500
7	海鮮茶漬け	1,725,000	1,782,500	3,507,500
8	鮭いくら丼	1,372,000	1,078,000	2,450,000
9	低糖質そば	715,000	845,000	1,560,000
10	豆塩大福	1,450,000	1,740,000	3,190,000

分類や商品名のレイアウトを変更するには

レポートのレイアウト

練習用ファイル　L42_レイアウト.xlsx

見出しや小計行のレイアウトを使い分ける

ピボットテーブルの行や列の見出しや小計行の表示パターンには、「コンパクト形式」「アウトライン形式」「表形式」の3つのレイアウトがあります。用途に合わせてレイアウトを使い分けましょう。

関連レッスン

レッスン36
小計や総計行を非表示にするには
p.134

レッスン40
集計値の項目の後に空白行を入れて
見やすくするには
p.148

レッスン43
集計表のデザインを
簡単に変更するには
p.158

使いこなしのヒント

レイアウトは好みで選ぼう

標準の設定でフィールドを配置すると、[Before] のコンパクト形式のレイアウトになります。表形式やアウトライン形式に変更すると、分類と項目が別の列に表示されるので階層が分かりやすくなり、ほかのセルに貼り付けても違和感がありません。表形式とアウトライン形式の違いは小計の表示位置なので、好みでレイアウトを選ぶといいでしょう。

Before

●コンパクト形式のピボットテーブル

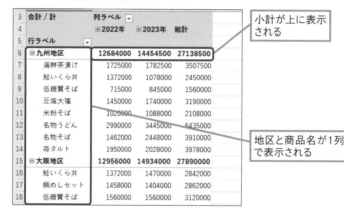

小計が上に表示される

地区と商品名が1列で表示される

After

●表形式のピボットテーブル

[地区] と [商品名] フィールドが別の列で表示される

小計が下に表示される

●アウトライン形式のピボットテーブル

[地区] と [商品名] フィールドが別の列で表示される

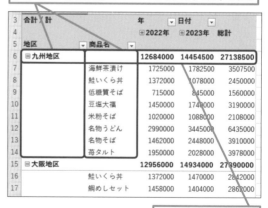

小計が上に表示される

基本編　第5章　表を見やすく加工しよう

1 レイアウトをアウトライン形式に変更する

コンパクト形式のレイアウトを
アウトライン形式に変更する

1 [地区] フィールドの項目を
クリックして選択

2 [デザイン] タブ
をクリック

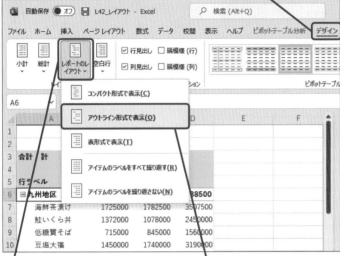

3 [レポートのレイアウト] を
クリック

4 [アウトライン形式で表示]
をクリック

コンパクト形式からアウト
ライン形式に変更された

必要に応じて列番号AとBの境界線をダブル
クリックして列番号Aの幅を調整しておく

		年	日付	
合計 / 計		⊞2022年	⊞2023年	総計
地区	商品名			
⊟九州地区		12684000	14454500	27138500
	海鮮茶漬け	1725000	1782500	3507500
	鮭いくら丼	1372000	1078000	2450000
	低糖質そば	715000	845000	1560000
	豆塩大福	1450000	1740000	3190000
	米粉そば	1020000	1088000	2108000
	名物うどん	2990000	3445000	6435000
	名物そば	1462000	2448000	3910000
	苺タルト	1950000	2028000	3978000
⊟大阪地区		12956000	14934000	27890000
	鮭いくら丼	1372000	1470000	2842000
	鯛めしセット	1458000	1404000	2862000
	低糖質そば	1560000	1560000	3120000
	豆塩大福	1566000	1682000	3248000

[地区] と [商品名] フィールドが
別の列で表示された

次のページに続く ➡

使いこなしのヒント

3つのレイアウトの違いは何?

手順1で [コンパクト形式で表示] を選ぶ
と、[行フィールド] が1つの列の中に収
められ、レポートの横幅を小さくまとめて
表示できます。[アウトライン形式で表示]
を選ぶと、行のフィールドが複数ある場
合に、分類名と詳細の列を分けて表示さ
れ、詳細は分類の1つ下の行に表示されま
す。[表形式で表示] を選んだときは、分
類名と詳細の列が分かれて表示されます
が、詳細は分類名と同じ行から表示され
ます。また、[アウトライン形式] や [表
形式]の場合、フィールド名がピボットテー
ブルに表示されます(レッスン25参照)。

使いこなしのヒント

コンパクト形式の字下げ位置を指定するには

[コンパクト形式で表示] を選択すると、
左端の列に行フィールドの項目がまとめ
て表示されます。以下の手順で操作すれ
ば、各フィールドの字下げ位置を変更で
きます。

57ページのヒントを参考に [ピボット
テーブルオプション] ダイアログボック
スを表示しておく

1 [レイアウトと書式] タブを
クリック

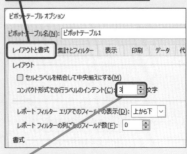

文字数を入力して項目の
字下げを設定できる

2 レイアウトを表形式に変更する

アウトライン形式のレイアウトを
表形式に変更する

1 [デザイン] タブをクリック

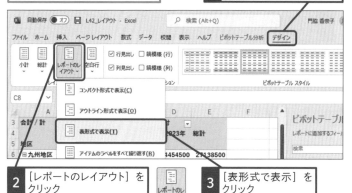

2 [レポートのレイアウト] を
クリック

3 [表形式で表示] を
クリック

アウトライン形式から
表形式に変更された

[地区] と [商品名] フィールド
が別の列で表示された

小計が下に
表示された

3 フィールドのラベルを繰り返す

[地区] のフィールド名が繰り返して
表示されるように設定する

1 [デザイン] タブをクリック

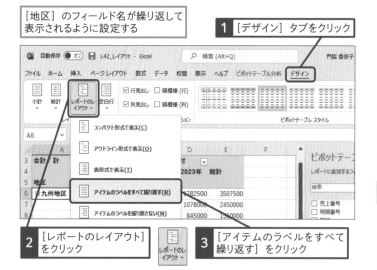

2 [レポートのレイアウト]
をクリック

3 [アイテムのラベルをすべて
繰り返す] をクリック

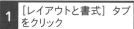

使いこなしのヒント

列幅を自動的に調整するには

[コンパクト形式で表示] に指定したとき
に、列の幅が狭すぎて項目の内容が表示
されない場合は、列の境界線をダブルク
リックして列幅を広げましょう。また、列
幅を自動調整するには、ピボットテーブル
を選択し、以下の手順で操作します。設
定を変更すると、ピボットテーブルを更
新したときに、元のリスト内容に応じて、
列幅が自動的に調整されます。

57ページのヒントを参考に [ピボット
テーブルオプション] ダイアログボック
スを表示しておく

1 [レイアウトと書式] タブ
をクリック

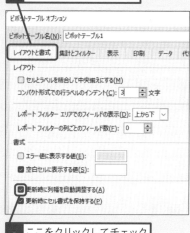

2 ここをクリックしてチェック
マークを付ける

3 [OK] をクリック

⚠ ここに注意

間違って [アイテムのラベルを繰り返さな
い] を選択してしまったときは、もう一度
手順3の操作をやり直します。

基本編 第5章 表を見やすく加工しよう

●フィールドのラベル表示を確認する

[地区]のフィールド名がすべての項目に表示された

	A	B	C	D	E	F
3	合計 / 計		年 ▼	日付 ▼		
4			⊞2022年	⊞2023年	総計	
5	地区 ▼	商品名 ▼				
6	⊟九州地区	海鮮茶漬け	1725000	1782500	3507500	
7	九州地区	鮭いくら丼	1372000	1078000	2450000	
8	九州地区	低糖質そば	715000	845000	1560000	
9	九州地区	豆塩大福	1450000	1740000	3190000	
10	九州地区	米粉そば	1020000	1088000	2108000	
11	九州地区	名物うどん	2990000	3445000	6435000	
12	九州地区	名物そば	1462000	2448000	3910000	
13	九州地区	苺タルト	1950000	2028000	3978000	
14	九州地区 集計		12684000	14454500	27138500	
15	⊟大阪地区	鮭いくら丼	1372000	1470000	2842000	
16	大阪地区	鯛めしセット	1458000	1404000	2862000	
17	大阪地区	低糖質そば	1560000	1560000	3120000	
18	大阪地区	豆塩大福	1566000	1682000	3248000	
19	大阪地区	米粉そば	1088000	1224000	2312000	

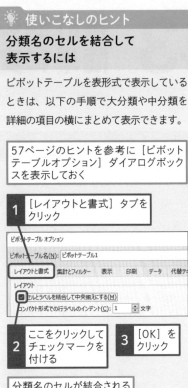

💡 使いこなしのヒント

分類名のセルを結合して表示するには

ピボットテーブルを表形式で表示しているときは、以下の手順で大分類や中分類を詳細の項目の横にまとめて表示できます。

57ページのヒントを参考に[ピボットテーブルオプション]ダイアログボックスを表示しておく

1 [レイアウトと書式]タブをクリック

ピボットテーブル オプション

ピボットテーブル名(N): ピボットテーブル1

[レイアウトと書式] 集計とフィルター 表示 印刷 データ 代替テ

レイアウト

☑ セルとラベルを結合して中央揃えにする(M)
コンパクト形式での行ラベルのインデント(C): 1 ⬚ 文字

2 ここをクリックしてチェックマークを付ける

3 [OK]をクリック

分類名のセルが結合される

👍 スキルアップ

ピボットテーブルの既定のレイアウトを指定する

Excel2019以降やMicrosoft 365のExcelを使用している場合は、ピボットテーブルの小計や総計の表示方法、レイアウトなどの設定など、ピボットテーブルの見た目に関する既定値を指定できます。以下の方法で既定値を指定すると、次にピボットテーブルを作成したときに既定値に指定されている設定でピボットテーブルが作成されます。

既存のピボットテーブルのレイアウトを元に既定値を指定する場合は、既存のピボットテーブル内をクリックしておく

レッスン22を参考に、[Excelオプション]ダイアログボックスを表示しておく

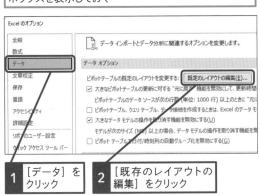

Excel のオプション

全般
数式
データ
文章校正
保存
言語
アクセシビリティ
詳細設定
リボンのユーザー設定
クイック アクセス ツール バー

データ インポートとデータ分析に関連するオプションを変更します。

データ オプション

ピボットテーブルの既定のレイアウトを変更する: [既定のレイアウトの編集(E)...]
☑ 大きなピボットテーブルの更新に対する"元に戻す"機能を無効にして、更新時間...
　ピボットテーブルのデータ ソースが次の行数(単位: 1000 行)以上のときに"元に...
☐ ピボットテーブル、クエリ テーブル、データ接続を作成するときは、Excel のデータ モ...
☑ 大きなデータ モデルの操作を取り消す機能を無効にする(U)
　モデルが次のサイズ(MB)以上の場合、データ モデルの操作を取り消す機能を無...
☐ ピボット テーブルで日付/時刻列の自動グループ化を無効にする(G)

1 [データ]をクリック

2 [既存のレイアウトの編集]をクリック

3 表示方法やレイアウトなどの既定値を指定

既存のレイアウトを元に既定値を指定する場合は、[インポート]をクリックする

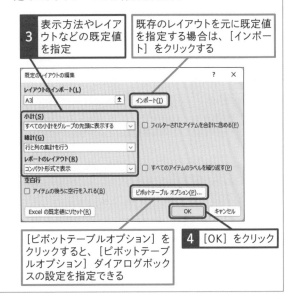

既定のレイアウトの編集　　　? ✕

レイアウトのインポート(L)

A3　⬆ [インポート(I)]

小計(S)

すべての小計をグループの先頭に表示する ▼　☐ フィルターされたアイテムを合計に含める(F)

総計(G)

行と列の集計を行う ▼

レポートのレイアウト(R)

コンパクト形式で表示 ▼　☐ すべてのアイテムのラベルを繰り返す(P)

空白行

☐ アイテムの後ろに空行を入れる(B)　[ピボットテーブル オプション(P)...]

[Excel の既定値にリセット(R)]　　　[OK] [キャンセル]

[ピボットテーブルオプション]をクリックすると、[ピボットテーブルオプション]ダイアログボックスの設定を指定できる

4 [OK]をクリック

43 集計表のデザインを簡単に変更するには

ピボットテーブルスタイル

洗練されたデザインを選べる

ピボットテーブルの全体のデザインは、[ピボットテーブルスタイル]の一覧から選択して簡単に設定できます。スタイルには、背景の色の濃さによって[淡色][中間][濃色]があります。

🔗 関連レッスン

レッスン42
分類や商品名のレイアウトを
変更するには　　　　　　　　　p.154

レッスン47
集計方法を変更しても書式が
保持されるようにするには　　　p.172

Before

3	合計 / 計	列ラベル ▾		
4		⊞2022年	⊞2023年	総計
5	行ラベル ▾			
6	⊟九州地区	12684000	14454500	27138500
7	海鮮茶漬け	1725000	1782500	3507500
8	鮭いくら丼	1372000	1078000	2450000
9	低糖質そば	715000	845000	1560000
10	豆塩大福	1450000	1740000	3190000
11	米粉そば	1020000	1088000	2108000
12	名物うどん	2990000	3445000	6435000
13	名物そば	1462000	2448000	3910000

> 標準のデザインが設定されていて、行の違いがはっきりしない

After

3	合計 / 計	列ラベル ▾		
4		⊞2022年	⊞2023年	総計
5	行ラベル ▾			
6	⊟九州地区	12684000	14454500	27138500
7	海鮮茶漬け	1725000	1782500	3507500
8	鮭いくら丼	1372000	1078000	2450000
9	低糖質そば	715000	845000	1560000
10	豆塩大福	1450000	1740000	3190000
11	米粉そば	1020000	1088000	2108000
12	名物うどん	2990000	3445000	6435000
13	名物そば	1462000	2448000	3910000

> 1行ずつ色分けしたスタイルに設定すれば、商品ごとの売り上げを区別しやすくなる

💡 使いこなしのヒント

色や色の濃さを一覧から選べる

上の[Before]の画面は、標準のデザインが選択されていて特に変わり映えがしませんが、[After]の画面は、[中間]にあるデザインに変更したものです。さらに、行に縞模様を設定すれば、1行ごとに色が付くので、数値部分の行が見やすくなります。

なお、印刷を行う場合には、背景の色が薄い「淡色系」のデザインがお薦めです。背景が濃いデザインは、文字が見づらくなることがあるので注意しましょう。

1 スタイルの一覧を表示する

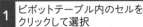

1 ピボットテーブル内のセルを
クリックして選択

2 [デザイン] タブをクリック

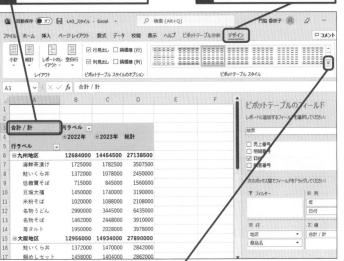

3 [ピボットテーブルスタイル] の
[その他] をクリック

[ピボットテーブルスタイル] の
一覧の続きを表示する

現在選択されているスタイルが
表示された

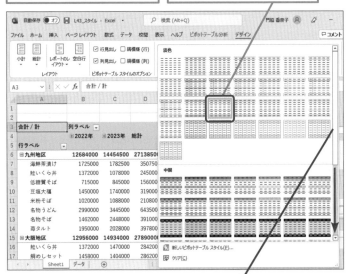

4 ここを下にドラッグ
してスクロール

使いこなしのヒント

行や列の見出しを強調するには

行や列の見出しをほかの明細行と区別す
るには、[ピボットテーブルスタイルのオ
プション] グループにある [行見出し][列
見出し] をクリックしてチェックマークを
付けます。すると、デザインの一覧に表
示されるイメージが変更されます。また、
デザインを選択した後で、チェックマーク
を付けて見出しを強調できます。

表の見出しを強調する

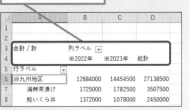

1 [行見出し] と [列見出し] をクリッ
クしてチェックマークを付ける

表の見出しが強調された

⚠ ここに注意

手順1で [その他] ボタン (▽) の上の [3/13
行] ボタン (▵) をクリックすると、左側
に表示されるスタイルが変わりますが、ス
タイルの一覧は表示されません。一覧か
らスタイルを選択するには、[その他] ボ
タン (▽) をクリックして操作し直します。

次のページに続く →

② ピボットテーブルのスタイルを選択する

[ピボットテーブルスタイル] の
続きが表示された

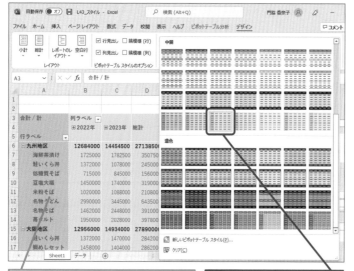

[ピボットテーブルスタイル] にマウスポ
インターを合わせると、ピボットテーブル
のスタイルが一時的に変わる

1 [ピボットスタイル（中間）
24] をクリック

スタイルが [ピボットスタイル（中間）24] に
変更された

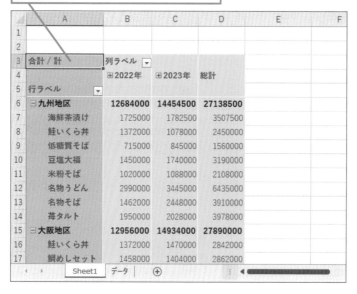

使いこなしのヒント

1行（1列）ごとに
色を付けるには

集計値が表示されている部分の行や列の
区別を明確にするには、1行（1列）ごと
に色を塗り分ける方法を試してみましょ
う。それには、[ピボットテーブルスタイ
ルのオプション] グループにある [縞模
様（行）][縞模様（列）] をクリックして
チェックマークを付けます。すると、[ピ
ボットテーブルスタイル] の一覧に表示さ
れるイメージが変更されます。また、デザ
インを選択した後でも、チェックマークを
付けて色を付けられます。

表の値に縞模様を付ける

1 [縞模様（行）] と [縞模様（列）]
をクリックしてチェックマークを付ける

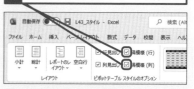

表に縞模様が付いた

使いこなしのヒント

スタイルを解除するには

設定したスタイルを解除するには、以下
の手順で操作します。

1 [デザイン] タブにある
[その他] をクリック

2 [なし] をクリック

3 行の書式を設定する

商品の売り上げが表示されている行に
縞模様を設定する

| 1 | [デザイン] タブをクリック |

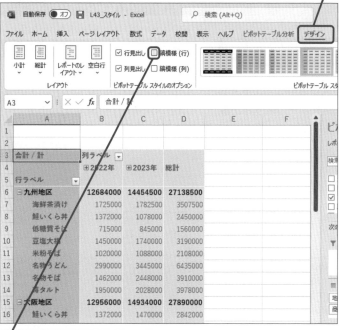

| 2 | [縞模様（行）] をクリックして
チェックマークを付ける |

商品の売り上げが表示されている
行に縞模様が設定された

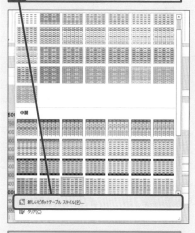

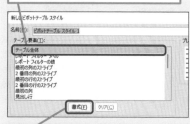

使いこなしのヒント

独自のスタイルを登録するには

ピボットテーブルのスタイルは、独自のも
のを指定して登録して利用することもでき
ます。それには、次のように操作します。
書式を指定したら、[名前] 欄に登録名を
入力して [OK] ボタンをクリックします。
登録したスタイルを適用するには、[ピボッ
トテーブルスタイル] の一覧を表示して、
[ユーザー設定] 欄から適用するスタイル
を選択します。

[ピボットテーブルスタイル] の
一覧を表示しておく

| 1 | [新しいピボットテーブルスタイル]
をクリック |

[テーブル要素] から書式を設定する
テーブル要素を選択する

[書式] をクリックすると、
色などを設定できる

⚠ ここに注意

手順2で別のスタイルを選択してしまった
ときは、もう一度手順1から操作し直しま
しょう。

数値にけた区切りの
コンマを付けるには

セルの表示形式

YouTube
動画で
見る
詳細は2ページへ

| 練習用ファイル | L44_セルの表示形式.xlsx |

数値の読み取りやすさが断然変わる

ピボットテーブルでデータを集計した後は、数値の書式を必ず設定しましょう。3けたごとに数字を区切ったり、小数点以下の表示けた数をそろえたり、マイナスの数値を赤字で表示したりするなど、表示形式を指定するだけで、数値の読みやすさが断然違ってきます。

🔗 関連レッスン

レッスン30
「商品別」の売り上げの割合を
求めるには　　　　　　　p.114

Before

3	合計 / 計	列ラベル		
4		⊞2022年	⊞2023年	総計
5	行ラベル			
6	⊟ 九州地区	12684000	14454500	27138500
7	海鮮茶漬け	1725000	1782500	3507500
8	鮭いくら丼	1372000	1078000	2450000
9	低糖質そば	715000	845000	1560000
10	豆塩大福	1450000	1740000	3190000
11	米粉そば	1020000	1088000	2108000
12	名物うどん	2990000	3445000	6435000
13	名物そば	1462000	2448000	3910000

商品別の売上金額は確認できるが、数値のけた数が分かりにくい

After

3	合計 / 計	列ラベル		
4		⊞2022年	⊞2023年	総計
5	行ラベル			
6	⊟ 九州地区	12,684,000	14,454,500	27,138,500
7	海鮮茶漬け	1,725,000	1,782,500	3,507,500
8	鮭いくら丼	1,372,000	1,078,000	2,450,000
9	低糖質そば	715,000	845,000	1,560,000
10	豆塩大福	1,450,000	1,740,000	3,190,000
11	米粉そば	1,020,000	1,088,000	2,108,000
12	名物うどん	2,990,000	3,445,000	6,435,000
13	名物そば	1,462,000	2,448,000	3,910,000

けた区切りのスタイルを設定することで、数値に「,」(コンマ)が付いた

数値のけた数がひと目で分かるようになった

💡 使いこなしのヒント

数値がひと目で理解できるようになる

上の [Before] の画面は、数値の表示形式を変更していませんが、[After] の画面では、3けたごとに区切りの「,」(コンマ)を付けています。数値のけた数が多い場合などは、「,」を付けるだけで、数値のけたが分かりやすくなります。小計行と明細行の集計値の文字のサイズが異なる場合でも、数値をすぐに読み取れます。

1 合計金額の表示方法を変更する

値の項目をクリックして選択しておく

1 [ピボットテーブル分析]タブをクリック

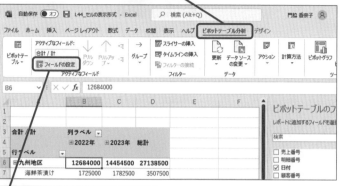

2 [フィールドの設定]をクリック

[値フィールドの設定] ダイアログボックスが表示された

3 [表示形式]をクリック

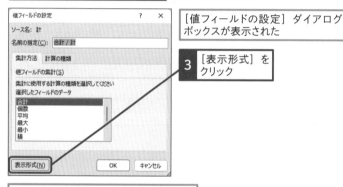

[セルの書式設定] ダイアログボックスが表示された

4 [数値]をクリック

5 [桁区切り (,)を使用する]をクリックしてチェックマークを付ける

6 [OK]をクリック

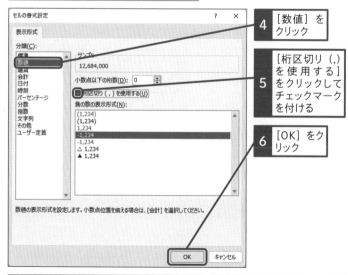

[OK]をクリックして[値フィールドの設定]ダイアログボックスを閉じる

指定したフィールドに、けた区切りスタイルが設定される

使いこなしのヒント

数値の書式は [フィールドの設定] で指定しよう

数値の書式は、通常の表のようにセルを選択して [セルの書式設定] ダイアログボックスでも指定できます。ただし、その方法では、後から別のフィールドをピボットテーブルの [値] エリアに追加したときに、すでに指定した書式と同じ書式が自動的に設定される場合があります。そのため、このレッスンでは、[フィールドの設定] ボタンで数値にコンマを表示する方法を紹介しています。ここで紹介している手順で操作した場合、選択しているセルだけでなく、選択している値のフィールド全体に書式が適用されます。

指定した値を上回った
データのみ色を付けるには

セルの強調表示

注目させたい数字だけを目立たせよう

集計値の中から「10万円以上」や「10万円以下」など、指定した条件に一致する値を目立たせるセルに色を付けます。ただし、1つずつ数値を探して色を付けるのは、手間がかかるばかりか、データを見落としてしまうこともあるので、効率的ではありません。条件付き書式の機能を利用して、条件に合うデータに自動で色が付くようにしておきましょう。

🔗 関連レッスン

レッスン46
条件に応じて数値をマークで
目立たせるには　　　　　　p.168

条件付き書式を設定すれば、「400万円より大きい」という条件でデータを目立たせることができる

Before

3	合計 / 計	列ラベル		
4		⊞2022年	⊞2023年	総計
5	行ラベル			
6	ONLINE SHOP	4,075,000	5,044,000	9,119,000
7	お取り寄せの家	2,841,000	3,160,000	6,001,000
8	スーパー中野	5,394,000	5,658,000	11,052,000
9	ふるさと土産	5,630,000	7,425,000	13,055,000
10	街のMARKET	3,192,000	4,752,000	7,944,000
11	向日葵スーパー	2,794,000	2,975,000	5,769,000
12	自然食品の佐藤	3,986,000	4,199,500	8,185,500
13	全国グルメストア	3,785,000	4,282,000	8,067,000
14	日本食ギフト	4,370,000	4,524,000	8,894,000
15	美味しいもの屋	5,768,000	6,250,500	12,018,500
16	総計	41,835,000	48,270,000	90,105,000

After

3	合計 / 計	列ラベル		
4		⊞2022年	⊞2023年	総計
5	行ラベル			
6	ONLINE SHOP	4,075,000	5,044,000	9,119,000
7	お取り寄せの家	2,841,000	3,160,000	6,001,000
8	スーパー中野	5,394,000	5,658,000	11,052,000
9	ふるさと土産	5,630,000	7,425,000	13,055,000
10	街のMARKET	3,192,000	4,752,000	7,944,000
11	向日葵スーパー	2,794,000	2,975,000	5,769,000
12	自然食品の佐藤	3,986,000	4,199,500	8,185,500
13	全国グルメストア	3,785,000	4,282,000	8,067,000
14	日本食ギフト	4,370,000	4,524,000	8,894,000
15	美味しいもの屋	5,768,000	6,250,500	12,018,500
16	総計	41,835,000	48,270,000	90,105,000

顧客別の売上金額は確認できるが、売上金額が高い数値を見つけにくい

さらに「500万円より大きい」という条件でもデータを目立たせることができる

💡 使いこなしのヒント

書式に条件を設定する

上の[Before]の画面は、顧客ごとに年の売上金額をまとめたものですが、[After]の画面では、条件付き書式を設定して、400万円より大きい値を強調しています。条件は複数設定で

きるので、さらに500万円より大きい値は違う色で強調しています。これなら、該当する値が一目瞭然です。

1 条件付き書式を設定する

「400万」より大きい値に
条件付き書式を設定する

値の項目をクリックして
選択しておく

1 [ホーム] タブをクリック

2 [条件付き書式] をクリック

3 [セルの強調表示ルール] にマウスポインターを合わせる

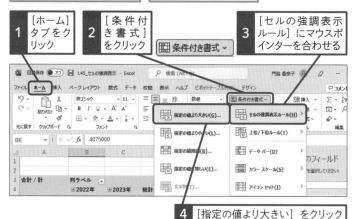

4 [指定の値より大きい] をクリック

[指定の値より大きい] ダイアログボックスが表示された

5 「4000000」と入力

6 [濃い赤の文字、明るい赤の背景] が選択されていることを確認

7 [OK] をクリック

8 [書式オプション] をクリック

9 ["顧客名"と"年"の"合計/計"値が表示されているすべてのセル] をクリック

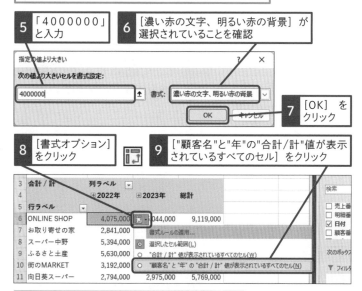

条件付き書式が設定され、400万より大きい値に
色が付いた

使いこなしのヒント

指定した範囲内の数値を強調するには

条件付き書式では、「○○より大きい」や「○○より小さい」だけでなく、さまざまな条件を指定できます。例えば、「91」～「100」の間の数値など、指定した範囲に含まれるデータに書式を設定するには、手順1の操作4で[指定の範囲内]を選択し、数値の範囲を指定します。

1 指定の範囲の数値を入力

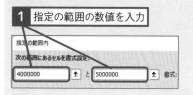

使いこなしのヒント

条件を後から変更するには

条件付き書式の条件を変更するには、条件付き書式が設定されているセルをクリックし、以下の手順で操作しましょう。

1 [条件付き書式] をクリック

2 [ルールの管理] をクリック

3 変更したい条件をクリック

4 [ルールの編集] をクリック

条件を修正できる

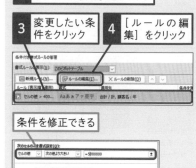

次のページに続く →

② 条件を追加する

「500万」より大きい値に
条件付き書式を設定する

値の項目をクリックして
選択しておく

1 [ホーム]
タブをク
リック

2 [条件付
き書式]
をクリック

3 [セルの強調表示
ルール]にマウスポ
インターを合わせる

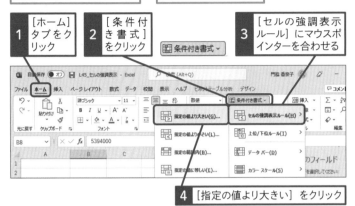

4 [指定の値より大きい]をクリック

[指定の値より大きい]ダイアログボックスが表示された

5 「5000000」
と入力

6 [濃い緑の文字、緑の背景]
を選択

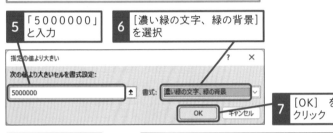

7 [OK]を
クリック

8 [書式オプショ
ン]をクリック

9 ["顧客名"と"年"の"合計/計"値が表示
されているすべてのセル]をクリック

条件付き書式が追加で設定され、500万より
大きい値に緑色が付いた

:bulb: **使いこなしのヒント**

条件付き書式にオリジナルの
書式を設定するには

条件付き書式では、文字の色や背景の色
などの書式を自由に指定できます。それ
には、手順2の画面で書式の⬚をクリック
します。一覧から[ユーザー設定の書式]
を選択し、[セルの書式設定]ダイアログ
ボックスで書式を設定します。

手順2の画面を表示しておく

1 ここをクリック

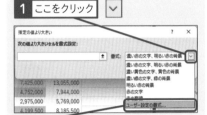

2 [ユーザー設定の書式]
をクリック

:bulb: **使いこなしのヒント**

条件付き書式を削除するには

条件付き書式が設定されているセル範囲
を選択し、下の手順で操作します。また
ピボットテーブルに設定した条件付き書
式をすべて削除するには、[このピボット
テーブルからルールをクリア]をクリック
します。

[条件付きの書式]の
一覧を表示しておく

1 [ルールのクリア]にマウス
ポインターを合わせる

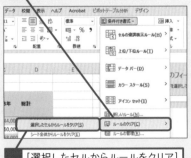

2 [選択したセルからルールをクリア]
をクリック

基本編

第5章　表を見やすく加工しよう

3 設定された条件を確認する

B6セルに設定された条件を確認する

1 B6セルをクリックして選択

2 [ホーム] タブをクリック

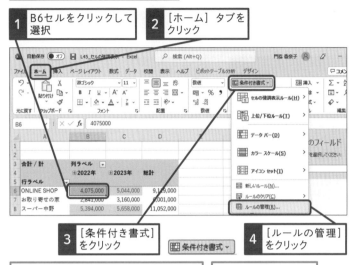

3 [条件付き書式]をクリック

4 [ルールの管理]をクリック

[条件付き書式ルールの管理] ダイアログボックスが表示された

セルに複数の条件が設定されている

使いこなしのヒント

条件付き書式の優先順位を変更する

同じセル範囲に複数の条件付き書式を設定しているときは、条件付き書式の優先順位に注意しましょう。手順3の、[条件付き書式ルールの管理] 画面を見ると、「セルの値が500万円より大きいセルを緑にする」「セルの値が400万円より大きいセルを赤にする」という順番になっています。順番を逆にすると、500万円よりも大きいセルも赤になります。もし思うような結果にならず、順番を変更したい場合は、[条件付き書式ルールの管理] 画面でルールを選択して右上の [▲] [▼] をクリックして入れ替えます。

👍 スキルアップ

「○○以上」の条件も指定できる

このレッスンでは、「○○より大きい」という条件を指定しましたが、「○○以上」の条件を指定するには、書式を設定するセル範囲を選択して次のように操作します。条件を指定するときに [次の値以上] を選択しましょう。

1 [条件付き書式]をクリック

2 [セルの強調表示ルール]にマウスポインターを合わせる

3 [その他のルール]をクリック

4 条件付き書式の設定対象を選択

5 ここをクリックして [次の値以上] を選択

6 値を入力

[書式]でセルの書式を設定できる

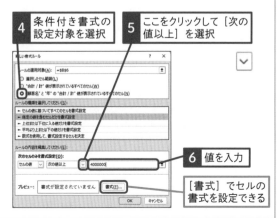

レッスン 46 条件に応じて数値を マークで目立たせるには

アイコンセット

練習用ファイル L46_アイコンセット.xlsx

数値の大小をマークで表せる

数値の大小の区別をひと目で分かるようにするには、条件付き書式を利用して、色で塗り分ける方法やマークを付けるなど、いくつかの方法があります。ここでは、数値の先頭にマークを表示する方法を紹介します。マークを使えば、使用する「✔」や「✖」などのマークの意味から数値の良しあしを判断できます。

関連レッスン

レッスン45
指定した値を上回ったデータのみ
色を付けるには　　　　p.164

Before 顧客別の売上金額は確認できるが、数値の大小を判断しにくい

After 顧客別の売上金額の大小でマークが付けられ、売れ筋商品がひと目で分かるようになった

合計 / 計	列ラベル		
	⊞2022年	⊞2023年	総計
行ラベル			
ONLINE SHOP	4,075,000	5,044,000	9,119,000
お取り寄せの家	2,841,000	3,160,000	6,001,000
スーパー中野	5,394,000	5,658,000	11,052,000
ふるさと土産	5,630,000	7,425,000	13,055,000
街のMARKET	3,192,000	4,752,000	7,944,000
向日葵スーパー	2,794,000	2,975,000	5,769,000
自然食品の佐藤	3,986,000	4,199,500	8,185,500
全国グルメストア	3,785,000	4,282,000	8,067,000
日本食ギフト	4,370,000	4,524,000	8,894,000
美味しいもの屋	5,768,000	6,250,500	12,018,500
総計	41,835,000	48,270,000	90,105,000

「✔」は500万以上を表す

「‖」は400万〜500万未満を表す

「✖」は400万未満を表す

使いこなしのヒント

マークの色や形を工夫する

上の[Before]の画面は、顧客ごとに年別の売上金額をまとめたものですが、[After]の画面では、集計値によって、「400万未満は✖」「400万〜500万未満は‖」「500万以上は✔」が付くように条件付き書式を設定しました。値の違いを色で塗り分けた場合、モノクロプリンターで、色の違いが分かりづらいこともありますが、異なるマークを表示するようにすれば、ひと目で区別できるのでお薦めです。アイコンパターンの一覧から気に入ったものを選びましょう。

1 アイコンセットの条件付き書式を設定する

値の大きさを表すアイコンセットを設定する

1 値の項目をクリックして選択

ここではセルB6を選択する

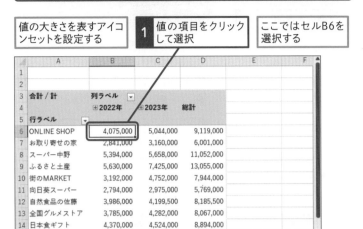

2 [ホーム] タブをクリック

3 [条件付き書式] をクリック

条件付き書式 ✓

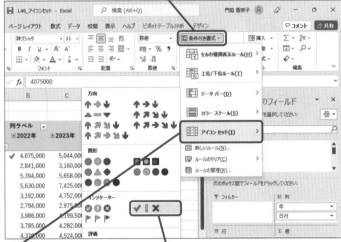

4 [アイコンセット] にマウスポインターを合わせる

5 [3つの記号（丸囲みなし）] をクリック

6 [書式オプション] をクリック

7 ["顧客名"と"年"の"合計/計"値が表示されているすべてのセル] をクリック

使いこなしのヒント

アイコンのパターンはいろいろある

アイコンセットの中には、さまざまな形のアイコンがあります。このレッスンでは、値の大きさに応じて「✔」「∥」「✖」の3つのいずれかが表示されるようにしましたが、選択したセットによっては、4つや5つのアイコンを使い分けられます。

さまざまなアイコンパターンを設定できる

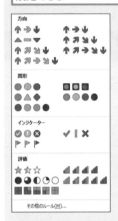

使いこなしのヒント

選択しているセル範囲に書式を設定するには

[書式オプション] ボタンのメニューから [選択したセル範囲] を選ぶと、選択していたセル範囲にのみ条件付き書式が設定されます。

また、["合計/計"値が表示されているすべてのセル] を選択すると、総計行も含めた [合計/計] が表示されているセル範囲に、条件付き書式が設定されます。

⚠ ここに注意

間違ったアイコンセットを選択してしまったときは、手順1の画面で、[条件付き書式] - [ルールのクリア] - [選択したセルからルールをクリア] を選択します。

次のページに続く ➡

●表示を確認する

値の大きさによってアイコンセットが設定された

2 アイコンセットの条件を変更する

売上金額の条件を変更してアイコンセットの表示を更新する

1 値の項目をクリックして選択

2 ［ホーム］タブをクリック

3 ［条件付き書式］をクリック

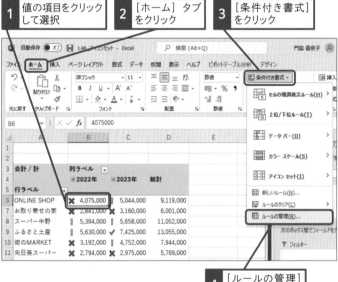

4 ［ルールの管理］をクリック

［条件付き書式ルールの管理］ダイアログボックスが表示された

5 ［ルールの編集］をクリック

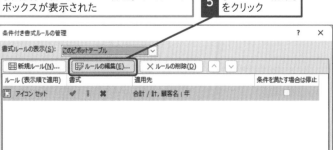

使いこなしのヒント

アイコンの順序を逆にするには

アイコンの並び順は、逆の順序に入れ替えることもできます。数値の低い方にいい評価を示したいときは、アイコンの並びを逆にして表示するといいでしょう。

［条件付き書式ルールの管理］ダイアログボックスを表示しておく

1 ［ルールの編集］をクリック

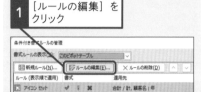

2 ［アイコンの順序を逆にする］をクリック

3 アイコンの順序が逆になったことを確認

4 ［OK］をクリック

⚠ ここに注意

手順2の操作5の最初の操作の途中で［OK］ボタンをクリックしてしまったときは、手順2から操作をやり直します。

③ アイコンセットの条件を設定する

> [書式ルールの編集] ダイアログ
> ボックスが表示された

> ここでは、「値が500万以上は ✔ 」、「値が400万以上で、
> 500万未満は ❚ 」、「値が400万未満は ✖ 」という条件を
> 設定する

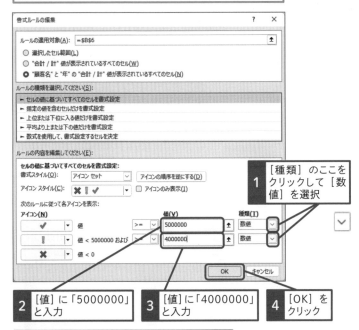

> **1** [種類] のここを
> クリックして [数値] を選択

> **2** [値] に「5000000」
> と入力

> **3** [値] に「4000000」
> と入力

> **4** [OK] を
> クリック

> **5** [条件付き書式ルールの管理] ダイアログ
> ボックスで [OK] をクリック

> 変更した条件に基づいたアイコンセットの
> 条件付き書式が設定された

合計 / 計	列ラベル		
	⊞2022年	⊞2023年	総計
行ラベル			
ONLINE SHOP	❚ 4,075,000	✔ 5,044,000	9,119,000
お取り寄せの家	✖ 2,841,000	❚ 3,160,000	6,001,000
スーパー中野	✔ 5,394,000	✔ 5,658,000	11,052,000
ふるさと土産	✔ 5,630,000	✔ 7,425,000	13,055,000
街のMARKET	✖ 3,192,000	❚ 4,752,000	7,944,000
向日葵スーパー	✖ 2,794,000	✖ 2,975,000	5,769,000
自然食品の佐藤	✖ 3,986,000	❚ 4,199,500	8,185,500
全国グルメストア	✖ 3,785,000	❚ 4,282,000	8,067,000
日本食ギフト	❚ 4,370,000	❚ 4,524,000	8,894,000

> 「値が500万以上は ✔ 」、「値が400万以上で、500万
> 未満は ❚ 」、「値が400万未満は ✖ 」という条件を設定
> できた

💡 使いこなしのヒント

カラースケールやデータバーを利用する

条件付き書式には、カラースケールやデータバーもあります。カラースケールは、数値の大きさによってセルを塗り分ける書式です。データバーは、数値の大きさに応じて色付のバーを表示する書式です。条件を変更すれば、色を塗り分ける基準や、データバーを表示する基準などを変更できます。

> 165ページの手順1のように、[ホーム]
> タブの [条件付き書式] をクリックして、[カラースケール] や [データバー]
> を設定できる

●カラースケール

合計 / 計	列ラベル		
	⊞2022年	⊞2023年	総計
行ラベル			
ONLINE SHOP	4,075,000	5,044,000	9,119,000
お取り寄せの家	2,841,000	3,160,000	6,001,000
スーパー中野	5,394,000	5,658,000	11,052,000
ふるさと土産	5,630,000	7,425,000	13,055,000
街のMARKET	3,192,000	4,752,000	7,944,000
向日葵スーパー	2,794,000	2,975,000	5,769,000
自然食品の佐藤	3,986,000	4,199,500	8,185,500
全国グルメストア	3,785,000	4,282,000	8,067,000
日本食ギフト	4,370,000	4,524,000	8,894,000
美味しいもの屋	5,768,000	6,250,500	12,018,500
総計	41,835,000	48,270,000	90,105,000

●データバー

合計 / 計	列ラベル		
	⊞2022年	⊞2023年	総計
行ラベル			
ONLINE SHOP	4,075,000	5,044,000	9,119,000
お取り寄せの家	2,841,000	3,160,000	6,001,000
スーパー中野	5,394,000	5,658,000	11,052,000
ふるさと土産	5,630,000	7,425,000	13,055,000
街のMARKET	3,192,000	4,752,000	7,944,000
向日葵スーパー	2,794,000	2,975,000	5,769,000
自然食品の佐藤	3,986,000	4,199,500	8,185,500
全国グルメストア	3,785,000	4,282,000	8,067,000
日本食ギフト	4,370,000	4,524,000	8,894,000
美味しいもの屋	5,768,000	6,250,500	12,018,500
総計	41,835,000	48,270,000	90,105,000

47 集計方法を変更しても書式が保持されるようにするには

レイアウトと書式

オリジナルの書式を設定できる

ピボットテーブルに書式を設定するときは、レッスン43で紹介した［ピボットテーブルスタイル］を利用するのが手軽ですが、個別に書式を設定することもできます。

🔗 関連レッスン

レッスン42
分類や商品名のレイアウトを
変更するには　　　　　　　　p.154

レッスン43
集計表のデザインを簡単に
変更するには　　　　　　　　p.158

基本編 第5章 表を見やすく加工しよう

Before

ピボットテーブルのレイアウトと書式を設定して色を付ける

	A	B	C	D
1				
2				
3	合計 / 計	列ラベル		
4		⊞2022年	⊞2023年	総計
5	行ラベル			
6	ONLINE SHOP	4,075,000	5,044,000	9,119,000
7	お取り寄せの家	2,841,000	3,160,000	6,001,000
8	スーパー中野	5,394,000	5,658,000	11,052,000
9	ふるさと土産	5,630,000	7,425,000	13,055,000
10	街のMARKET	3,192,000	4,752,000	7,944,000
11	向日葵スーパー	2,794,000	2,975,000	5,769,000
12	自然食品の佐藤	3,986,000	4,199,500	8,185,500
13	全国グルメストア	3,785,000	4,282,000	8,067,000
14	日本食ギフト	4,370,000	4,524,000	8,894,000
15	美味しいもの屋	5,768,000	6,250,500	12,018,500
16	総計	41,835,000	48,270,000	90,105,000
17				

集計方法や書式を変更してもレイアウトや書式が崩れないように設定する

After

ピボットテーブルの集計方法を変更しても書式が保持される

	A	B	C	D
1				
2				
3	合計 / 計	列ラベル		
4		⊞2022年	⊞2023年	総計
5	行ラベル			
6	⊟九州地区	12,684,000	14,454,500	27,138,500
7	海鮮茶漬け	1,725,000	1,782,500	3,507,500
8	鮭いくら丼	1,372,000	1,078,000	2,450,000
9	低糖質そば	715,000	845,000	1,560,000
10	豆塩大福	1,450,000	1,740,000	3,190,000
11	米粉そば	1,020,000	1,088,000	2,108,000
12	名物うどん	2,990,000	3,445,000	6,435,000
13	名物そば	1,462,000	2,448,000	3,910,000
14	苺タルト	1,950,000	2,028,000	3,978,000
15	⊟大阪地区	12,956,000	14,934,000	27,890,000
16	鮭いくら丼	1,372,000	1,470,000	2,842,000
17	鯛めしセット	1,458,000	1,404,000	2,862,000

💡 **使いこなしのヒント**

設定時に気を付けること

書式を設定する際は、次の2点に注意します。1つ目は、書式を設定する場所を選択するとき、選択方法に気を付けること。2つ目は、レイアウトを変更しても、書式や列幅が保持されるように指定することです。上の［After］の画面は、ピ ボットテーブルに書式を設定し、そのレイアウトを変更したものです。紹介した2つの注意点を踏まえれば、レイアウトの変更によって書式が崩れなくなり、書式を設定し直す手間が省けます。

1 ピボットテーブルのレイアウトと書式を設定する

1 値の項目をクリックして選択

3	合計 / 計	列ラベル		
4		⊞2022年	⊞2023年	総計
5	行ラベル			
6	ONLINE SHOP	4,075,000	5,044,000	9,119,000
7	お取り寄せの家	2,841,000	3,160,000	6,001,000
8	スーパー中野	5,394,000	5,658,000	11,052,000
9	ふるさと土産	5,630,000	7,425,000	13,055,000
10	街のMARKET	3,192,000	4,752,000	7,944,000

2 [ピボットテーブル分析] タブをクリック

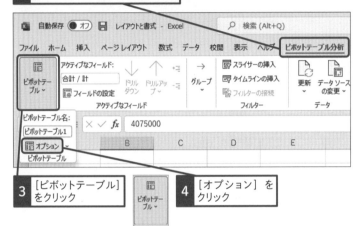

3 [ピボットテーブル] をクリック

4 [オプション] をクリック

ここでは集計方法の変更時に書式が変更されないように設定する

5 [レイアウトと書式] タブをクリック

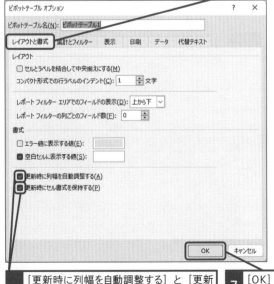

6 [更新時に列幅を自動調整する] と [更新時にセル書式を保持する] にチェックマークが付いていることを確認

7 [OK] をクリック

次のページに続く ➡

🔆 使いこなしのヒント

右クリックで素早くダイアログボックスを表示するには

[ピボットテーブルオプション] ダイアログボックスは、右クリックでも表示できます。それには、ピボットテーブル内のいずれかのセルを右クリックし、表示されるショートカットメニューの [ピボットテーブルオプション] をクリックします。

1 値の項目を右クリック

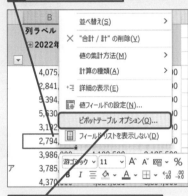

2 [ピボットテーブルオプション] をクリック

[ピボットテーブルオプション] ダイアログボックスが表示された

●選択範囲の設定を確認する

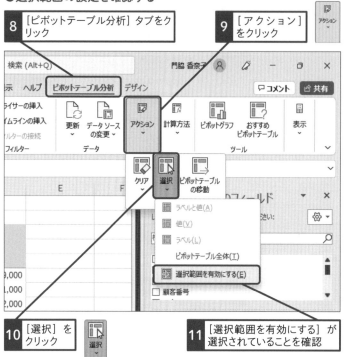

8 [ピボットテーブル分析] タブをクリック

9 [アクション] をクリック

10 [選択] をクリック

11 [選択範囲を有効にする] が選択されていることを確認

💡 使いこなしのヒント

なぜ [選択範囲を有効にする] を確認するの？

特定のフィールドや行ラベル、列ラベルなどをクリック操作で確実に選択できるようにするには、操作11で [選択範囲を有効にする] がクリックされていることを確認します。手順3の操作で選択されたピボットテーブル上でマウスポインターの形が➡にならない場合は、[選択範囲を有効にする] が選択された状態になっているかを確認してください。

2 ピボットテーブル全体を選択する

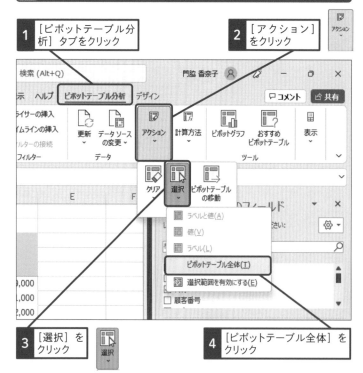

1 [ピボットテーブル分析] タブをクリック

2 [アクション] をクリック

3 [選択] をクリック

4 [ピボットテーブル全体] をクリック

基本編 第5章 表を見やすく加工しよう

●塗りつぶしの色を設定する

ピボットテーブル全体が選択された

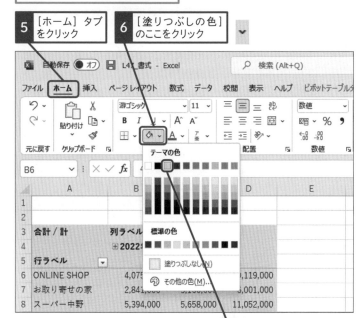

5 [ホーム] タブ
をクリック

6 [塗りつぶしの色]
のここをクリック

7 [薄い灰色、背景2] を
クリック

ピボットテーブル全体が塗りつぶされた

行ラベルと列ラベルのみを選択して
塗りつぶしの色を設定する

8 [ピボットテーブル分析]
タブをクリック

9 [アクション]
をクリック

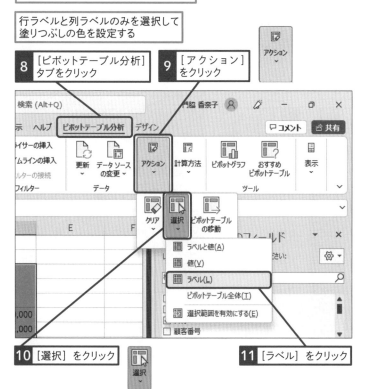

10 [選択] をクリック

11 [ラベル] をクリック

次のページに続く →

💡 **使いこなしのヒント**

[アクション] ボタンが
ない場合は

[ピボットテーブル分析] タブに [アクション] ボタンがない場合は、[ピボットテーブル分析] タブの [選択] ボタンをクリックして操作を選択します。

💡 **使いこなしのヒント**

色をなしにする

ピボットテーブル全体の色をなしにするには、手順2の操作7で [塗りつぶしなし] をクリックします。ただし、塗りつぶしをなしにしても、レッスン43で紹介したピボットテーブルのスタイルが適用されている場合は、スタイルの色が表示されます。スタイルの色もなしにするには、160ページのヒントを参考にしてスタイルも削除します。

⌨ **ショートカットキー**

ピボットテーブル全体の選択
Ctrl + Shift + *

●ラベルに塗りつぶしの色を設定する

ピボットテーブルのラベルが選択された

12	[ホーム] タブをクリック
13	[塗りつぶしの色]のここをクリック

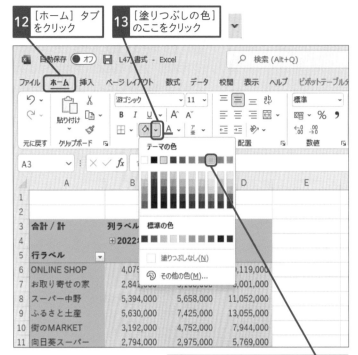

14 [ゴールド、アクセント4] をクリック

基本編

第5章

表を見やすく加工しよう

3 総計列に塗りつぶしの色を設定する

ラベルに塗りつぶしの色を設定できた	総計列のみを選択して別の塗りつぶしの色を設定する

1	セルD3とセルD4の間にマウスポインターを合わせる	マウスポインターの形が変わった	2	そのままクリック

	A	B	C	D	E
1					
2					
3	合計 / 計	列ラベル		総計	
4		⊞2022年	⊞2023年		
5	行ラベル				
6	ONLINE SHOP	4,075,000	5,044,000	9,119,000	
7	お取り寄せの家	2,841,000	3,160,000	6,001,000	
8	スーパー中野	5,394,000	5,658,000	11,052,000	
9	ふるさと土産	5,630,000	7,425,000	13,055,000	
10	街のMARKET	3,192,000	4,752,000	7,944,000	
11	向日葵スーパー	2,794,000	2,975,000	5,769,000	
12	自然食品の佐藤	3,986,000	4,199,500	8,185,500	
13	全国グルメストア	3,785,000	4,282,000	8,067,000	
14	日本食ギフト	4,370,000	4,524,000	8,894,000	
15	美味しいもの屋	5,768,000	6,250,500	12,018,500	
16	総計	41,835,000	48,270,000	90,105,000	
17					

176

●塗りつぶしの色を選ぶ

3 [ホーム] タブ をクリック
4 [塗りつぶしの色] のここをクリック

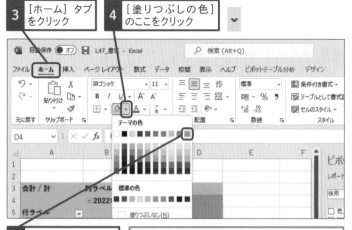

5 [緑、アクセント6] をクリック

総計行の色を変更する場合は、前ページのヒントを参考に総計行を選択した後、操作3の操作を行う

4 集計表に配置するフィールドを変更する

集計方法を変更して手順1～3で設定した書式が変更されないか確認する

1 [行] エリアにある [顧客名] を [レイアウトセクション] 以外の場所にドラッグ

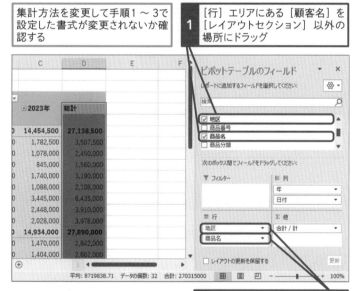

2 [地区] と [商品名] を [行] エリアにドラッグ

レイアウトを変更しても各項目の書式は変わらない

3	合計 / 計	列ラベル		
4		⊞2022年	⊞2023年	総計
5	行ラベル			
6	⊟九州地区	12,684,000	14,454,500	27,138,500
7	海鮮茶漬け	1,725,000	1,782,500	3,507,500
8	鮭いくら丼	1,372,000	1,078,000	2,450,000
9	低糖質そば	715,000	845,000	1,560,000
10	豆塩大福	1,450,000	1,740,000	3,190,000

使いこなしのヒント

テーマの選択によって色が変わる

このレッスンでは、色を選択するときに、手順2の操作14のように [テーマの色] から色を選択しているので、テーマを変更すれば、設定した色も変わります。どのテーマを選択しても同じ色を表示するには、[標準の色] の中から色を選択します。

テーマを変更してブック全体の書式を変更する

1 [ページレイアウト] タブをクリック

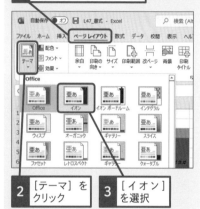

2 [テーマ] をクリック
3 [イオン] を選択

テーマが変更された

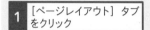

ここに注意

総計列や総計行の書式を設定するときに間違って列全体や行全体を選択してしまったときは、総計列や総計行だけを選択し直します。前ページのヒントを参考にマウスポインターの形に注意して操作してください。

数値の傾向や推移が分かるように工夫する

この章では、集計表をより見やすくする書式設定を紹介しました。表の見栄えを手早く整えるには、ピボットテーブルでデザインを変える方法がお薦めです。また、集計値には、3けたごとの「,」（コンマ）を表示したり、小数点以下のけた数の表示をそろえたりして読み取りやすくします。

さらに、注目すべき数値を自動的に強調するには、条件付き書式を活用します。集計表に書式を設定する目的は、単に表をきれいに見せることではありません。数値の傾向や推移、気になるデータを把握しやすくすることが大事です。

	A	B	C	D
1				
2				
3	合計 / 計	列ラベル		
4		⊞2022年	⊞2023年	総計
5	行ラベル			
6	⊟九州地区	12,684,000	14,454,500	27,138,500
7	海鮮茶漬け	1,725,000	1,782,500	3,507,500
8	鮭いくら丼	1,372,000	1,078,000	2,450,000
9	低糖質そば	715,000	845,000	1,560,000
10	豆塩大福	1,450,000	1,740,000	3,190,000
11	米粉そば	1,020,000	1,088,000	2,108,000
12	名物うどん	2,990,000	3,445,000	6,435,000
13	名物そば	1,462,000	2,448,000	3,910,000
14	苺タルト	1,950,000	2,028,000	3,978,000
15	⊟大阪地区	12,956,000	14,934,000	27,890,000

表がカラフルになって楽しかったですー♪

ですよね！ Excelの表はちょっと見せ方を変えるだけで、伝えたい内容を強調することができるんです。

書式設定がこんがらがっちゃいました…。

設定を重ね過ぎると、かえって何を強調しているか分からなくなりますからね。一度リセットして、強調したいことを整理するといいですよ。

活用編

第 6 章

集計表をピボットグラフで
グラフ化しよう

この章では「ピボットグラフ」を紹介します。数値を眺めている
だけでは分からないことも、グラフにして初めて見えることがあり
ます。ピボットグラフを使い、気になるデータを見つけたり、ほ
かの人にデータの内容を分かりやすく見せたりするときに便利な
グラフ化のワザを学びます。

Introduction この章で学ぶこと

ピボットテーブルをグラフ化しよう

この章では、ピボットテーブルを元にピボットグラフを作成する方法を紹介します。集計表を元にデータの傾向や推移などを分かりやすく表現するには、グラフの利用が欠かせません。ピボットグラフの特徴を知り、基本的なグラフの作成方法を知りましょう。

ピボットテーブルとグラフが合体!

活用編の最初の章はグラフですね。

はい。Excelのグラフの機能は非常に強力ですが、ピボットグラフはさらにピボットテーブルの機能も使えるんです。

あのー、簡単にできますよね?

ははは、もちろん! この章ではピボットグラフの基本から、さまざまなデータを見やすくする工夫まで紹介します。

ピボットグラフの内容を確認しておこう

ピボットグラフはまさに、ピボットテーブルとグラフの両方の要素を備えています。Excelのグラフを使ったことがある人も、各部の名称を確認しておきましょう。

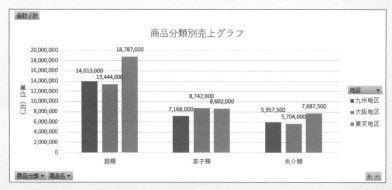

フィールドを入れ替えてグラフを変える！

普通のグラフは元データを変更するとグラフの形が変わりますが、ピボットグラフはピボットテーブルのフィールドを入れ替えることで、瞬時にグラフの内容を変えられます。

グラフの形をガラッと変えられるんですね。
これは便利すぎる…！！

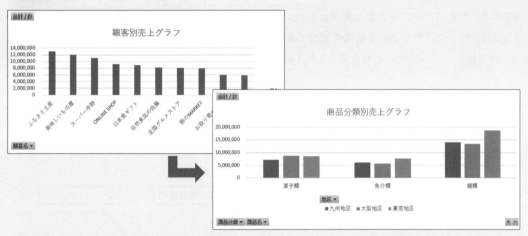

円も折れ線も自由自在

ピボットグラフは円グラフや折れ線グラフにも対応しています。それぞれのグラフで「何を強調したいのか」をイメージしながら、必要な要素を追加していきましょう。

見やすいグラフは気持ちいいですね！
使い分けもしっかりマスターしたいです。

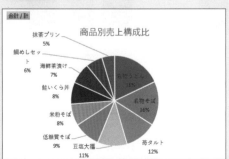

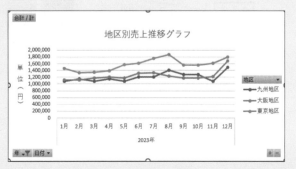

49 ピボットグラフの各部の名称を知ろう

グラフ要素

練習用ファイル　L49_グラフ要素.xlsx

活用編

第6章

集計表をピボットグラフでグラフ化しよう

グラフ各部の名称を知ってグラフ作りに備えよう

分かりやすくて見やすいグラフを作るには、グラフに表示する要素を指定したり、外観をきれいに整えたりしなければなりません。
グラフを編集するときは、グラフの各要素を選択してから操作します。このレッスンでは、グラフに表示される要素を紹介します。どんな要素があるのかを確認し、各要素の名称を覚えておきましょう。

🔗 関連レッスン

レッスン50
ピボットグラフを作成しよう　　　p.184

💡 使いこなしのヒント

まずは名称を覚えよう

下の画面は、商品別の売り上げを地区別に棒グラフで表したものです。グラフの作り方や編集方法は、レッスン50から紹介します。

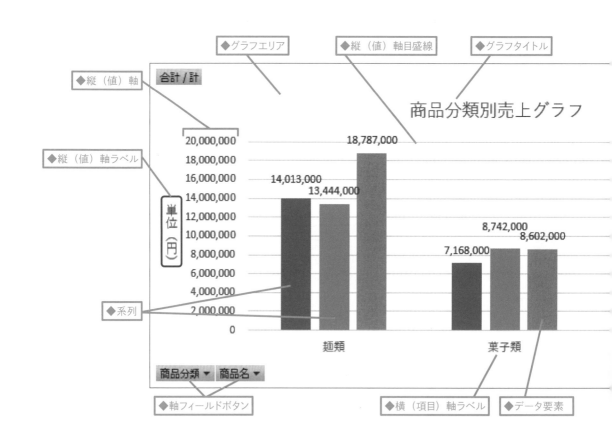

👍 スキルアップ

ピボットグラフと普通のグラフの違いを知ろう

ピボットグラフと普通の表から作成したグラフは、見ためが似ている上、同じような感覚でグラフの修正などの操作を行えますが、まったく同じではありません。例えば、以下の表のような点が異なります。

なお、ピボットグラフは、ピボットテーブルのデータを元にグラフが作成されるので、異なるレイアウトのグラフを複数作成したいときは、ピボットテーブルをコピーしてからグラフを作成するといいでしょう。また、201ページのヒントで紹介しているように、コピーしたグラフを画像として貼り付ける方法もあります。ただし、その場合、元のピボットテーブルでデータが変更されても、画像には反映されません。

●ピボットグラフと普通のグラフの相違点

相違点	ピボットグラフ	通常のグラフ
作成できるグラフ	散布図や株価チャート、バブルチャート、ツリーマップなどは作成できない	散布図、株価チャート、バブルチャートを含むExcelで作成できるすべてのグラフが作成できる
表示項目の反映	ピボットグラフや元になるピボットテーブルのいずれかで、表示するデータ系列などの表示項目を追加すると、互いに変更が反映される	グラフ側でグラフに表示するデータ系列などを変更しても、元の表には反映されない

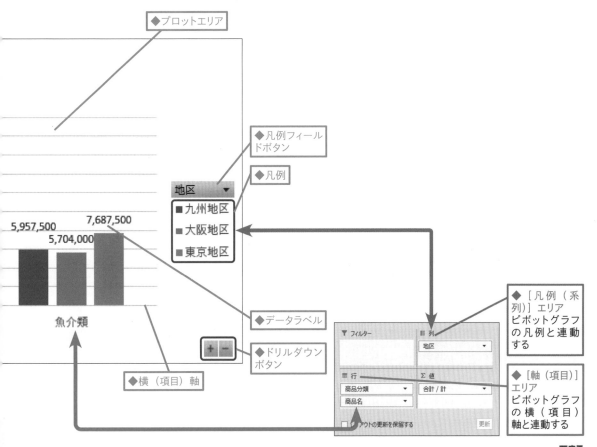

◆プロットエリア

◆凡例フィールドボタン

◆凡例

地区 ▼
■ 九州地区
■ 大阪地区
■ 東京地区

5,957,500　5,704,000　7,687,500

魚介類

◆データラベル

◆ドリルダウンボタン

◆横（項目）軸

◆ [凡例（系列）] エリア
ピボットグラフの凡例と連動する

◆ [軸（項目）] エリア
ピボットグラフの横（項目）軸と連動する

50 ピボットグラフを作成しよう

ピボットグラフ

練習用ファイル　L50_ピボットグラフ.xlsx

グラフ化でデータの本当の姿が見えてくる

集計表のデータを視覚的に分かりやすく表現するには、グラフの利用が欠かせません。集計表を見ているだけでは気付かないことも、グラフにすることで見えてきます。ピボットテーブルで集計した結果をグラフにするには、ピボットグラフを使いましょう。

🔗 関連レッスン

レッスン49
ピボットグラフの各部の名称を知ろう
p.182

Before

顧客別の売上合計が集計されている

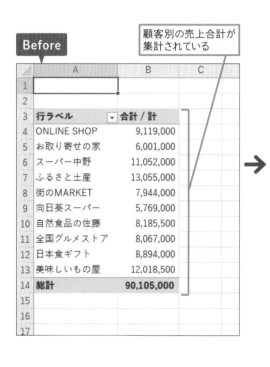

→

After

ピボットテーブルから顧客別の売上グラフを作成できる

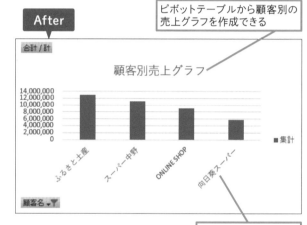

グラフの作成後にどの顧客を表示するかを選択できる

💡 使いこなしのヒント

表では分からないことがグラフで分かる

上の [Before] の画面は、顧客別の売り上げをまとめたものですが、ピボットグラフを利用すると、[After] の画面のように簡単にグラフ化できます。このレッスンでは、顧客別売り上げの棒グラフを例にしてピボットテーブルからピボットグラフを作成する基本手順を紹介します。

1 グラフの種類を選択する

レッスン20を参考に売上合計を売り上げの
多い順に並び替えておく

1 [ピボットテーブル分析] タブを
クリック

2 [ピボットグラフ] を
クリック

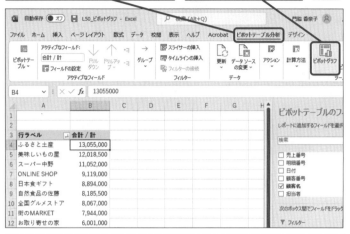

[グラフの挿入] ダイアロ
グボックスが表示された

ここでは売り上げの差を縦棒の長さで比較
するため、[集合縦棒] を選択する

3 [縦棒]
をクリック

4 [集合縦棒] を
クリック

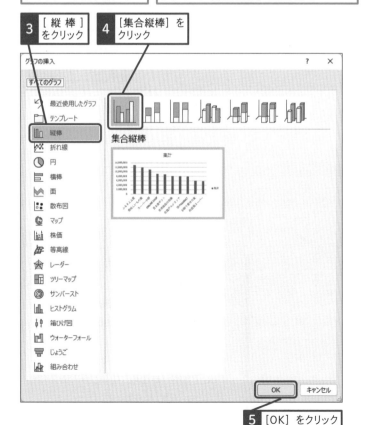

5 [OK] をクリック

使いこなしのヒント

リストから直接ピボット グラフを作成するには

ピボットテーブルを作成していなくても、
集計元のリスト内を選択し、[挿入] タブ
の [ピボットグラフ] ボタンをクリックし
てもピボットグラフを作成できます。[ピ
ボットグラフの作成] ダイアログボックス
でピボットグラフの配置先が [新規ワーク
シート] になっていることを確認し、[OK]
ボタンをクリックします。すると、新しい
ワークシートにピボットテーブルが作成さ
れ、その横に空のピボットグラフが表示さ
れます。[軸（項目）エリア] に [顧客名]
フィールド、[値] エリアに [計] フィー
ルドを配置すると、連動してピボットグラ
フが表示されます。

ここに注意

グラフの種類を間違って選択してしまっ
たときは、[デザイン] タブにある [グラ
フの種類の変更] ボタンをクリックし、グ
ラフの種類を選択し直します。

次のページに続く➡

❷ ピボットグラフを移動する

ここではピボットテーブルの下にピボットグラフを
移動する

┌─────────────────────────────────┐ ┌──────────────────────┐
│ **1** ピボットグラフの外枠にマウス │ │ マウスポインターの │
│   ポインターを合わせる   │ │ 形が変わった   │
└─────────────────────────────────┘ └──────────────────────┘

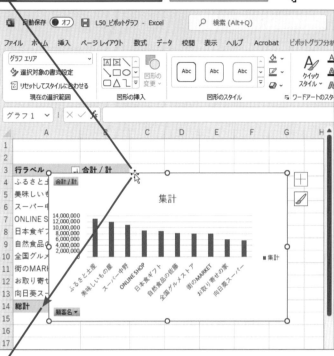

┌────────────────────┐
│ **2** ここまでドラッグ │
└────────────────────┘

┌────────────────────────────────┐
│ 集合縦棒のピボットグラフが   │
│ 作成された   │
└────────────────────────────────┘

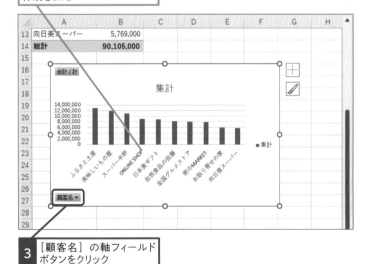

┌────────────────────────────────┐
│ **3** [顧客名] の軸フィールド │
│   ボタンをクリック   │
└────────────────────────────────┘

ほかのワークシートに ピボットグラフを移動するには

ピボットグラフの場所を変更するには、ピボットグラフを選択し、以下の手順で操作します。

┌──────────────────────────────┐
│ ピボットグラフを選択しておく │
└──────────────────────────────┘

┌────────────────────────────────┐
│ **1** [デザイン] タブをクリック │
└────────────────────────────────┘

┌──────────────────────────────────┐
│ **2** [グラフの移動] をクリック │
└──────────────────────────────────┘

┌──────────────────────────────────┐
│ **3** ここをクリックして移動先の │
│   ワークシートを選択   │
└──────────────────────────────────┘

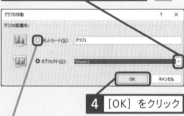

┌────────────────────┐
│ **4** [OK] をクリック │
└────────────────────┘

┌──┐
│ [新しいシート] をクリックすると新しい │
│ グラフシートにグラフを移動できる   │
└──┘

ピボットグラフ全体を 選択するには

ピボットグラフ全体を選択するには、[グラフエリア] と表示される場所をクリックします。[グラフエリア] が選択しにくいときは、ピボットグラフの外枠をクリックしても構いません。なお、挿入直後のピボットグラフは自動的に [グラフエリア] が選択されています。

3 抽出する顧客名を選択する

ピボットグラフが移動した

次に、グラフの要素を設定する。ここでは軸フィールドボタンを利用して、
[顧客名] フィールドから一部の顧客を抽出する

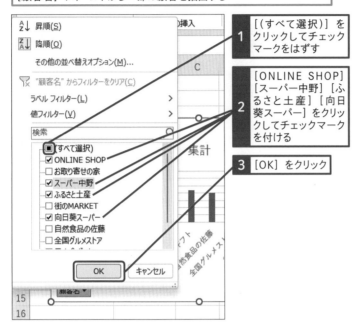

1 [(すべて選択)] を
クリックしてチェック
マークをはずす

2 [ONLINE SHOP]
[スーパー中野] [ふ
るさと土産] [向日
葵スーパー] をクリッ
クしてチェックマーク
を付ける

3 [OK] をクリック

4 グラフタイトルを変更する

選択した顧客が抽出された

1 グラフタイトルを
2回クリック

2 Back space キーで
文字を削除

3 「顧客別売上グラフ」
と入力

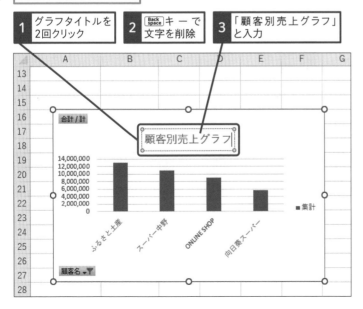

グラフにデータの数値を表示するには

棒グラフにデータの数値を表示するには、
以下の手順で操作します。

ピボットグラフを
選択しておく

1 [デザイン] タブをクリック

2 [グラフ要素を追加]
をクリック

データラベルを表
示する位置を選
択できる

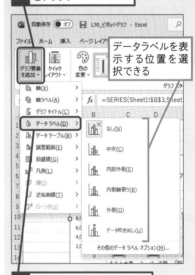

3 [データラベル] にマウス
ポインターを合わせる

手順4でグラフタイトルを間違ってダブル
クリックしてしまうと、[グラフタイトルの
書式設定] 作業ウィンドウが表示されてし
まいます。[閉じる]ボタンをクリックして、
操作をやり直しましょう。

51 グラフに表示する項目を入れ替えるには

フィールドの入れ替え

活用編
第6章
集計表をピボットグラフでグラフ化しよう

項目の入れ替えが自由自在

ピボットテーブルは、ドラッグ操作だけで視点を変えた集計表を瞬時に作れます。ピボットグラフも同様に、フィールドを入れ替えるだけで、異なる角度から集計したデータをすぐにグラフ化できます。

🔗 関連レッスン

レッスン50
ピボットグラフを作成しよう　　　p.184

Before

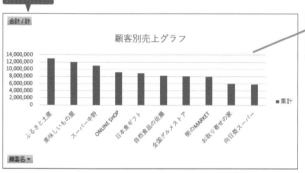

顧客別の売上合計は確認できるが、特定の商品が地区別でどれくらい売れているかが分からない

After

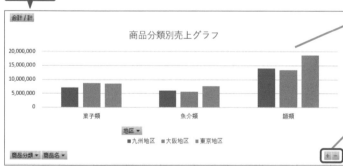

商品分類ごとに地区別の売上グラフが完成した

[フィールド全体の折りたたみ]をクリックして、商品ごとの売上グラフを表示することもできる

💡 使いこなしのヒント

グラフを操作しながらデータの姿を明らかにしていける

上の[Before]の画面は、顧客別売上グラフです。[After]の画面では、商品分類別、地区別の売上グラフに変更し、さら商品分類に加えて商品名を表示できるようにしました。このような変更も、マウス操作だけであっという間に行えます。また、[軸（項目）]エリアに複数のフィールドや日付のフィー

ルドを配置するとドリルダウンボタンが表示され、項目の詳細を表示するかを簡単に指定できます。グラフ自体を操作し、その形を変えながら、データの姿を明らかにしていける点が、ピボットグラフを利用するメリットの1つです。

1 商品別に集計する

最初に、集計方法を変更する

画面をスクロールしてピボットグラフを表示しておく	［軸（項目）］エリアの［顧客名］フィールドを削除する

1 グラフエリアをクリック

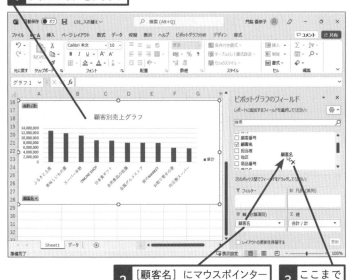

2 ［顧客名］にマウスポインターを合わせる	**3** ここまでドラッグ

顧客別の集計が解除された	［軸（項目）］エリアに［商品名］フィールドを配置する

4 ［商品名］にマウスポインターを合わせる

5 ［軸（分類項目）］エリアにドラッグ

次のページに続く →

💡 使いこなしのヒント

グラフの要素を確実に選択するには

ピボットグラフのグラフタイトルやデータ系列など、グラフの要素を選択するには、マウスポインターを要素に合わせたときの表示に注意してクリックします。うまく選択できない場合には、グラフを選択し、［書式］タブをクリックして、［グラフ要素］の一覧から選択したい要素をクリックしましょう。

グラフエリアを選択しておく

1 ［書式］タブをクリック

2 ［グラフ要素］のここをクリック

3 選択する要素をクリック

---

2 商品分類別に集計する

商品別の集計グラフに変更された

1 [商品分類]にマウスポインターを合わせる

2 [商品名]の上にドラッグ

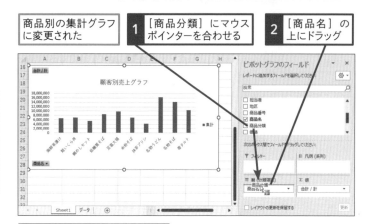

商品が商品分類別に集計された

[凡例（系列）]エリアに[地区]フィールドを配置する

3 [地区]にマウスポインターを合わせる

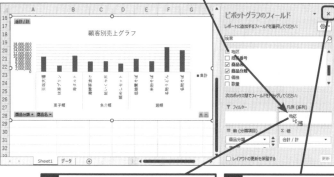

4 [凡例（系列）]エリアにドラッグ

5 [閉じる]をクリック

地区別の集計グラフに変更された

ここでは商品分類別だけの集計グラフに変更する

6 [フィールド全体の折りたたみ]をクリック

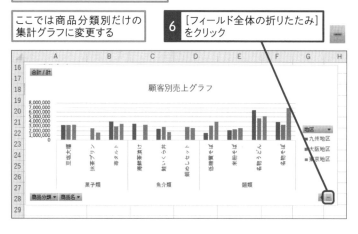

使いこなしのヒント

グラフの内容を変えるとピボットテーブルも変わる

ピボットグラフで内容を変更すると、ピボットテーブルのレイアウトも変わります。逆に、ピボットテーブルのレイアウトを変更すると、ピボットグラフの内容も変わります。

使いこなしのヒント

ドリルダウンボタンの活用

「軸（項目）」エリアに複数のフィールドや日付データのフィールドを配置すると、表示レベルを変更できるドリルダウンボタンが表示され、詳細データの表示と非表示を切り替えられます。

◆ドリルダウンボタン
クリックすると、詳細データの表示と非表示を切り替えられる

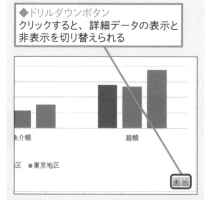

3 凡例を表示する

商品分類のみの棒グラフが
表示された

ここでは凡例をグラフの
下に表示する

1 [デザイン] タブをクリック

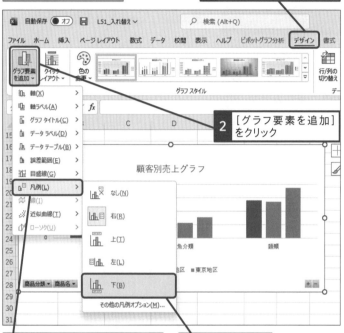

2 [グラフ要素を追加]
をクリック

3 [凡例] にマウスポインターを
合わせる

4 [下] をクリック

九州地区、大阪地区、東京地区の
系列を表す凡例が表示された

グラフタイトルを「商品分類別売
上グラフ」に変更しておく

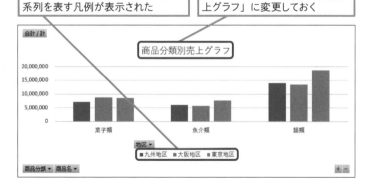

💡 使いこなしのヒント

凡例を削除するには

凡例を削除するには、凡例を選択し、
Delete キーを押します。または、手順3の
操作4で [なし] をクリックします。

⚠ ここに注意

凡例の表示位置を間違って指定してし
まったときは、もう一度手順3の操作を行
います。

52 円グラフでデータの割合を見るには

円グラフ

練習用ファイル L52_円グラフ.xlsx

活用編 第6章 集計表をピボットグラフでグラフ化しよう

円グラフに「項目名」や「%」を表示しよう

円グラフは、数値の割合を表すのに適したグラフです。ピボットグラフでも簡単に円グラフを描けますが、読み取りやすいグラフにするためには、少々手を加える必要があります。特に項目数が多い場合などは、円の周りに項目名や割合などを表示したり、データの分類に合わせて扇の色を塗り分けたりして、伝えたい内容を分かりやすくしましょう。

🔗 関連レッスン

レッスン50
ピボットグラフを作成しよう　　　p.184

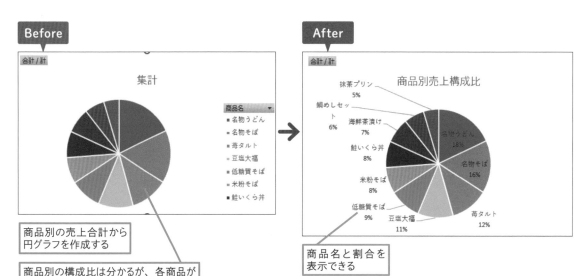

Before

商品別の売上合計から円グラフを作成する

商品別の構成比は分かるが、各商品がどれくらいの割合を占めているかが分からない

After

商品名と割合を表示できる

💡 **使いこなしのヒント**

ひと手間加えるとぐんと見やすくなる

上の[Before]の画面は、商品別の売上構成比を円グラフにしたものですが、商品数が多いために、どの商品がどれくらいの割合なのか、分かりづらくなっています。そこで[After]の画面のように凡例を削除し、扇の周りに商品名や割合を表示してみましょう。これだけで商品の構成比がひと目で分かる円グラフに変身します。見やすい円グラフを作成し、さまざまな資料に活用してください。

1 円グラフを作成する

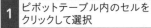

| 1 | ピボットテーブル内のセルをクリックして選択 | レッスン20を参考に売上合計を売り上げの多い順に並べ替えておく |

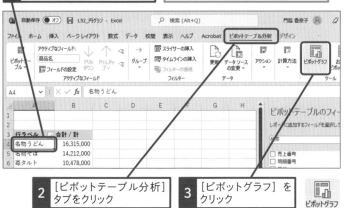

2 [ピボットテーブル分析]
タブをクリック

3 [ピボットグラフ]を
クリック

[グラフの挿入]ダイアログボックスが表示された

4 [円]をクリック　　5 [円]をクリック

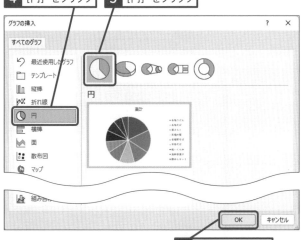

6 [OK]をクリック

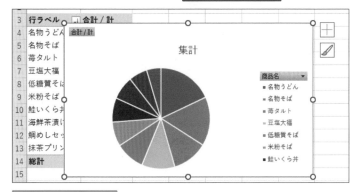

円グラフが挿入された

使いこなしのヒント

円グラフのサイズを大きくするには

グラフ全体のサイズに対して円が小さすぎる場合は、円の周りにマウスポインターを合わせ、[プロットエリア]と表示されるところをクリックし、四隅に表示されるハンドルをドラッグして円のサイズを調整しましょう。

1 円の周りの[プロットエリア]と表示される部分をクリック

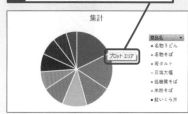

2 ハンドルにマウスポインターを合わせる

3 そのままドラッグ

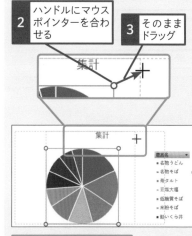

円のサイズが大きくなった

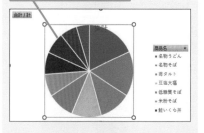

次のページに続く →

② グラフの位置を変更する

ここではピボットテーブルの下に
ピボットグラフを移動する

1 ピボットグラフの外枠にマウス
ポインターを合わせる

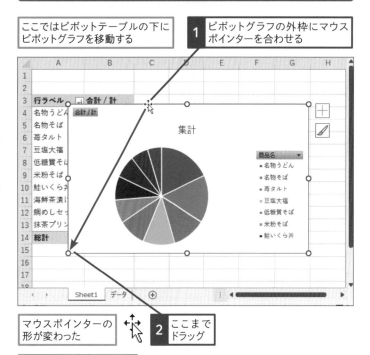

マウスポインターの
形が変わった

2 ここまで
ドラッグ

ピボットグラフが移動した

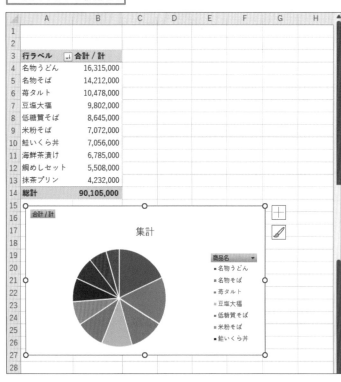

活用編

第6章

集計表をピボットグラフでグラフ化しよう

使いこなしのヒント

レイアウトを選択してデータラベルを追加するには

グラフに表示する内容は、[デザイン] タブにある [クイックレイアウト] ボタンの一覧から選択できます。例えば、グラフタイトルとデータラベルなどの要素を表示できます。また、各要素の表示位置は、[デザイン] タブの [グラフ要素を追加]ボタンから指定できます。

グラフエリアを選択しておく

1 [デザイン] タブをクリック

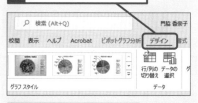

2 [クイックレイアウト] を
クリック

3 [レイアウト1] を
クリック

③ 凡例を削除する

画面をスクロールしてピボットグラフ
を表示しておく

ここではグラフタイトルを変更し、
凡例を削除する

1 レッスン50を参考にグラフタイトルを
「商品別売上構成比」に変更

2 凡例をクリックして
選択

	A	B	C	D	E	F	G	H
13	抹茶プリン	4,232,000						
14	総計	90,105,000						

合計 / 計

商品別売上構成比

商品名

- 名物うどん
- 名物そば
- 苺タルト
- 豆塩大福
- 低糖質そば
- 米粉そば
- 鮭いくら丼

3 [Delete]キーを押す

---

④ データラベルを作成する

ここでは [分類名] と [パーセンテージ] のデー
タラベルを設定し、円の項目に商品名と割合を
表示する

1 [デザイン] タブを
クリック

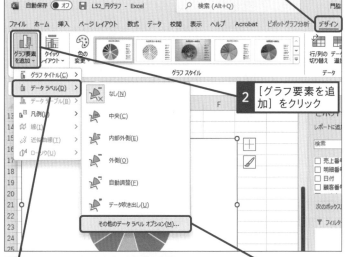

2 [グラフ要素を追
加] をクリック

グラフ タイトル(C)

データ ラベル(D)

データ テーブル(B)

凡例(L)

線(I)

近似曲線(T)

ローソク(U)

なし(N)

中央(C)

内部外側(E)

外側(O)

自動調整(F)

データ吹き出し(U)

その他のデータ ラベル オプション(M)...

3 [データラベル] にマウスポ
インターを合わせる

4 [その他のデータラベルオ
プション] をクリック

使いこなしのヒント

凡例を削除する

データラベルを表示して円グラフに項目
名やパーセントを表示した場合、凡例は
不要になります。凡例を削除するには、
手順3の操作をするか、グラフを選択する
と表示される [グラフ要素] ボタン (⊞)
をクリックして [凡例] のチェックを外し
ます。

⚠ **ここに注意**

手順3で [商品名] のフィールドボタンを
クリックしてしまったときは、[キャンセ
ル] をクリックして操作し直します。

次のページに続く →

5 データラベルの書式を設定する

［データラベルの書式設定］作業ウィンドウが
表示された

1 ［分類名］をクリックして
チェックマークを付ける

2 ［値］をクリックしてチェックマーク
をはずす

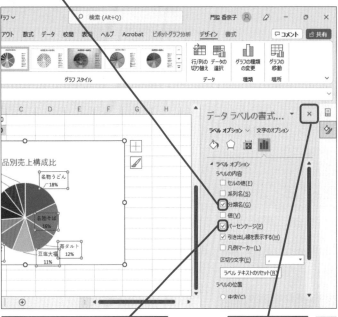

3 ［パーセンテージ］をクリックして
チェックマークを付ける

4 ［閉じる］を
クリック

［分類名］と［パーセンテージ］が
データラベルに表示された

データラベルにハンドルが表示され
ていることを確認する

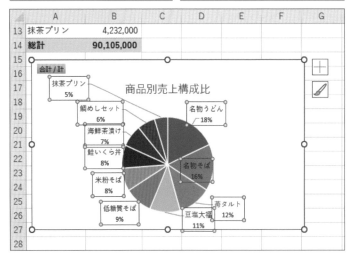

使いこなしのヒント

グラフのフォントサイズを
変更するには

グラフの文字の大きさは、自由に変更でき
ます。グラフ全体の文字の大きさを同時
に変更するには、グラフエリアを選択して
次のように操作します。グラフタイトルの
文字の大きさだけを変更する場合は、グ
ラフタイトルを選択してから操作します。

グラフエリアをクリックして
選択しておく

1 ［ホーム］タブ
をクリック

2 ［フォントサイ
ズ］のここを
クリック

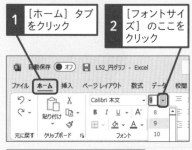

フォントサイズをクリックして
選択できる

使いこなしのヒント

設定項目が見つからない場合

手順5で［データラベルの書式設定］作業
ウィンドウで、設定項目が表示されない場
合は、作業ウィンドウの上部の［ラベルオ
プション］の項目をクリックし、その下の
グラフのマークの［ラベルオプション］の
アイコンをクリックします。

⚠ ここに注意

手順6でデータラベルを移動するときに、
間違ってグラフを移動してしまった場合
は、［元に戻す］ボタン（⟲）をクリック
して操作し直します。

6 データラベルの位置を調整する

[宛名ラベル] のデータラベルのみハンドルが
表示されていることを確認する

1 データラベルの外側にマウス
ポインターを合わせる

マウスポインターの
形が変わった

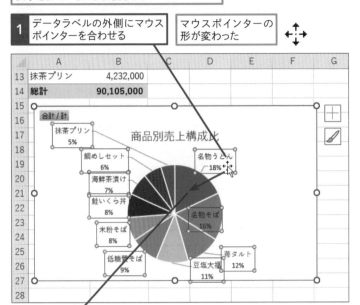

2 ここまで
ドラッグ

操作1 ～ 3を参考にほかのデータラベルの
位置を調整しておく

データラベルの位置が
調整された

データラベルの移動先によっては、ほかのデー
タラベルの位置も自動で変わる

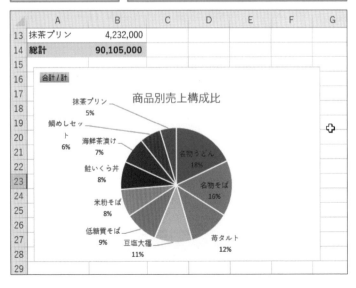

52

円グラフ

ほかのデータラベルの位置が
変わったときは

手順6でデータラベルを移動するとき、ほ
かのデータラベルに重なると、ほかのデー
タラベルが自動的に移動します。ラベル
の文字が見やすいように、それぞれの位
置を整えましょう。

[グラフエリア] を目立たせるには

[グラフエリア] を目立たせるには、グラ
フを選択し、[書式] タブにある [図形の
スタイル]から書式を選択します。また、[グ
ラフエリア] に任意の色を付けたり、テク
スチャの画像を敷き詰めたりするには、[図
形の塗りつぶし] ボタンから設定します。
また以下のように [テクスチャ] を選ぶと、
模様が付いた画像を設定できます。

グラフエリアを選択しておく

1 [書式] タブをクリック

2 [図形の塗りつぶし] の
ここをクリック

3 [テクスチャ] にマウス
ポインターを合わせる

4 テクスチャを選択

⚠ ここに注意

手順6でデータラベルをうまくドラッグで
きないときは、データラベルの外枠にマウ
スポインターを合わせてドラッグします。

53 折れ線グラフで データの推移を見るには

折れ線グラフ

練習用ファイル L53_折れ線グラフ.xlsx

折れ線グラフでデータの推移を表示しよう

折れ線グラフは、日付データを使用して、データの増減の推移を表すのに適したグラフです。ここでは、ピボットテーブルを元にピボットグラフを作成します。日付を示すフィールドと、データの大きさを示すフィールドを追加します。データの値の位置を明確にするには、マーカー付きの折れ線グラフを作成します。

🔗 関連レッスン

レッスン50
ピボットグラフを作成しよう p.184

レッスン52
円グラフでデータの割合を見るには p.192

Before

月別地区別の売上合計から折れ線グラフを
作成する

	A	B	C	D	E
2					
3	合計 / 計	列ラベル ▾			
4	行ラベル ▾	九州地区	大阪地区	東京地区	総計
5	⊟2023年	14,454,500	14,934,000	18,881,500	48,270,000
6	1月	1,082,000	1,112,000	1,462,500	3,656,500
7	2月	1,150,000	1,112,000	1,336,500	3,598,500
8	3月	1,082,000	1,180,000	1,339,500	3,601,500
9	4月	1,147,000	1,210,000	1,394,500	3,751,500
10	5月	1,082,000	1,180,000	1,570,500	3,832,500
11	6月	1,197,000	1,320,000	1,614,500	4,131,500
12	7月	1,201,000	1,330,000	1,758,500	4,289,500
13	8月	1,395,500	1,232,000	1,876,500	4,504,000
14	9月	1,270,000	1,180,000	1,554,000	4,004,000
15	10月	1,272,000	1,180,000	1,560,000	4,012,000
16	11月	1,082,000	1,216,000	1,616,000	3,914,000
17	12月	1,494,000	1,682,000	1,798,500	4,974,500
18	総計	14,454,500	14,934,000	18,881,500	48,270,000

月別の売上の推移を分かりやすく表示したい

After

地区別に月ごとの売上の推移が
表示される

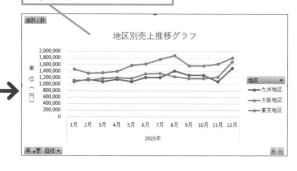

💡 使いこなしのヒント

行エリアに日付データを配置する

上の [Before] の画面は、ピボットテーブルで、2023年の地区別の売上金額を集計したものです。ここでは、行エリアに日付フィールド、列エリアに折れ線で表示するフィールドを配置しておきます。[After] の画面は、折れ線グラフのピ ポットグラフを作成したものです。また、軸ラベルを追加して、「単位（円）」の文字を追加しています。集計表をグラフにすることでデータの推移が読み取りやすくなります。

1 折れ線グラフを作成する

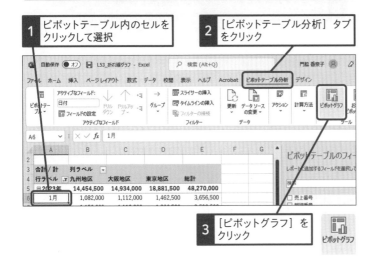

1 ピボットテーブル内のセルを
クリックして選択

2 [ピボットテーブル分析] タブ
をクリック

3 [ピボットグラフ] を
クリック

[グラフの挿入] ダイアログボックスが表示された

4 [折れ線] をクリック

5 [マーカー付き折れ線] をクリック

6 [OK] をクリック

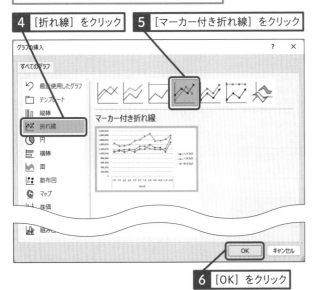

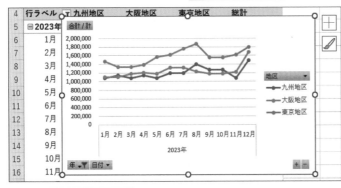

折れ線グラフが挿入された

次のページに続く➡

💡 **使いこなしのヒント**

グラフの種類

ピボットグラフで作成できるグラフには、次のようなものがあります。グラフを作成するときは、データを分かりやすく、効果的に伝えられるグラフの種類を選ぶことが大事です。グラフの特徴を知っておきましょう。

種類	グラフ
数量の比較	棒グラフ
割合	円グラフ
	積み上げグラフ
	100%積み上げグラフ
推移	棒グラフ
	折れ線グラフ
	面グラフ
	積み上げ面グラフ
	100%積み上げ面グラフ

💡 **使いこなしのヒント**

必要なフィールドのみ追加する

ピボットテーブルを元にピボットグラフを作成するときは、ピボットグラフで表示するフィールドとデータのみ表示しておきましょう。折れ線グラフの場合、行エリアに日付フィールド、列エリアに折れ線で表示するフィールドを配置します。また、ここでは、2023年のデータのみ表示するため、日付のフィールドで、2023年のデータのみを表示しています。日付フィールドが列エリアに配置されていた場合は、ピボットグラフの折れ線グラフを作成後、ピボットグラフを選択して [デザイン] タブの [行/列の切り替え] ボタンをクリックします。すると、項目を入れ替えられます。

⚠️ **ここに注意**

グラフの種類を間違って選択してしまったときは、[デザイン] タブにある [グラフの種類の変更] ボタンをクリックし、グラフの種類を選択し直します。

●グラフタイトルを追加する

| ここでは、グラフの上にタイトルを表示する | **7** グラフエリアをクリック | **8** [デザイン] タブをクリック |

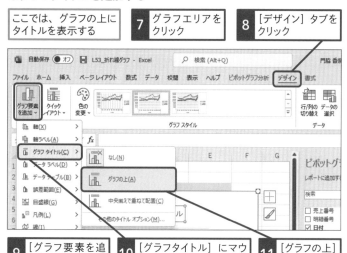

| **9** [グラフ要素を追加] をクリック | **10** [グラフタイトル] にマウスポインターを合わせる | **11** [グラフの上] をクリック |

グラフタイトルが表示された

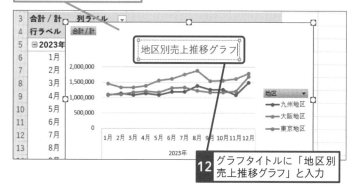

12 グラフタイトルに「地区別売上推移グラフ」と入力

2 軸ラベルを追加する

ここでは、縦（値）軸の左に単位を表示する
縦（値）軸ラベルを表示する

| **1** グラフエリアをクリック | | **2** [デザイン] タブをクリック |

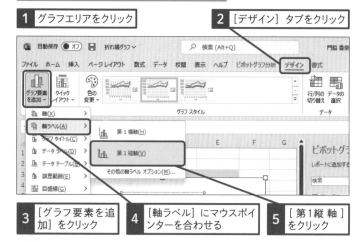

| **3** [グラフ要素を追加] をクリック | **4** [軸ラベル] にマウスポインターを合わせる | **5** [第1縦軸] をクリック |

使いこなしのヒント

**[グラフ要素] から
グラフの要素を追加したり、
削除したりするには**

グラフを選択すると表示される [グラフ要素] ボタン （田） をクリックしてもグラフに表示する要素を選択できます。

1 グラフエリアをクリック

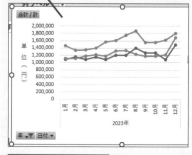

2 [グラフ要素] をクリック

[グラフ要素] の一覧から表示するグラフ要素を選択できる

使いこなしのヒント

ピボットグラフを削除するには

ピボットグラフを削除するには、グラフエリアを選択し、Delete キーを押します。なお、ピボットグラフを削除しても、元のピボットテーブルは残ります。

●軸ラベルを縦書きにする

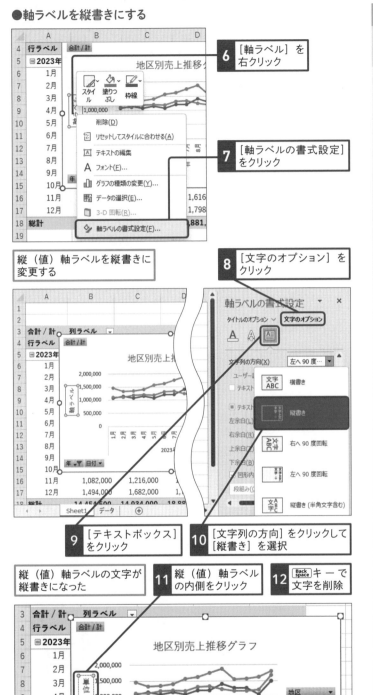

6 [軸ラベル] を右クリック

7 [軸ラベルの書式設定] をクリック

縦（値）軸ラベルを縦書きに変更する

8 [文字のオプション] をクリック

9 [テキストボックス] をクリック

10 [文字列の方向] をクリックして [縦書き] を選択

縦（値）軸ラベルの文字が縦書きになった

11 縦（値）軸ラベルの内側をクリック

12 Back space キーで文字を削除

13 「単位（円）」と入力

💡 使いこなしのヒント

グラフを画像として貼り付けるには

ピボットグラフを画像としてコピーするには、ピボットグラフを選択し、[ホーム] タブの [コピー] ボタンをクリックした後、以下の手順で操作します。画像として貼り付けたグラフは、再編集ができないほか、ピボットテーブルのデータを変更しても、結果が反映されません。

グラフエリアを選択してピボットグラフをコピーし、貼り付け先のセルを選択しておく

1 [ホーム] タブをクリック

2 [貼り付け] のここをクリック

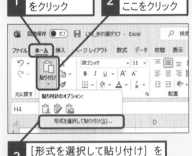

3 [形式を選択して貼り付け] をクリック

[形式を選択して貼り付け] ダイアログボックスが表示された

4 図の形式を選択

5 [OK] をクリック

コピーしたピボットグラフが画像として貼り付けられる

⚠ ここに注意

軸ラベルの配置を間違えてしまったときは、もう一度 [デザイン] タブの [グラフ要素を追加] ボタンをクリックし、[軸ラベル] から配置を選択します。

この章のまとめ

ピボットグラフのレイアウトを自由自在に操ろう

集計表のデータを視覚的に分かりやすく表現するには、グラフを利用します。ピボットテーブルからはピボットグラフを作成できるので、積極的に活用しましょう。ピボットグラフの特徴は、横（項目）軸に表示するフィールドを入れ替えてさまざまな角度からデータをグラフ化したり、表示する項目を絞り込んだりするなど、グラフの形を簡単に変えられることです。グラフをほかの人に見せるときは、伝えたい内容が瞬時に伝わるように書式を整えましょう。注目すべき部分に視線を誘導する工夫をすることが大事です。

活用編

第**6**章

集計表をピボットグラフでグラフ化しよう

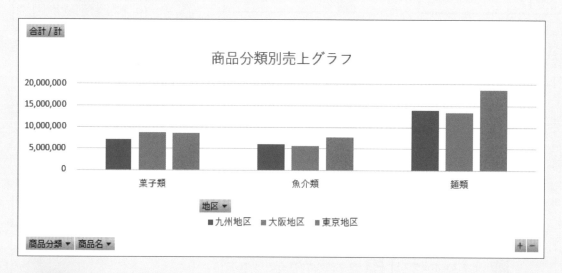

グラフも楽しかったですー♪

大量のデータを抽出・分析してグラフ化して見せる、という非常に高度な処理をやっていますが、ピボットグラフだと簡単です。どんどん試してみてください。

グラフごとに用途があるのも参考になりました。

ええ、棒グラフ、円グラフ、折れ線グラフで強調する内容はそれぞれ違います。通常のグラフも同じですので、意識して使い分けましょう。

活用編

第7章

スライサーで集計対象を
切り替えよう

ピボットテーブルの集計対象をワンクリックで絞り込むには、「スライサー」や「タイムライン」を利用する方法があります。これらの機能を利用すれば、ピボットテーブルの操作に慣れていない人でも簡単に集計対象を選択できて便利です。

54

Introduction この章で学ぶこと

スライサーで集計対象をワンクリックで絞り込もう

この章では、スライサーやタイムラインを紹介します。スライサーを追加すると、抽出条件をボタンで選択できるようになります。タイムラインを追加すると、集計期間を指定できるようになります。いずれもマウス操作だけで集計対象を瞬時に指定できて便利です。

もっと簡単にデータを整理したい

これがこっちで、これはこっち...あれれ? 表が壊れちゃった。

ふむ、苦戦しているみたいですね。データをさらに簡単に表示する方法があるんですけど、知りたいですか?

知りたいです! もう、先に言ってくださいよう!

ははは、すみません。ピボットテーブルでぜひ使ってほしい「スライサー」と「タイムライン」を紹介しますね。

切って絞ってスピードアップ!

ピボットテーブルに追加できる機能として「スライサー」と「タイムライン」があります。どちらもピボットテーブルの隣に表示して、ワンクリックでデータの集計をすぐに行えます。

●スライサー

地区	⌖ ▽×
九州地区	
大阪地区	
東京地区	

●タイムライン

日付	▽×
すべての期間	月 ▼

2022

| 3 | 4 | 5 | 6 | 7 | 8 | 9 | 10 | 11 | 12 |

◀ ▶

切り口を決めてスパッと表示

まずはスライサー。ピボットテーブルに表示したデータを、ひとつの「切り口」でスライスして表示します。ピボットテーブルの横にボタンを表示して、それを押すだけです。

ほんとだ、一瞬で集計内容が変わった！

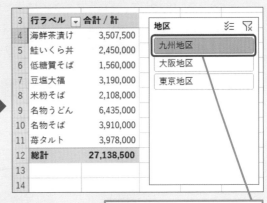

地区名をクリックすると地区ごとの合計が表示される

期間を絞ってササッと表示

そしてこちらはタイムライン。バーの位置と長さで期間を決めて、集計結果を表示できます。

設定した後にスクロールして切り替えられるんですね。これ、楽しいです♪

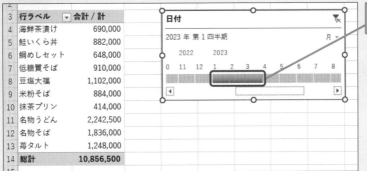

設定した期間の合計が表示される

55 スライサーで特定の地区の集計結果を表示するには

YouTube
動画で見る
詳細は2ページへ

スライサー

練習用ファイル　L55_スライサー.xlsx

活用編
第7章
スライサーで集計対象を切り替えよう

スライサーを使うとデータの抽出が簡単！

これまでのレッスンで紹介したように、ピボットテーブルでは、フィルターボタンをクリックして、ドロップダウンリストで項目を選ぶことで集計表に表示する項目を絞り込めます。さらに、「スライサー」という機能を使用すると、集計対象をワンクリックで絞り込めます。

🔗 関連レッスン

レッスン57
特定の地区から顧客別に売上金額を
表示するには　　　　　　　　　　　p.212

レッスン58
スライサーの名前やボタンの並び順を
変更するには　　　　　　　　　　　p.216

Before

地区ごとの売り上げをクリック操作で簡単に表示したい

After

集計元リストの［地区］や［顧客名］などのフィールド名をスライサーに表示できる

◆ヘッダー　◆フィルター処理ボタン　◆複数選択　◆フィルターのクリア

スライサーの［九州地区］をクリックして、九州地区の売上金額をすぐに表示できる

◆サイズ変更コントロール

◆移動コントロール

💡 使いこなしのヒント

集計結果をひと目で把握できる

上の［Before］の画面は、商品別の売り上げを集計したものですが、［After］の画面では、地区ごとの売り上げが見られるように、［地区］フィールドに対応するスライサーを表示しています。スライサーを利用すると、集計対象を簡単に絞り込めるだけでなく、どの地区の集計結果なのか、フィルターの基準がひと目で把握できて便利です。

1 スライサーを挿入する

[スライサーの挿入] ダイアログボックスを表示して
スライサーに表示するフィールドを選択する

1 ピボットテーブル内のセルを
クリックして選択

2 [挿入] タブを
クリック

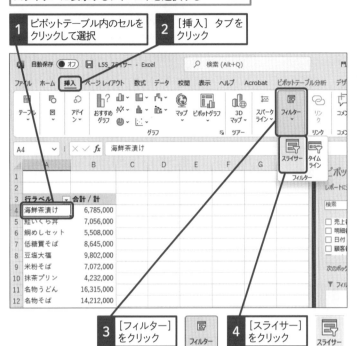

3 [フィルター]
をクリック

4 [スライサー]
をクリック

[スライサーの挿入] ダイアログ
ボックスが表示された

ここでは [地区] フィールドを
スライサーに表示する

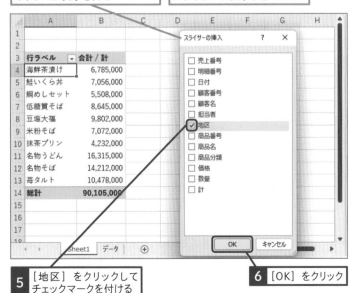

5 [地区] をクリックして
チェックマークを付ける

6 [OK] をクリック

次のページに続く →

[ピボットテーブル分析] タブから
追加する

スライサーを追加するには、手順1の操作
1の後で [ピボットテーブル分析] タブを
クリックして [スライサーの挿入] をクリッ
クする方法もあります。そうすると、操作
5の画面が表示されます。

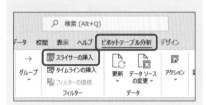

間違ったフィールドを選択して [OK] ボ
タンをクリックしてしまったときは、スラ
イサーをクリックして選択し、 Delete キー
を押して削除します。再度手順1から操作
をやり直してください。

●特定の地区を選択する

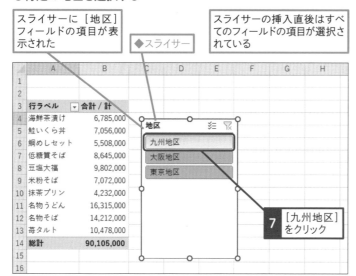

吹き出し:
- スライサーに［地区］フィールドの項目が表示された
- ◆スライサー
- スライサーの挿入直後はすべてのフィールドの項目が選択されている
- 7 ［九州地区］をクリック

	A	B
3	行ラベル	合計 / 計
4	海鮮茶漬け	6,785,000
5	鮭いくら丼	7,056,000
6	鯛めしセット	5,508,000
7	低糖質そば	8,645,000
8	豆塩大福	9,802,000
9	米粉そば	7,072,000
10	抹茶プリン	4,232,000
11	名物うどん	16,315,000
12	名物そば	14,212,000
13	苺タルト	10,478,000
14	総計	90,105,000

地区
九州地区
大阪地区
東京地区

活用編 第7章 スライサーで集計対象を切り替えよう

2 複数の地区を選択する

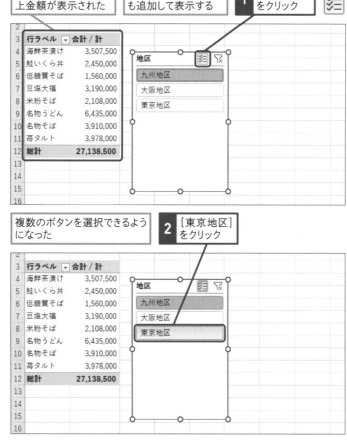

吹き出し:
- 九州地区の商品別売上金額が表示された
- 東京地区の売上金額も追加して表示する
- 1 ［複数選択］をクリック

	A	B
3	行ラベル	合計 / 計
4	海鮮茶漬け	3,507,500
5	鮭いくら丼	2,450,000
6	低糖質そば	1,560,000
7	豆塩大福	3,190,000
8	米粉そば	2,108,000
9	名物うどん	6,435,000
10	名物そば	3,910,000
11	苺タルト	3,978,000
12	総計	27,138,500

地区
九州地区
大阪地区
東京地区

吹き出し:
- 複数のボタンを選択できるようになった
- 2 ［東京地区］をクリック

	A	B
3	行ラベル	合計 / 計
4	海鮮茶漬け	3,507,500
5	鮭いくら丼	2,450,000
6	低糖質そば	1,560,000
7	豆塩大福	3,190,000
8	米粉そば	2,108,000
9	名物うどん	6,435,000
10	名物そば	3,910,000
11	苺タルト	3,978,000
12	総計	27,138,500

地区
九州地区
大阪地区
東京地区

使いこなしのヒント

キー操作と併用して複数項目を選択できる

手順2で［複数選択］を使わずに複数のボタンを選択するときは、ひとつ目のボタンをクリックした後、Ctrl キーを押しながら2つ目以降のボタンをクリックします。また、隣接するボタンをまとめて選択するには、選択する端のボタンをクリックした後、Shift キーを押しながらもう一方の端のボタンをクリックします。

1 Ctrl キーを押しながら2つ目のボタンをクリックする

地区
九州地区
大阪地区
東京地区

⚠ ここに注意

手順2で［複数選択］をクリックしなかったときは、東京地区のみの売上金額が表示されます。その場合は手順1の操作7から操作をやり直します。

●地区の抽出を解除する

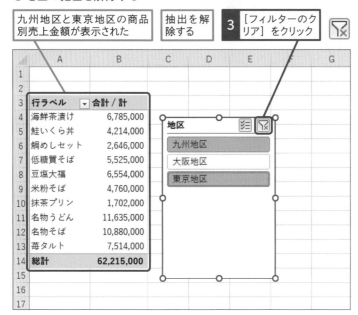

九州地区と東京地区の商品別売上金額が表示された

抽出を解除する

3 [フィルターのクリア] をクリック

	A	B	C	D	E	F	G
1							
2							
3	行ラベル ▼	合計 / 計					
4	海鮮茶漬け	6,785,000		地区			
5	鮭いくら丼	4,214,000					
6	鯛めしセット	2,646,000		九州地区			
7	低糖質そば	5,525,000		大阪地区			
8	豆塩大福	6,554,000		東京地区			
9	米粉そば	4,760,000					
10	抹茶プリン	1,702,000					
11	名物うどん	11,635,000					
12	名物そば	10,880,000					
13	苺タルト	7,514,000					
14	総計	62,215,000					
15							
16							
17							

抽出が解除され、すべての地区の商品別売上金額が表示された

[複数選択] をクリックして、選択を解除しておく

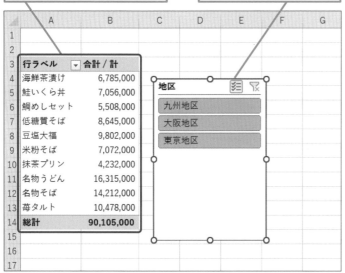

	A	B	C	D	E	F	G
1							
2							
3	行ラベル ▼	合計 / 計					
4	海鮮茶漬け	6,785,000		地区			
5	鮭いくら丼	7,056,000					
6	鯛めしセット	5,508,000		九州地区			
7	低糖質そば	8,645,000		大阪地区			
8	豆塩大福	9,802,000		東京地区			
9	米粉そば	7,072,000					
10	抹茶プリン	4,232,000					
11	名物うどん	16,315,000					
12	名物そば	14,212,000					
13	苺タルト	10,478,000					
14	総計	90,105,000					
15							
16							
17							

🔅 使いこなしのヒント

特定のボタンの選択を解除するには

手順2の操作3のようにスライサーで複数のボタンを選択しているとき、特定のボタンの選択を解除するには、解除するボタンをクリックします。

🔅 使いこなしのヒント

スライサーを移動するには

スライサーを移動するには、スライサーの外枠の移動コントロールをドラッグしましょう。

🔅 使いこなしのヒント

スライサーを削除するには

スライサーを削除するには、スライサーをクリックして選択した後、Delete キーを押します。

1 スライサーをクリックして選択

2 Delete キーを押す

スライサーが削除される

🎛 ショートカットキー

フィルターのクリア　　Alt + ↓ + C

56 スライサーの大きさを 変更するには

スライサーのサイズ変更

練習用ファイル **L56_サイズ変更.xlsx**

活用編 第7章 スライサーで集計対象を切り替えよう

項目名をすべて表示すれば抽出が楽！

スライサーに表示されるボタンの数が多いと、目的のボタンをクリックするのにスクロールバーをいちいち上下にスクロールしなければならず、とても面倒です。そんなときは、ボタンを複数の列に分けて表示するといいでしょう。

🔗 **関連レッスン**

レッスン58
スライサーの名前やボタンの
並び順を変更するには　　　　p.216

レッスン59
スライサーのデザインを変更するには
　　　　　　　　　　　　　　p.218

Before

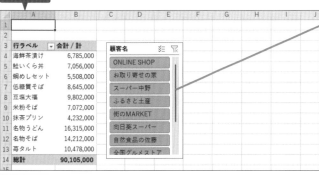

スライサーの項目数が多いと、下にある項目を選ぶのにスクロールするのが面倒

After

スライサーの幅を広げれば、項目を選択しやすくなる

💡 **使いこなしのヒント**

項目が多い場合はこの方法を使おう

上の [Before] の画面は、商品別の売り上げを集計したピボットテーブルに、集計する顧客を絞り込むためのスライサーを追加したものです。[After] の画面では、スライサーのボタンを2列に並べて配置しました。ボタンを1列で表示した場合は、目的の顧客を選択するのにスクロール操作が必要な場合

がありますが、2列で表示した場合は、スクロール操作をしなくても目的の顧客を素早く選択できます。スライサーに追加したフィールドにたくさん項目があるときは、このレッスンで紹介するテクニックを活用しましょう。

1 スライサーの列数を変更する

スライサーを選択しておく

1 [スライサー] タブをクリック

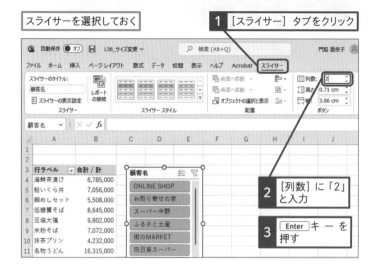

2 [列数] に「2」と入力

3 Enter キーを押す

2 スライサーの全体を大きくする

スライサーの表示が2列に変更された

スライサーの項目名が表示しきれないためサイズを大きくする

1 サイズ変更コントロールにマウスポインターを合わせる

マウスポインターの形が変わった

2 ここまでドラッグ

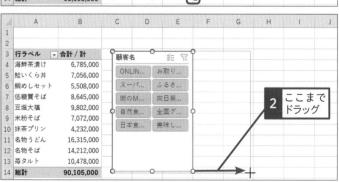

スライサーのサイズが大きくなり、項目名が見やすくなる

💡 使いこなしのヒント

スライサーの大きさを指定するには

スライサーの大きさは、数値でも指定できます。[スライサー] タブにある [サイズ] の [高さ] や [幅] に数値を入力して、好きなサイズに変更できます。

スライサーを選択しておく

1 [スライサー] タブをクリック

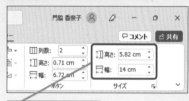

高さや幅を数値で指定できる

💡 使いこなしのヒント

スライサーのボタンの大きさを変更するには

スライサーに表示されるボタンの大きさを変更するには、スライサーを選択して、[スライサー] タブの [ボタン] にある [高さ] や [幅] に数値を入力します。

スライサーを選択しておく

1 [スライサー] タブをクリック

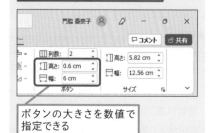

ボタンの大きさを数値で指定できる

57 特定の地区から顧客別に売上金額を表示するには

複数のスライサー

練習用ファイル　L57_複数表示.xlsx

いろいろなパターンで抽出できる!

集計表から売り上げの数字を検討するときは、日付や販売場所、営業の担当者などさまざまな要因から数字を分析します。複数のスライサーを表示すれば、データの抽出条件を画面ですぐに確認できるので、グループで数字をシミュレーションしたり、プレゼンテーション時に売り上げの分析結果を発表したりするのに便利です。

🔗 関連レッスン

レッスン55
スライサーで特定の地区の
集計結果を表示するには　　　p.206

レッスン60
複数のピボットテーブルで
共有するには　　　p.220

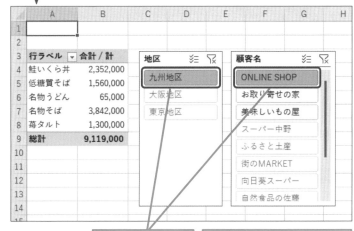

Before

	A	B	C
1			
2			
3	行ラベル	合計 / 計	
4	海鮮茶漬け	6,785,000	
5	鮭いくら丼	7,056,000	
6	鯛めしセット	5,508,000	
7	低糖質そば	8,645,000	
8	豆塩大福	9,802,000	
9	米粉そば	7,072,000	
10	抹茶プリン	4,232,000	
11	名物うどん	16,315,000	
12	名物そば	14,212,000	
13	苺タルト	10,478,000	
14	総計	90,105,000	
15			

特定の地区と顧客を指定して
売上金額を表示したい

After

	A	B	C	D	E	F	G	H
1								
2								
3	行ラベル	合計 / 計	地区			顧客名		
4	鮭いくら丼	2,352,000	九州地区			ONLINE SHOP		
5	低糖質そば	1,560,000	大阪地区			お取り寄せの家		
6	名物うどん	65,000	東京地区			美味しいもの屋		
7	名物そば	3,842,000				スーパー中野		
8	苺タルト	1,300,000				ふるさと土産		
9	総計	9,119,000				街のMARKET		
10						向日葵スーパー		
11						自然食品の佐藤		
12								
13								
14								
15								

複数のスライサーを
表示できた

九州地区のONLINE SHOPの
売上金額をすぐに表示できる

💡 使いこなしのヒント

複数のスライサーを利用して分析に活用する

上の画面は、[Before] の商品別売上表を元にスライサーを複数用意した例です。[After] では、スライサーに [顧客名] と [地区] のフィールドを追加しました。こうすることで、売り上げを集計する地区を絞り込んだ後、集計対象の顧客名を簡単に指定できます。

活用編　第7章　スライサーで集計対象を切り替えよう

1 スライサーを左右に配置する

レッスン55を参考にして［スライサーの挿入］ダイアログボックスを表示しておく

ここでは［顧客名］と［地区］フィールドを選択する

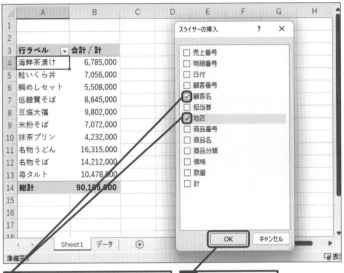

使いこなしのヒント

フィルターを解除するには

スライサーを使用してデータを絞り込んだ後、フィルターを解除するには、［フィルターのクリア］ボタン（▽）をクリックします。

使いこなしのヒント

リスト範囲から削除された項目を非表示にするには

ピボットテーブルの元データが変わっても、スライサーに表示される一覧の項目は変わりません。リスト範囲から削除されてしまっている項目をスライサーの一覧から削除するには、217ページの手順を参考に［スライサーの設定］ダイアログボックスを表示して、次のように操作します。なお、ピボットテーブルの更新や、リスト範囲の変更については、レッスン11とレッスン12を参照してください。

［データソースから削除されたアイテムを表示する］をクリックしてチェックマークをはずす

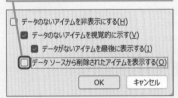

| 1 | ［顧客名］と［地区］をクリックしてチェックマークを付ける |

| 2 | ［OK］をクリック |

顧客名と地区のスライサーが表示された

| 3 | ドラッグしてスライサーを左右に配置 |

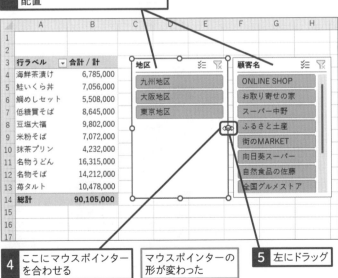

| 4 | ここにマウスポインターを合わせる |

マウスポインターの形が変わった

| 5 | 左にドラッグ |

使いこなしのヒント

スライサーをセルに沿って配置するには

セルの枠線に沿ってスライサーを配置するには、 Alt キーを押しながらスライサー外枠の移動コントロールやハンドルをドラッグします。なお、スライサーの大きさや位置を変更する方法については、レッスン56を参照してください。

次のページに続く→

2 地区と顧客名を選択する

スライサーの大きさを調整できた

九州地区の商品別売上金額が表示された

さらに顧客名のスライサーから［ONLINE SHOP］を選択する

1 ［九州地区］をクリック

2 ［ONLINE SHOP］をクリック

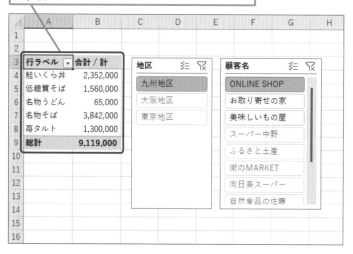

ONLINE SHOPの、九州地区での商品別売上金額が表示された

💡 使いこなしのヒント

データがない項目は薄い色で表示される

色が薄くなっているボタンは、該当するデータがないために集計結果が表示されないことを示しています。

色が薄くなっている項目は該当するデータがない

💡 使いこなしのヒント

複数のスライサーの位置をそろえるには

複数のスライサーを並べるとき、位置をぴったりそろえるには、次のように操作します。

ここでは2つのスライサーの上端をそろえる

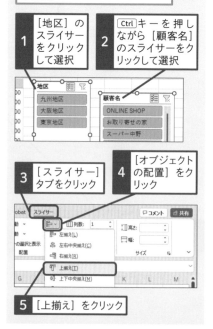

1 ［地区］のスライサーをクリックして選択

2 Ctrl キーを押しながら［顧客名］のスライサーをクリックして選択

3 ［スライサー］タブをクリック

4 ［オブジェクトの配置］をクリック

5 ［上揃え］をクリック

活用編 第7章 スライサーで集計対象を切り替えよう

スキルアップ

別分類のフィールドからもデータを抽出できる

このレッスンでは、スライサーに[地区]と[顧客名]のフィールドを追加したため、[九州地区]や[東京地区]などの地区名を選択すると、該当する顧客名が濃い文字で表示されます。スライサーにフィールドを追加するときは、このように同じ分類で大分類・中分類など異なる階層のフィールドを追加する方法のほか、まったく別の分類のフィールドも追加できます。例えば、[地区]と[商品名]のフィールドをスライサーに表示したときは、集計地区だけを指定したり、集計する商品だけを指定できるほか、「指定した地区で、指定した商品だけの集計結果」を確認できます。フィールドごとにスライサーを複数表示しておけば、誰でも簡単に集計対象の絞り込みができて便利です。データをいろんな角度から簡単に集計できるように、スライサーを活用しましょう。

地区や商品名ごとなど、複数の抽出条件を組み合わせられる

スキルアップ

データがないアイテムの表示方法を指定する

スライサーに表示されるボタンの一覧には、クリックしても集計対象のデータがないために集計結果が表示されないものがあります。例えば、[商品分類]と[商品名]フィールドのスライサーを追加したとき、商品分類のスライサーで[麺類]を選択した後、商品名のスライサーで[抹茶プリン]を選択すると集計結果が表示されません。したがって、通常は、集計対象のデータがないボタンは、目立たないように色が薄くなり、最後にまとめて表示されるような仕組みになっています。データがないアイテムの表示方法は、[スライサーの設定]ダイアログボックスで指定できます。表示方法が変更されている場合などは、以下の操作を参考に表示方法を設定しましょう。

スライサーを選択しておく

1 [スライサー]タブをクリック

ここにチェックマークを付けるとデータのない項目のボタンが非表示になる

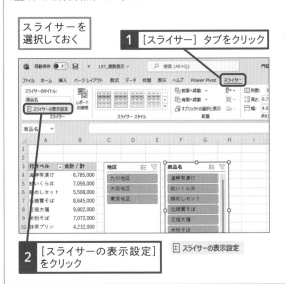

2 [スライサーの表示設定]をクリック

ここのチェックマークをはずすと、データがない項目でもボタンの色が薄くならない

ここのチェックマークをはずすと、データがない項目でも最後にまとめて表示されない

58 スライサーの名前やボタンの並び順を変更するには

スライサーの表示設定

練習用ファイル　L58_表示設定.xlsx

使いやすくカスタマイズしよう

スライサーを追加すると、フィールドの名前がスライサーのタイトルに表示され、その下に、フィールドに含まれる項目のボタンが並びます。スライサーのタイトルに表示する文字やボタンの並び順は後から変更できます。

🔗 関連レッスン

レッスン56
スライサーの大きさを変更するには
p.210

レッスン59
スライサーのデザインを変更するには
p.218

Before

スライサーの内容が何を表しているかが分かりにくい

After

ヘッダーの内容を変えることで抽出項目やスライサーの内容が分かりやすくなる

表示項目の順序も変更できる

💡 使いこなしのヒント

表示を調整して誰が見ても操作できるスライサーにする

上の［Before］の画面は、スライサーを追加した直後の画面です。［After］の画面は、スライサーのタイトルを変更した後、新しい年順にボタンが配置されるようにボタンの並び順を指定したものです。スライサー上部の「ヘッダー」の表示方法などを選択しましょう。また、ここでは、集計期間を選択す

るため、「日付」を表示しています。「年」を選べるようにするには、レッスン26の方法で、日付をグループにまとめる単位を「年」に指定しておきます。なお、集計期間を選択するには、レッスン61で紹介するタイムラインを利用する方法もお勧めです。

1 タイトルと並び順を変更する

スライサーを選択しておく

`1` [スライサー] タブをクリック

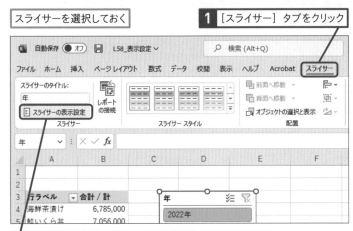

`2` [スライサーの表示設定] をクリック　[⊞ スライサーの表示設定]

[スライサーの設定] ダイアログボックスが
表示された

ここではスライサーのタイトルを
「表示年の選択」に変更する

`3` [タイトル] に「表示
年の選択」と入力

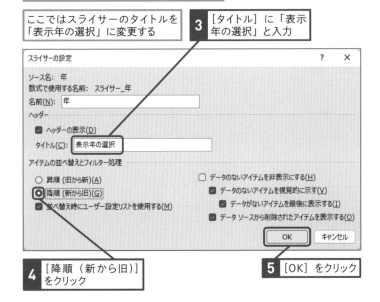

`4` [降順（新から旧）]
をクリック

`5` [OK] をクリック

スライサーのタイトルとボタンの並び
順が変わった

使いこなしのヒント

**スライサーのタイトルを
非表示にするには**

スライサーのタイトルを非表示にするに
は、[スライサーの設定] ダイアログボッ
クスで以下のように操作しましょう。

`1` [ヘッダーの表示] をクリックして
チェックマークをはずす

`2` [OK] をクリック

使いこなしのヒント

**ボタンの並び順を
任意の順番にするには**

スライサーに表示するボタンを任意の並
び順にするには、表示する順番をユーザー
設定リストに登録した後、[スライサーの
設定] ダイアログボックスで以下のように
操作します。ユーザー設定リストの登録
方法については、レッスン22を参照して
ください。

`1` ここにチェックマークを付ける

`2` [OK] をクリック

⚠ ここに注意

操作を終える前に間違って [スライサーの
設定] ダイアログボックスを閉じてしまっ
たときは、操作1から操作をやり直します。

59 スライサーのデザインを変更するには

スライサースタイル

練習用ファイル　L59_スライサースタイル.xlsx

活用編 第7章 スライサーで集計対象を切り替えよう

スライサーのデザインを一覧から選択できる

スライサー全体のデザインは、［スライサースタイル］の一覧から選んで簡単に設定できます。設定を変更した後は、スライサーを操作して、選択中のアイテムと未選択のアイテムのボタンの違いを確認しましょう。

🔗 関連レッスン

レッスン56
スライサーの大きさを変更するには　　　　　p.210

レッスン58
スライサーの名前やボタンの並び順を
変更するには　　　　　　p.216

Before

スライサーを操作しやすくするために配色を変更したい

After

配色を変えてボタンの選択状態を区別しやすくできる

💡 使いこなしのヒント

「淡色」と「濃色」を使い分ける

スタイルには、ボタンの色の濃さによって［淡色］や［濃色］があります。［濃色］のスタイルを選ぶとボタンの色が濃くなり、選択した状態と選択していない状態が区別しやすくなります。集計表を印刷するときは、表のデザインが引き立つようにボタンの色が薄い「淡色系」のデザイン、プレゼンテーションなどでスライサーを操作する場合は選択状態を確認しやすい「濃色系」のデザインを選択するといいでしょう。
上の［Before］の画面は、標準のスライサーですが、［After］の画面は、［濃色］の中から選んだデザインに変更したスライサーです。

1 スライサースタイルの一覧を表示する

スライサーを選択しておく

1 [スライサー] タブをクリック

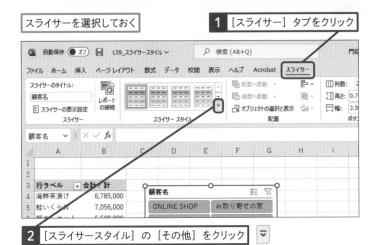

2 [スライサースタイル] の [その他] をクリック

2 スライサースタイルを選択する

[スライサースタイル] の一覧が表示された

ここではスライサースタイルを [薄い緑、スライサー
スタイル（濃色）6] に設定する

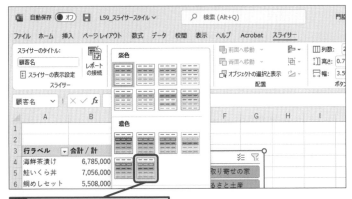

1 [薄い緑、スライサースタイル
（濃色）6] をクリック

スライサースタイルが [スライサースタイル
（濃色）6] に変更された

使いこなしのヒント

独自の書式を設定するには

スライサーをオリジナルのデザインに変
更するには、事前に新しいスタイルを登
録します。スタイルを登録するには、以
下のように操作します。登録したスタイル
は、[スライサースタイル] の一覧に表示
されます。

スライサーを選択しておく

1 [スライサー] タブをクリック

2 [スライサースタイル] の
[その他] をクリック

3 [新しいスライサースタイル]
をクリック

4 スタイル名
を入力

5 書式を設定する
要素を選択

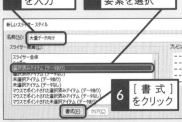

6 [書式]
をクリック

7 [スライサー要素の書式設定] ダイ
アログボックスで書式の内容を指定
して [OK] をクリック

操作4 ～ 7を繰り返して書式を設定し、
[OK] をクリックする

8 [スライサースタイル] の
[その他] をクリック

登録したスタイルが追加された

60 複数のピボットテーブルで共有するには

レポートの接続

練習用ファイル　L60_レポートの接続.xlsx

複数のピボットテーブルを操作する

スライサーは、1つのピボットテーブルだけでなく、複数のピボットテーブルに対応させることもできます。
なお、ピボットテーブルを元にピボットグラフを作成している場合は、スライサーを操作するだけで、ピボットグラフの内容も変わります。

関連レッスン

レッスン57
特定の地区から顧客別に売上金額を
表示するには　　　　　　　p.212

Before

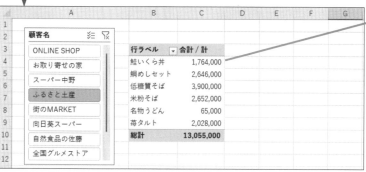

通常は、1つのスライサーで1つの
ピボットテーブルを操作する

After

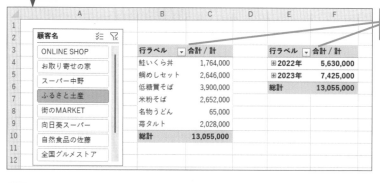

複数のピボットテーブルをまとめて
操作できる

使いこなしのヒント

1つのスライサーで2つのピボットテーブルを操作する

上の[Before]の画面は、商品別の売り上げを集計したピボットテーブルに、集計する顧客を絞り込むためのスライサーを追加したものです。[After]の画面では、年ごとの売り上げを集計したピボットテーブルを作成し、既存のスライサーと

の接続を設定しました。これにより、左側のスライサーを操作するだけで、2つのピボットテーブルの集計対象を同時に指定できます。

1 ピボットテーブルを作成する

［顧客名］の項目がスライサーに表示されていることを確認する

ここでは、［データ］シートにある売上リストから新規にピボットテーブルを作成する

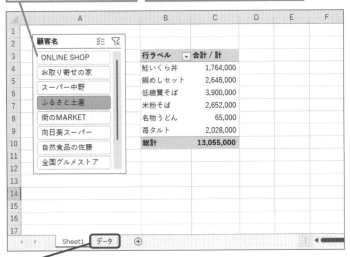

1 ［データ］シートをクリック

ここではリストのセルA1 〜 M1051を元に2つ目のピボットテーブルを作成する

2 リスト内のセルをクリックして選択

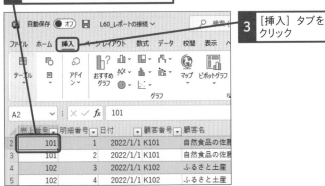

3 ［挿入］タブをクリック

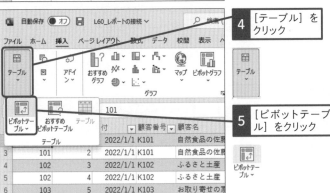

4 ［テーブル］をクリック

5 ［ピボットテーブル］をクリック

使いこなしのヒント

追加したピボットテーブルに何を設定するの？

ピボットテーブルを元にスライサーを作成すると、ピボットテーブルとスライサーとの間に自動的につながりが設定されます。しかし、後からピボットテーブルを追加した場合は、自動的につながりが設定されません。追加したピボットテーブルを、既存のスライサーで操作できるようにするには、ピボットテーブルにスライサーを接続する必要があります。この接続を［レポートの接続］という機能で実行します。

使いこなしのヒント

スライサーの名前を確認するには

作成したスライサーの名前は、［スライサーの設定］ダイアログボックスの［名前］欄で確認できます。スライサーの名前は、ピボットテーブルとの接続を設定するときに表示されます。

［スライサーの設定］ダイアログボックスでスライサーの名前を確認できる

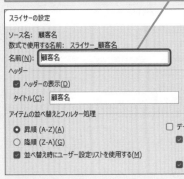

次のページに続く→

●シートを選択する

[テーブルまたは範囲からのピボットテーブル] ダイアログボックスが表示された

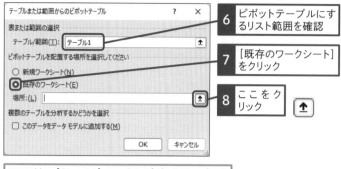

6 ピボットテーブルにするリスト範囲を確認

7 [既存のワークシート] をクリック

8 ここをクリック

ここでは、[Sheet1] シートにピボットテーブルを作成する

| 18 | 108 | 17 | 2022/1/1 | K108 | 美味しいもの屋 | 西島結衣 | 九州地区 | C101 |

9 [Sheet1] シートをクリック

ピボットテーブルを配置するセルを選択する

10 セルE3をクリックして選択

11 ここをクリック

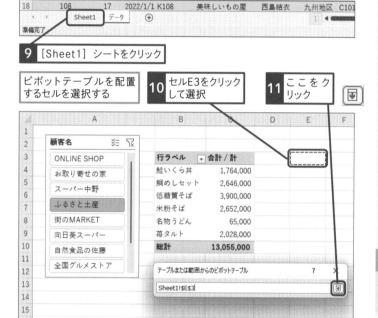

必要に応じて [テーブルまたは範囲からのピボットテーブル] ダイアログボックスを移動しながら操作する

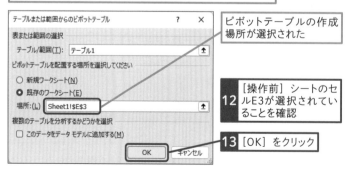

ピボットテーブルの作成場所が選択された

12 [操作前] シートのセルE3が選択されていることを確認

13 [OK] をクリック

活用編 第7章 スライサーで集計対象を切り替えよう

💡 使いこなしのヒント

ピボットテーブルの名前を確認するには

ピボットテーブルの名前を確認するには、ピボットテーブルを選択して、以下のように操作します。

1 [ピボットテーブル] タブをクリック

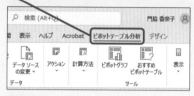

2 [ピボットテーブル] をクリック

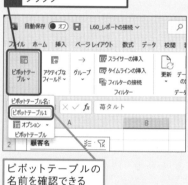

ピボットテーブルの名前を確認できる

💡 使いこなしのヒント

ピボットテーブルとスライサーはお互いに連動している

ピボットテーブルとスライサーの間のつながりは、ピボットテーブルとスライサーのどちらからも設定できます。ここでは、スライサーからつながりを設定しています。ピボットテーブルから設定する方法は、次ページのヒントを参照してください。

⚠️ ここに注意

手順2の操作6で、接続するピボットテーブルの選択を間違ってしまったときは、スライサーを選択し、もう一度操作し直します。

2 レポートの接続を設定する

2つ目のピボットテーブルが
作成された

1 レッスン10を参考に [日付] を
[行] エリア、[計] を [値]
エリアにドラッグ

[ピボットテーブルのフィールド]
作業ウィンドウを閉じておく

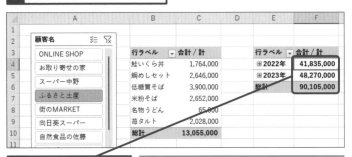

2 レッスン44を参考にし
て、[計] フィールドの
表示形式を変更

[計] フィールドの表示形式は [数値] として、
[桁区切り (,) を使用する] にチェックマー
クを付ける

3 スライサーをクリックして選択

4 [スライサー] タブをクリック

5 [レポートの接続]
をクリック

[レポート接続 (顧客
名)] ダイアログボック
スが表示された

ここではスライサーのヘッダーが [顧客名] の
スライサーを選択しているので、ダイアログボッ
クスに「顧客名」と表示される

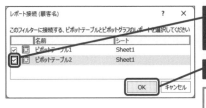

6 [ピボットテーブル2] を
クリックしてチェックマーク
を付ける

7 [OK] をクリック

スライサーを操作すると2つの
ピボットテーブルの集計が変
わる

使いこなしのヒント

ピボットテーブルに接続する
スライサーを選択するには

選択中のピボットテーブルに接続するス
ライサーを選択するには、以下のように
操作します。スライサーの名前を確認す
る方法については、221ページの下のヒン
トを参照してください。

ピボットテーブルを
選択しておく

1 [ピボットテーブル分析]
タブをクリック

2 [フィルターの接続] を
クリック

3 [顧客名] をクリックして
チェックマークを付ける

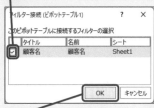

4 [OK] をクリック

61 タイムラインで特定の期間の集計結果を表示するには

タイムライン

YouTube動画で見る
詳細は2ページへ

練習用ファイル　L61_タイムライン.xlsx

活用編　第7章　スライサーで集計対象を切り替えよう

集計期間を視覚的に分かりやすくできる

ピボットテーブルやピボットグラフで集計する期間を簡単に指定するには、「タイムライン」という機能を使うと便利です。タイムラインを追加すると、日付がライン上に表示されます。ライン上のバーの長さをクリックやドラッグ操作で指定するだけで、集計期間を指定できます。

関連レッスン

レッスン56
スライサーの大きさを変更するには
p.210

Before

行ラベル	合計 / 計
海鮮茶漬け	6,785,000
鮭いくら丼	7,056,000
鯛めしセット	5,508,000
低糖質そば	8,645,000
豆塩大福	9,802,000
米粉そば	7,072,000
抹茶プリン	4,232,000
名物うどん	16,315,000
名物そば	14,212,000
苺タルト	10,478,000
総計	90,105,000

期間を指定して商品別の売り上げを集計したい

After

行ラベル	合計 / 計
海鮮茶漬け	6,785,000
鮭いくら丼	7,056,000
鯛めしセット	5,508,000
低糖質そば	8,645,000
豆塩大福	9,802,000
米粉そば	7,072,000
抹茶プリン	4,232,000
名物うどん	16,315,000
名物そば	14,212,000
苺タルト	10,478,000
総計	90,105,000

[タイムライン]で特定期間の売上金額を調べられる

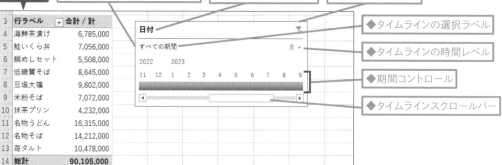

◆タイムラインヘッダー
◆移動コントロール
◆タイムラインの選択ラベル
◆タイムラインの時間レベル
◆期間コントロール
◆タイムラインスクロールバー

💡 使いこなしのヒント

日付の単位を指定して期間を表示できる

上の[Before]の画面は、商品別の売り上げを集計したものですが、[After]の画面では、集計期間を指定するため、[日付]フィールドに対応するタイムラインを表示しています。タイ

ムラインでは、「年」「四半期」「月」「日」など、日付の単位を指定して期間を表示できます。いつからいつまでの集計結果を表示しているかもひと目で把握できるので便利です。

1 タイムラインを表示する

タイムラインを表示して特定の期間の売上金額を表示する

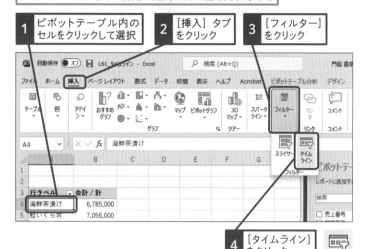

1 ピボットテーブル内の
セルをクリックして選択

2 [挿入] タブ
をクリック

3 [フィルター]
をクリック

4 [タイムライン]
をクリック

[タイムラインの挿入] ダイアログ
ボックスが表示された

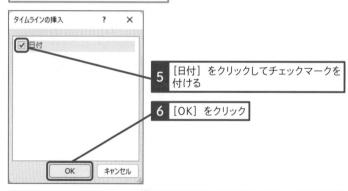

5 [日付] をクリックしてチェックマークを
付ける

6 [OK] をクリック

[日付] のタイムラインが
表示された

7 移動コントロールをドラッグしてスライ
サーをピボットテーブルの横に配置

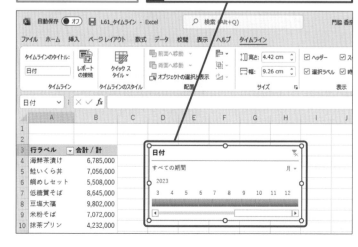

次のページに続く→

使いこなしのヒント

スライサーとタイムラインの違いとは

スライサーやタイムラインを使用すると、集計するデータを簡単に絞り込めます。タイムラインはスライサーとは異なり、集計するデータの日付を絞り込むことに特化しています。絞り込みの条件として、日付を指定する場合は、タイムラインを利用すると、期間などをより簡単に指定できて便利です。なお、タイムラインの扱い方は、スライサーと似ています。タイムラインの表示位置を移動したり、サイズを変更したり、ピボットテーブルとの接続を設定する方法については、スライサーについて解説しているレッスンを参照してください。

使いこなしのヒント

メッセージが表示されたときは

ピボットテーブルの元になっているリストに日付データが入っているフィールドがない場合は、次のメッセージが表示されます。日付データがない場合は、タイムラインを作成できないので、[OK] ボタンをクリックしてメッセージを閉じます。

タイムラインの元になるリストに日付の
データがないと、タイムラインを作成で
きないというメッセージが表示される

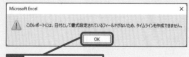

1 [OK] をクリック

2 集計期間を設定する

ここでは2023年1月を
集計の開始月にする

1 ここを左にドラッグして2023年の [1]
の期間タイルを表示

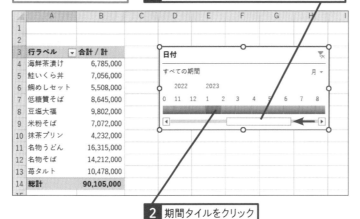

2 期間タイルをクリック

ここでは2023年3月を集計の終了月にする

3 期間ハンドルにマウス
ポインターを合わせる

マウスポインターの
形が変わった ⟷

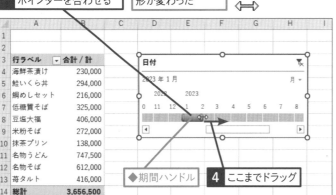

◆期間ハンドル

4 ここまでドラッグ

2023年1月から2023年3月までの売上金額が
集計された

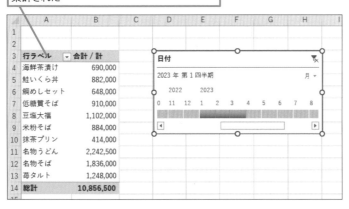

💡 使いこなしのヒント

集計期間はドラッグして
選択することもできる

集計期間を指定するには、期間コントロー
ルで期間タイルをクリックする方法のほ
か、期間タイルをドラッグする方法もあ
ります。また、集計期間を調整するには、
期間ハンドル（📱）をドラッグします。
期間ハンドルをドラッグするときは、マウ
スポインターの形が⟷になっているこ
とをよく確認してください。

期間タイルをクリックして集計の
開始月を指定できる

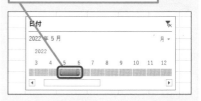

💡 使いこなしのヒント

集計期間を切り替えられる

タイムラインのライン上に表示する日付の
単位は、簡単に変更が可能です。以下の
手順で操作してください。

1 ［時間レベル］をクリック

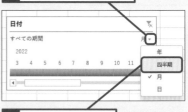

2 ［四半期］をクリック

四半期ごとに期間タイルが
表示される

活用編
第7章 スライサーで集計対象を切り替えよう

3 集計期間の選択を解除する

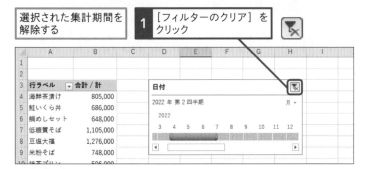

選択された集計期間を解除する

1 [フィルターのクリア] をクリック

集計期間が解除された

使いこなしのヒント

タイムラインのレイアウトを変更するには

タイムラインには、ヘッダーやスクロールバーなどさまざまなものが表示されています。表示の有無を変更するには、次のように操作します。

タイムラインを選択しておく

1 [タイムライン] タブをクリック

[表示] グループの項目で表示する項目を選択できる

👍 スキルアップ

タイムラインのデザインを変更できる

タイムラインのデザインは、スタイルを選ぶだけで、簡単に指定できます。表示されるスタイルの一覧には、[淡色] と [濃色] があります。[淡色] と [濃色] の大きな違いは、期間コントロールの色の濃さです。[濃色] の場合、期間コントロールが [淡色] より濃い配色になります。集計対象として選択している期間タイルも濃い色で表示されるため、集計期間がより強調されます。

タイムラインを選択しておく

1 [タイムライン] をクリック

2 [クイックスタイル] をクリック

3 [濃い黄、タイムラインスタイル (濃色) 4] をクリック

タイムラインのスタイルが変更された

[濃色] のスタイルを選択すると、期間タイルの色が濃くなる

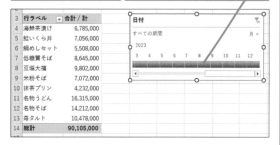

この章のまとめ

スライサーやタイムラインの抽出力を活かそう!

「スライサー」と「タイムライン」には、3つの特徴があります。1つ目は、集計するデータの対象を、誰でも簡単に絞り込める点です。2つ目は、どの項目が集計対象になっているかひと目で把握できる点です。3つ目は、複数のピボットテーブルやピボットグラフに接続できる点です。これ

らの機能を積極的に利用すれば、ピボットテーブルの集計対象をよりスマートに切り替えられます。ピボットテーブルをプレゼンテーションで利用するようなケースでは、スライサーやタイムラインが威力を発揮することでしょう。

活用編

第7章

スライサーで集計対象を切り替えよう

	A	B	C	D	E	F
1						
2	顧客名					
3	ONLINE SHOP	行ラベル	合計 / 計		行ラベル	合計 / 計
4	お取り寄せの家	鮭いくら丼	1,764,000		⊞2022年	5,630,000
5	スーパー中野	鯛めしセット	2,646,000		⊞2023年	7,425,000
6	ふるさと土産	低糖質そば	3,900,000		総計	13,055,000
7		米粉そば	2,652,000			
8	街のMARKET	名物うどん	65,000			
9	向日葵スーパー	苺タルト	2,028,000			
10	自然食品の佐藤	総計	13,055,000			
11	全国グルメストア					
12						
13						

ピボットテーブルにプラスアルファで、さらにパワーアップした感じがします。

そうですね。フィールドを変更しなくても表の結果を変えられるので、ぜひ使い方を覚えましょう。

複数のデータを1つのピボットテーブルで見せたいときにも便利ですね。

そう、その通り! ボタンやスクロールバーでデータが切り替えられるから、複数の表を見比べたいときに使えますよ。

第 8 章

ひとつ上のテクニックを試そう

この章では、ピボットテーブルのデータをコピーして、普通の表と同様に扱えるようにするテクニックや、ピボットテーブルを見やすく印刷するワザなど、知っておくと便利な機能を紹介します。操作に迷ったときの参考にしてください。

62

さまざまな活用ワザや印刷時の設定を知ろう

この章では、知っておきたい便利な機能を紹介します。例えば、ピボットテーブルのデータを他の
セルにコピーして利用したり、集計値を別のセルに表示したりする方法を知りましょう。また、ピボッ
トテーブルを印刷するときに確認しておきたい設定を紹介します。

活用編　第8章　ひとつ上のテクニックを試そう

便利な操作とトラブルシューティング

先生、この章では何をやるんですか？

シンプルなピボットテーブルの説明はだいたい終わったの
で、便利な操作や、トラブルシューティングを紹介しますね。

なるべく簡単なところからお願いしますー

ええ、大丈夫。少しずつ学んでいきましょう。

データのコピーから印刷まで紹介

ピボットテーブルはコピーや印刷のときにちょっとしたコツが必要にな
ります。印刷は紙だけではなく、データをPDFに出力したいときも同
様なので、ぜひマスターしましょう。

	A	B	C	D
1				
2				
3	行ラベル	合計 / 計		
4	ONLINE SHOP	9,119,000		
5	お取り寄せの家	6,001,000		
6	スーパー中野	11,052,000		
7	ふるさと土産	13,055,000		
8	街のMARKET	7,944,000		
9	向日葵スーパー	5,769,000		

ピボットテーブルの値だけ
別のセルにコピーできる

強力な関数でデータをゲット！

この章の目玉はこれ。ピボットテーブルの集計結果を取り出す関数を紹介します。その名も「GETPIVOTDATA 関数」！

ゲット・ピボットデータ！ か、かっこいい！

計算結果だけ別の場所に表示できるんですね！

	A	B	C	D
1	地区	合計		
2	九州地区	27,138,500		
3	大阪地区	27,890,000		
4	東京地区	35,076,500		
5				
6	地区	商品名	年	合計
7	九州地区	海鮮茶漬け	2022年	1,725,000
8	大阪地区	豆塩大福	2023年	1,682,000
9				

表示と印刷のお役立ちワザ

そして、ピボットテーブルの結果を印刷するときに便利なテクニックも紹介します。グラフの印刷方法も確認しましょう。

PDFにして共有したいときも使えますね。
ページを分けるのも便利です♪

合計 / 計	列ラベル		
	2022年	2023年	総計
行ラベル			
鯛めしセット	1,134,000	1,512,000	2,646,000
麺類	**9,047,000**	**9,740,000**	**18,787,000**
低糖質そば	1,950,000	2,015,000	3,965,000
米粉そば	1,224,000	1,428,000	2,652,000
名物うどん	2,405,000	2,795,000	5,200,000
名物そば	3,468,000	3,502,000	6,970,000
総計	41,835,000	48,270,000	90,105,000

ピボットテーブル独自の
印刷設定が使える

合計 / 計	列ラベル
行ラベル	
大阪地区	
菓子類	
豆塩大福	
抹茶プリン	
苺タルト	
魚介類	
鮭いくら丼	
鯛めしセット	
麺類	
低糖質そば	
米粉そば	
名物うどん	
名物そば	

合計 / 計	列ラベル
	2022年
行ラベル	
東京地区	**16,195,000**
菓子類	**3,914,000**
豆塩大福	1,624,000
抹茶プリン	782,000
苺タルト	1,508,000
魚介類	**3,234,000**
海鮮茶漬け	1,610,000
鮭いくら丼	490,000
鯛めしセット	1,134,000
麺類	**9,047,000**
低糖質そば	1,950,000
米粉そば	1,224,000
名物うどん	2,405,000
名物そば	3,468,000
総計	41,835,000

63 値だけを別のワークシートに貼り付けるには

貼り付けのオプション

練習用ファイル　L63_値の貼り付け.xlsx

ピボットテーブルをコピーして自由に加工する

ピボットテーブルは、さまざまな角度からデータを集計できて便利ですが、表の内容を加工することにはやや制限があります。したがって、表を汎用的に活用したい場合は、ピボットテーブルを普通の表として貼り付けて利用するといいでしょう。

🔗 関連レッスン

レッスン64
集計結果を別の場所に表示するには
p.236

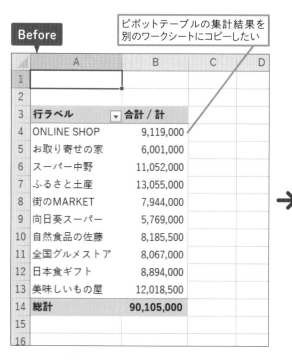

Before

ピボットテーブルの集計結果を別のワークシートにコピーしたい

	A	B	C	D
1				
2				
3	行ラベル	合計 / 計		
4	ONLINE SHOP	9,119,000		
5	お取り寄せの家	6,001,000		
6	スーパー中野	11,052,000		
7	ふるさと土産	13,055,000		
8	街のMARKET	7,944,000		
9	向日葵スーパー	5,769,000		
10	自然食品の佐藤	8,185,500		
11	全国グルメストア	8,067,000		
12	日本食ギフト	8,894,000		
13	美味しいもの屋	12,018,500		
14	総計	90,105,000		
15				
16				

After

ピボットテーブルの集計結果を別のワークシートに貼り付けられる

	A	B	C	D
1				
2				
3	行ラベル	合計 / 計		
4	ONLINE SHOP	9,119,000		
5	お取り寄せの家	6,001,000		
6	スーパー中野	11,052,000		
7	ふるさと土産	13,055,000		
8	街のMARKET	7,944,000		
9	向日葵スーパー	5,769,000		
10	自然食品の佐藤	8,185,500		
11	全国グルメストア	8,067,000		
12	日本食ギフト	8,894,000		
13	美味しいもの屋	12,018,500		
14	総計	90,105,000		
15				
16				

💡 使いこなしのヒント

値と数値の書式だけをコピーして加工に利用する

上の [Before] の画面は、顧客ごとの売上を集計したピボットテーブルです。これをコピーし、値と数値の書式だけを貼り付けたものが [After] の画面です。コピーした表は、行や列を挿入したり、追加したセルに数式を入力したり自由に加工できます。ただし、ピボットテーブルとは関係がなくなるので、集計結果を更新することはできません。

1 ピボットテーブル全体をコピーする

ピボットテーブル内のセル
を選択しておく

1 [ピボットテーブル分析]
タブをクリック

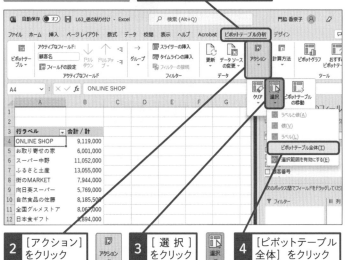

2 [アクション]
をクリック

3 [選択]
をクリック

4 [ピボットテーブル
全体]をクリック

ピボットテーブル全体が
選択された

選択したセル範囲を
コピーする

5 [ホーム] タブを
クリック

6 [コピー] を
クリック

⏱ 時短ワザ

ドラッグしても選択できる

ピボットテーブルを選択するときは、セル
範囲を選択するようにドラッグしても構い
ません。

行数や列数が少ないときは
ドラッグで選択してもいい

⚠ ここに注意

手順1でほかの項目を選択してしまったと
きは、もう一度手順1の操作を行い、ピボッ
トテーブル全体を選択しましょう。

⌨ ショートカットキー

ピボットテーブル全体の選択

Ctrl + A

Ctrl + Shift + ＊

コピー

Ctrl + C

次のページに続く ➡

2 ほかのワークシートに貼り付ける

ここでは［操作後］シートに
貼り付ける

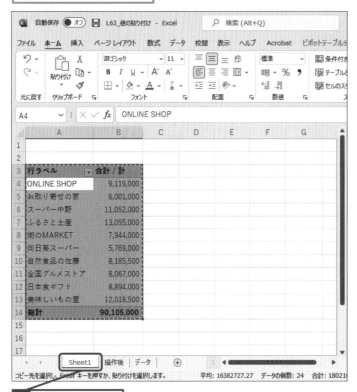

1 ［操作後］シートを
クリック

2 貼り付けるセルをク
リックして選択

ここではセルA3に
貼り付ける

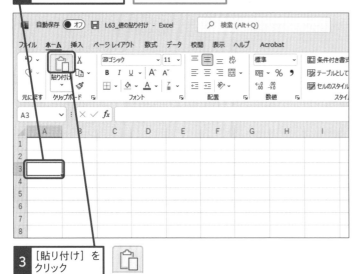

3 ［貼り付け］を
クリック

使いこなしのヒント

値だけを貼り付けるには

このレッスンでは、値と数値の書式だけ
を貼り付けていますが、値のみを貼り付け
るには、手順2の操作5で［値］を選択し
ます。

1 ［貼り付けのオプション］
をクリック

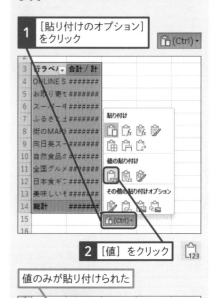

2 ［値］をクリック

値のみが貼り付けられた

セルに設定されていたコンマなど
の書式はコピーされない

ショートカットキー

貼り付け　　　　　　　　　　　Ctrl + V

●貼り付け方法を選択する

ピボットテーブルが[操作後]
シートに貼り付けられた

ここでは、値と数値のみを貼り付けるので
貼り付け方法を変更する

4 [貼り付けのオプション]
をクリック

5 [値と数値の書式]
をクリック

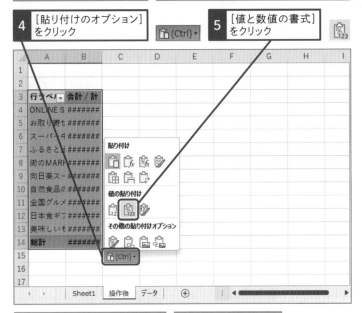

ピボットテーブルのデータが貼り
付けられた

レッスン13を参考に
列幅を調整しておく

ほかのセルをクリックして表の
選択を解除しておく

必要に応じて、行や列を
追加、削除する

使いこなしのヒント

複数のピボットテーブルを
作成するときは

同じリストから複数のピボットテーブルを
作成するには、1つのピボットテーブルを
作成した後、そのピボットテーブルをコ
ピーする方法があります。ピボットテーブ
ルをコピーするには、このレッスンの手順
1～2の操作を行います。

ピボットテーブルをコピーすれば、同じ
リストですぐに別の集計方法を試せる

ピボットテーブルをコピーした後も
レッスン13を参考に列幅を変更し
ておく

⚠ ここに注意

手順2の操作4で間違ってほかの項目をク
リックしてしまったときは、もう一度手順
2の操作4を行います。

使いこなしのヒント

列幅も一緒にコピーするには

ピボットテーブルをコピーするときに、ピ
ボットテーブルの列幅を保ったまま貼り付
けるには、手順2の操作4で[元の列幅を
保持]を選択します。

64 集計結果を別の場所に表示するには

GETPIVOTDATA関数

練習用ファイル　L64_関数を挿入.xlsx

関数で集計結果を取り出す

ピボットテーブルの中で「『○○支店』の『商品A』の売り上げ」や「『○○支店』の『商品B』の売り上げ」を常にチェックしたいというときには、ピボットテーブルから値を取り出すGETPIVOTDATA関数を利用するといいでしょう。毎回目的の数値を探す手間を省けます。

関連レッスン

レッスン63
値だけを別のワークシートに
貼り付けるには　　　　　p.232

九州地区と大阪地区、東京地区の売上金額を表示したい

Before

	A	B	C	D
1	地区	合計		
2	九州地区			
3	大阪地区			
4	東京地区			
5				
6	地区	商品名	年	合計
7	九州地区	海鮮茶漬け	2022年	
8	大阪地区	豆塩大福	2023年	
9				
10	合計 / 計	列ラベル		
11		⊞2022年	⊞2023年	総計
12				
13	行ラベル			
14	⊟九州地区	12,684,000	14,454,500	27,138,500
15	海鮮茶漬け	1,725,000	1,782,500	3,507,500
16	鮭いくら丼	1,372,000	1,078,000	2,450,000
17	低糖質そば	715,000	845,000	1,560,000

Sheet1　データ　⊕

九州地区の「海鮮茶漬け」の2022年の売上金額と大阪地区の「豆塩大福」の2023年の売上金額を表示したい

関数を利用すれば、ピボットテーブルの集計結果を別のセルに表示できるので、すぐに売上金額を確認できる

After

	A	B	C	D
1	地区	合計		
2	九州地区	27,138,500		
3	大阪地区	27,890,000		
4	東京地区	35,076,500		
5				
6	地区	商品名	年	合計
7	九州地区	海鮮茶漬け	2022年	1,725,000
8	大阪地区	豆塩大福	2023年	1,682,000
9				
10	合計 / 計	列ラベル		
11		⊞2022年	⊞2023年	総計
12				
13	行ラベル			
14	⊟九州地区	12,684,000	14,454,500	27,138,500
15	海鮮茶漬け	1,725,000	1,782,500	3,507,500
16	鮭いくら丼	1,372,000	1,078,000	2,450,000
17	低糖質そば	715,000	845,000	1,560,000

Sheet1　データ　⊕

使いこなしのヒント

値を取り出すGETPIVOTDATA関数

上の [Before] の画面は、地区ごとの商品と年別の売り上げをまとめたものです。[After] の画面は、関数を利用して指定した地区の売上金額や指定した年、商品の売上金額を取り出して見られるようにしたものです。このレッスンでは、「九州地区の海鮮茶漬けの2022年」などの売上金額を求めますが、引数に指定したセルのデータを変更すれば、ほかの地区や商品の売上金額もすぐに確認できます。

活用編　第8章　ひとつ上のテクニックを試そう

1 関数を挿入する

ピボットテーブルで集計された九州地区の
売上金額をセルB2に表示する

1 セルB2をクリックして選択　**2** [数式] タブをクリック

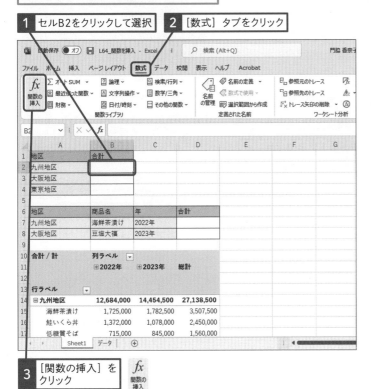

3 [関数の挿入] を
クリック

[関数の挿入] ダイアログボックスが
表示された

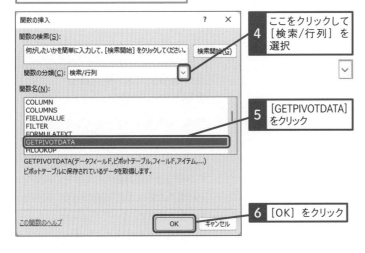

4 ここをクリックして
[検索/行列] を
選択

5 [GETPIVOTDATA]
をクリック

6 [OK] をクリック

⏱ 時短ワザ

リボンから関数を選択するには

GETPIVOTDATA関数は、関数の分類では、
「検索/行列」です。関数の分類が分かっ
ている場合は、次のようにリボンから入力
すると、手早く入力できます。

関数を挿入するセルを
選択しておく

1 [数式] タブをクリック

2 [検索/行列] をクリック

関数の一覧が表示された

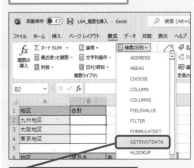

3 [GETPIVOTDATA] を
クリック

⌨ ショートカットキー

[関数の挿入] ダイアログボックスの
表示　　　　　　　　　 Shift + F3

💡 使いこなしのヒント

抽出する項目を変更するには

GETPIVOTDATA関数では、ピボットテー
ブルから値を探し出す手がかりにする引
数として、フィールド名やアイテムを指定
します。このレッスンでは、引数にセル番
号を指定するので、セルに入力するフィー
ルド名や項目名を変更すれば計算結果も
変わります。

次のページに続く→

2 引数を入力する

[関数の引数] ダイアログボックスが
表示された

1 [データフィールド] に
「計」と入力

2 [ピボットテーブル] に
「A10」と入力

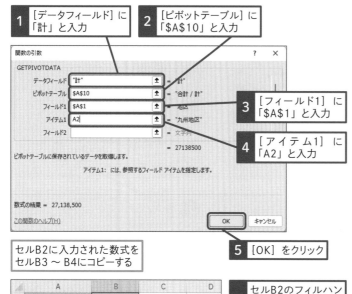

3 [フィールド1] に
「A1」と入力

4 [アイテム1] に
「A2」と入力

5 [OK] をクリック

セルB2に入力された数式を
セルB3 ～ B4にコピーする

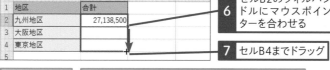

6 セルB2のフィルハン
ドルにマウスポイン
ターを合わせる

7 セルB4までドラッグ

| 数式がコピー
された | 九州地区における「海鮮茶漬け」の2022年の
売上金額をセルD7に表示する |

3 地区の特定商品の年間売上を表示する

1 セルD7をクリックして選択

2 [数式] タブをクリック

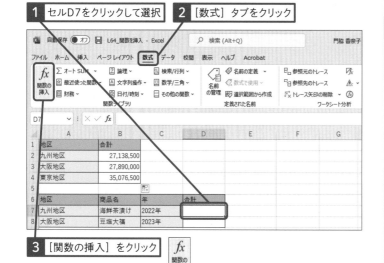

3 [関数の挿入] をクリック

💡 使いこなしのヒント

GETPIVOTDATA関数の
引数には何を指定するの?

GETPIVOTDATA関数の引数に入力する内
容は以下の通りです。手順2では、地区別
の売上金額を求めています。なお、[デー
タフィールド] に文字列を入力すると、自
動的に「"」でくくられます。

◆ データフィールド
取り出すデータが入ったフィールド名
を指定する。半角の「"」で囲って
指定する

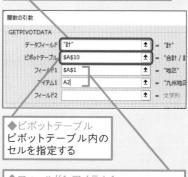

◆ ピボットテーブル
ピボットテーブル内の
セルを指定する

◆ フィールド1,アイテム1,...
フィールド名とアイテム名（項目名）を
セットで指定する。フィールド名は半角
の「"」で囲んで指定、アイテム名は日
付と数値以外は半角の「"」で囲んで
指定する

💡 使いこなしのヒント

セル番号に「$」を付ける
意味とは

作成した数式をコピーしたとき、数式で
参照しているセル番号が相対的に変わら
ないようにするには、「$」を使ってセル
の参照方法を絶対参照にします。列番号
と行番号の前に「$」を付けると、列も行
も固定されます。

列の参照先のみ固定するには列番号の前
だけに「$」を付け、行の参照先のみ固定
するには行番号の前だけに「$」を付けま
しょう。

●数式を完成させる

手順1を参考に[関数の挿入]ダイアログボックスでGETPIVOTDATA関数を選択する

[関数の引数]ダイアログボックスが表示された

4 [データフィールド]に「計」と入力

5 [ピボットテーブル]に「\$A\$10」と入力

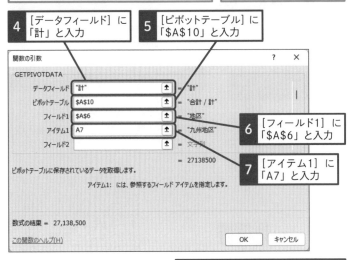

6 [フィールド1]に「\$A\$6」と入力

7 [アイテム1]に「A7」と入力

8 ここを下にドラッグしてスクロール

9 [フィールド2]に「\$B\$6」と入力

10 [アイテム2]に「B7」と入力

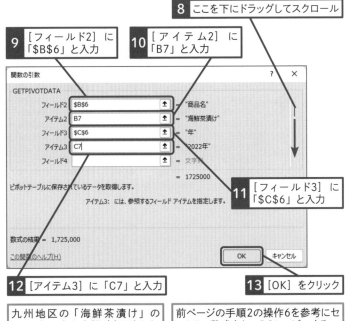

11 [フィールド3]に「\$C\$6」と入力

12 [アイテム3]に「C7」と入力

13 [OK]をクリック

九州地区の「海鮮茶漬け」の2022年の売上金額が表示された

前ページの手順2の操作6を参考にセルD7の数式をセルD8にコピーする

	A	B	C	D	E
1	地区	合計			
2	九州地区	27,138,500			
3	大阪地区	27,890,000			
4	東京地区	35,076,500			
5					
6	地区	商品名	年	合計	
7	九州地区	海鮮茶漬け	2022年	1,725,000	
8	大阪地区	豆塩大福	2023年	1,682,000	
9					

⏱ 時短ワザ

もっと簡単に関数を入力するには

GETPIVOTDATA関数は、[関数の引数]ダイアログボックスを使わずにマウスを使って簡単に入力する方法もあります。それには、結果を表示するセルを選択し、「=」を入力した後、ピボットテーブル内の参照したいセルをクリックします。

なお、この方法は、引数にフィールドのアイテム名が直接指定されます。式をコピーして利用する場合は、そのままコピーしてしまうとエラーになってしまう場合があります。必要に応じて引数に指定されている値をセル番号に変更しましょう。

💡 使いこなしのヒント

別の売上金額を表示するには

ここでは、関数を使って、指定した地区、年、商品の売上金額を表示しています。そのため、計算の元になっているセルA7、セルB7、セルC7の値を変更すれば、瞬時に指定した地区、年、商品の売上金額を確認できます。

💡 使いこなしのヒント

数式を修正するには

後から数式を修正するには、数式が入力されているセルを選択し、次のように操作しましょう。

1 数式が入力されたセルをクリックして選択

数式バーに数式が表示された

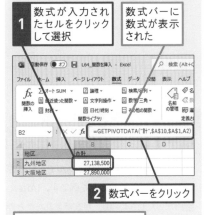

2 数式バーをクリック

数式が修正できるようになる

レッスン 65 データがないときに「0」と表示するには

空白セルに表示する値

練習用ファイル L65_空白セル.xlsx

活用編
第8章
ひとつ上のテクニックを試そう

空白セルに「0」を表示する

ピボットテーブルでは、集計の対象が存在しない場合、セルが空白になります。しかし、セルを空白のままにしないで「0」や何らかの文字などを表示しておきたいケースもあるでしょう。その場合は、空白セルに表示する値を指定します。

🔗 関連レッスン

レッスン66
項目名をすべてのページに
印刷するには   p.242

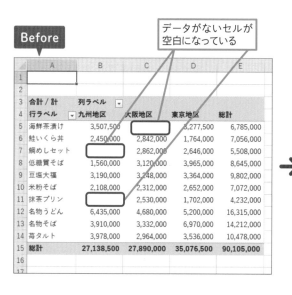

Before — データがないセルが空白になっている

After — データがないときに「0」と表示するように設定できる

💡 使いこなしのヒント

後から「0」を入力する手間が省ける

上の画面は、ピボットテーブルで集計値がないセルに、「0」を表示するように設定した例です。[After] の画面を見ると、空白だったセルに「0」が表示されたことが分かります。
なお、このレッスンで紹介する方法で空白セルに「0」が表示されるように設定しておくと、ピボットテーブルの値をほかのセルに貼り付けたときも、貼り付け先に「0」が表示されます。後から「0」を入力する手間が省けて便利です。

1 空白セルの設定を変更する

ピボットテーブル内のセルを
選択しておく

1 [ピボットテーブル分析] タブを
クリック

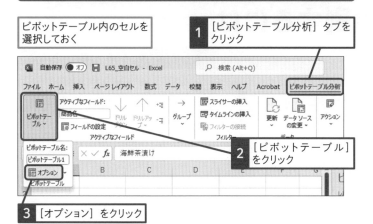

2 [ピボットテーブル]
をクリック

3 [オプション] をクリック

[ピボットテーブルオプション] ダイアロ
グボックスが表示された

ここでは、空白セルに「0」が
表示されるように設定する

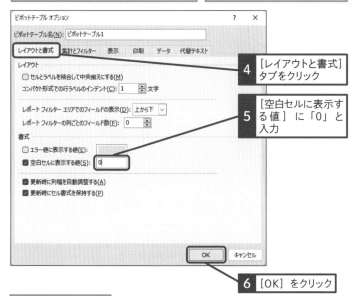

4 [レイアウトと書式]
タブをクリック

5 [空白セルに表示す
る値] に「0」と
入力

6 [OK] をクリック

データがないセルに
「0」と表示された

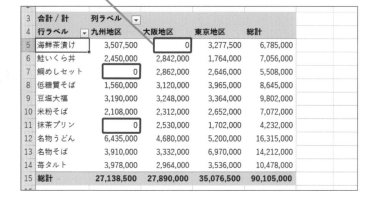

使いこなしのヒント

エラー値をほかの文字に
変更するには

集計結果にエラー値が表示されてしまっ
た場合は、エラーの内容を確認して修正
しましょう。ただし、集計元のリストの内
容によってはエラーを避けられないことも
あります。エラー値をほかの文字に変更
するには、次のように操作します。

ここではエラー値に「設定なし」と
表示されるようにする

手順1を参考に [ピボットテーブルオプ
ション] ダイアログボックスを表示して
おく

1 [レイアウトと書式] タブを
クリック

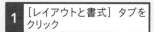

2 [エラー値に表示す
る値] をクリックし
てチェックマークを
付ける

3 「設定
なし」
と入力

4 [OK] をクリック

印刷タイトル | 練習用ファイル　L66_印刷タイトル.xlsx

活用編

第8章

ひとつ上のテクニックを試そう

縦長の表に印刷タイトルを設定する

複数ページにわたる長い集計表を印刷すると、表の項目名が最初のページにしか印刷されず、2ページ目以降は、集計値がどの項目の内容なのかが分からなくなってしまうことがあります。そのような事態を避けるためには、「印刷タイトル」を設定するといいでしょう。

🔗 関連レッスン

レッスン67
グループごとにページを分けるには
　　　　　　　　　　　　　　p.246

Before

鯛めしセット	1,134,000	1,512,000	2,646,000
麺類	**9,047,000**	**9,740,000**	**18,787,000**
低糖質そば	1,950,000	2,015,000	3,965,000
米粉そば	1,224,000	1,428,000	2,652,000
名物うどん	2,405,000	2,795,000	5,200,000
名物そば	3,468,000	3,502,000	6,970,000
総計	41,835,000	48,270,000	90,105,000

2ページ目以降に表の項目名が印刷されないので、項目の内容や分類がすぐに分からない

After

合計 / 計	列ラベル		
	2022年	2023年	総計
行ラベル			
鯛めしセット	1,134,000	1,512,000	2,646,000
麺類	**9,047,000**	**9,740,000**	**18,787,000**
低糖質そば	1,950,000	2,015,000	3,965,000
米粉そば	1,224,000	1,428,000	2,652,000
名物うどん	2,405,000	2,795,000	5,200,000
名物そば	3,468,000	3,502,000	6,970,000
総計	41,835,000	48,270,000	90,105,000

2ページ目以降も表の項目を印刷できる

1ページ目にある項目名と項目を照らし合わせる手間を省ける

💡 使いこなしのヒント

どのページを見ても値の内容が分かるようになる

上の [Before] の画面は、地区別に商品の一覧を表示し、年別に売上合計を集計したピボットテーブルを印刷した例です。このレッスンでは、[After] の画面のように、各ページの上部に表の項目が表示されるように設定します。どのページを見ても、集計値がどの項目の内容なのかが分かるように配慮しましょう。

1 印刷プレビューを表示する

印刷プレビューを表示して集計表の
印刷結果を確認する

1 [ファイル] タブを
クリック

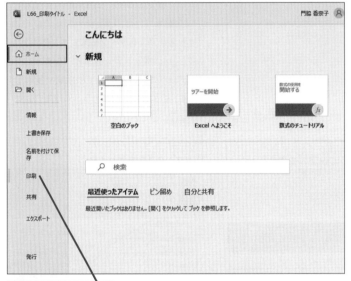

2 [印刷] をクリック

画面右に1ページ目の
印刷結果が表示された

1ページ目には表の項目名が
表示されている

3 [次のページ] をクリック

次のページに続く →

使いこなしのヒント

**表の横幅を用紙の幅に
合わせて縮小するには**

表の横幅が用紙の幅に収まらない場合、
縮小して収める方法があります。それに
は、次のように操作します。ただし、表の
横幅が大きい場合は、縮小すると文字が
読みづらくなります。その場合は、用紙の
向きを変更するなどして対処しましょう。

手順1を参考に [印刷] の
画面を表示しておく

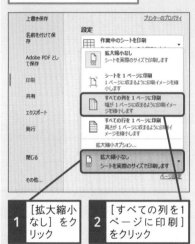

1 [拡大縮小
なし] をク
リック

2 [すべての列を1
ページに印刷]
をクリック

ショートカットキー

[印刷] の画面の表示　　Ctrl + P

●2ページ目を確認する

2ページ目の印刷結果が
表示された

2ページ目には表の項目名が
表示されていない

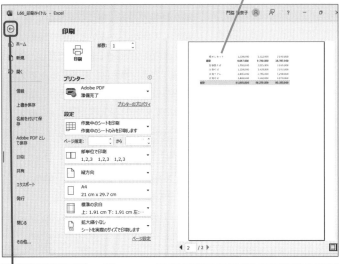

4 ここをクリック

表に戻って、印刷タイトルが各ページに
表示されるように設定の変更を行う

活用編
第8章
ひとつ上のテクニックを試そう

2 印刷タイトルを設定する

ピボットテーブル内の
セルを選択しておく

1 [ピボットテーブル分析] タブ
をクリック

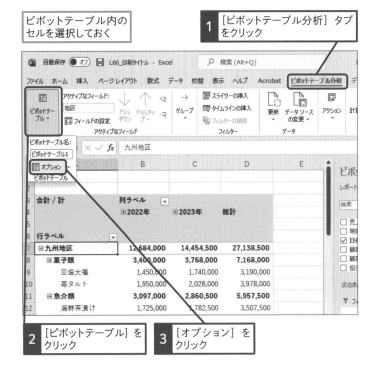

2 [ピボットテーブル] を
クリック

3 [オプション] を
クリック

使いこなしのヒント

分類名を各ページに もれなく表示するには

[行] エリアに複数のフィールドが配置さ
れているときに、ページが分かれてしまう
と、分類名だけが前のページに残り、ど
の分類の集計値なのかが分かりづらくな
ることがあります。そのような場合は、各
ページにすべての行ラベルが表示される
ように設定します。それには、レッスン
42を参考に、ピボットテーブルのレイア
ウトを「アウトライン形式」や「表形式」
にし、[ピボットテーブルオプション] ダ
イアログボックスで以下の手順で操作し
ます。このとき、セルとラベルは結合しな
いようにしておきましょう。

[ピボットテーブルオプション] ダイアロ
グボックスを表示しておく

1 [印刷] タブを
クリック

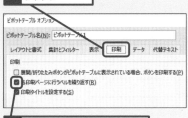

2 ここをクリックしてチェック
マークを付ける

3 [OK] をクリック

使いこなしのヒント

フィールド名の表示について

ピボットテーブルのレイアウトによって、
フィールド名の表示方法は異なります。
印刷時にフィールド名を表示する場合は、
ピボットテーブルのレイアウトを変更する
などして対処します（レッスン27参照）。

●表示を変更する

[ピボットテーブルオプション] ダイアログ
ボックスが表示された

4 [印刷] タブを
クリック

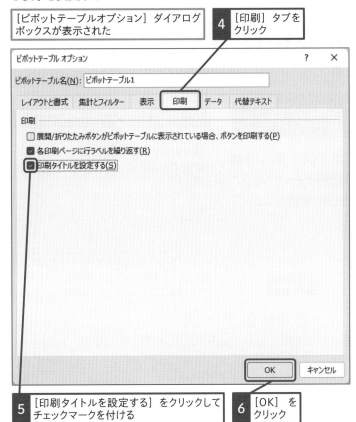

[ピボットテーブル オプション]

ピボットテーブル名(N): ピボットテーブル1

レイアウトと書式　集計とフィルター　表示　**印刷**　データ　代替テキスト

印刷

☐ 展開/折りたたみボタンがピボットテーブルに表示されている場合、ボタンを印刷する(P)
☑ 各印刷ページに行ラベルを繰り返す(R)
☑ 印刷タイトルを設定する(S)

OK　　キャンセル

5 [印刷タイトルを設定する] をクリックして
チェックマークを付ける

6 [OK] を
クリック

手順1を参考に印刷プレビューで
2ページ目を表示しておく

2ページ目に項目名が
表示された

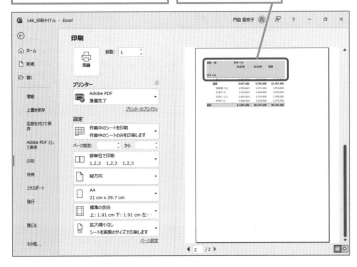

💡 **使いこなしのヒント**

表の一部を印刷するには

表の一部分を素早く印刷するには、選択
したセル範囲のみが印刷されるように設
定します。まず、セル範囲をドラッグして
選択し、印刷プレビューを表示しましょう。
続いて、以下のように操作します。

印刷する部分をドラッグして
選択しておく

1 手順1を参考に印刷プレビューを
表示

2 [作業中のシートを印刷] を
クリック

3 [選択した部分を印刷] を
クリック

💡 **使いこなしのヒント**

印刷プレビューで
文字を拡大するには

印刷プレビューで印刷する文字の内容を
詳しく確認するには、印刷プレビューの画
面右下にある [ページに合わせる] ボタ
ン(⊡)をクリックします。もう一度 [ペー
ジに合わせる] ボタンをクリックすると、
用紙全体が表示されます。

💡 **使いこなしのヒント**

横に長い表で行の項目を
表示するには

横に長い表は、2ページ目以降に行の項
目が印刷されるように設定しましょう。こ
の場合も、[印刷タイトルを設定する] に
チェックマークを付けておきます。

🔲 **ショートカットキー**

[印刷] の画面の表示　　　　Ctrl + P

67 グループごとに ページを分けるには

改ページ

練習用ファイル　L67_改ページ.xlsx

分類別にページを分けて印刷できる

ピボットテーブルで、分類別に集計した表を印刷すると、新しい分類がページの終わりの方から印刷され、分類の区切りが分かりづらいことがあります。そのような場合は、分類が変わるたびに自動的に改ページが入るように設定しましょう。

関連レッスン

レッスン66
項目名をすべてのページに
印刷するには　　　　　　　p.242

Before

分類の区切りが分かりにくいので、どこの地区の売上金額かすぐに分からない

After

分類の区切りで改ページすれば、どこの地区の売上金額かを把握しやすくなる

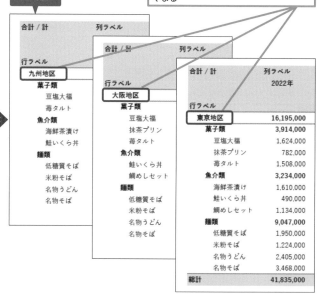

使いこなしのヒント

分類ごとの違いを把握しやすくなる

上の [Before] の画面は、「九州地区」「大阪地区」「東京地区」の地区別に、売上金額を集計したピボットテーブルを印刷したものですが、すべての地区が同じページに表示されていま

す。[After] の画面では、地区別に改ページされるように設定しています。設定を行えば、分類が変わるときに改ページされるので、分類の区切りが分かりやすくなります。

1 印刷プレビューを確認する

レッスン66の手順1を参考に印刷
プレビューを表示しておく

1 地区別に改ページされて
いないことを確認

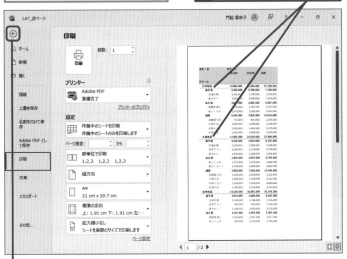

2 ここをクリック

3 改ページする分類の
項目をクリック

4 [ピボットテーブル分析] タブを
クリック

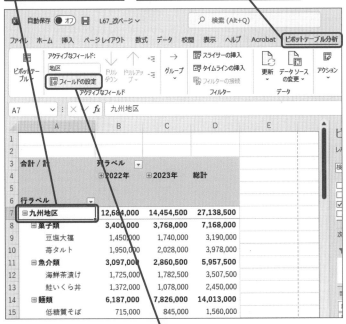

5 [フィールドの設定] を
クリック

次のページに続く➡

67

💡 使いこなしのヒント

指定した場所で改ページするには

指定した場所に改ページを挿入するには、改ページをする行や列を選択し、[ページレイアウト] タブの [改ページ] ボタンをクリックして、[改ページの挿入] をクリックします。これで、選択している行の上か列の左で改ページされます。また、[表示] タブの [改ページプレビュー] ボタンをクリックすると表示される改ページプレビュー画面に切り替えると、改ページ位置が青い線で表示されます。青い線をドラッグして改ページ位置を調整できます。改ページプレビュー画面から元の画面に戻るには、[表示] タブの [標準] ボタンをクリックします。

改ページを挿入する行を
選択しておく

1 [ページレイアウト] タブを
クリック

2 [改ページ]
をクリック

3 [改ページの挿入] をクリック

改ページが挿入される

⚠️ ここに注意

操作1で分類のフィールドを選択せずに[フィールドの設定] ボタンをクリックしてしまったときは、手順2の画面で [キャンセル] ボタンをクリックし、手順1から操作し直します。

⌨️ ショートカットキー

[印刷] の画面の表示　　　　`Ctrl`+`P`

2 改ページを設定する

[フィールドの設定] ダイアログ
ボックスが表示された

1 [レイアウトと印刷] タブを
クリック

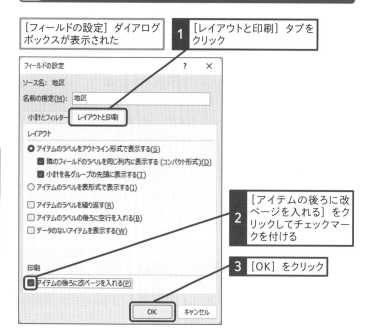

```
フィールドの設定                          ?    ×

ソース名: 地区

名前の指定(M): 地区

  小計とフィルター   レイアウトと印刷

  レイアウト

  ◉ アイテムのラベルをアウトライン形式で表示する(S)
    ☑ 隣のフィールドのラベルを同じ列内に表示する (コンパクト形式)(D)
    ☑ 小計を各グループの先頭に表示する(T)
  ◯ アイテムのラベルを表形式で表示する(I)

  ☐ アイテムのラベルを繰り返す(R)
  ☐ アイテムのラベルの後ろに空行を入れる(B)
  ☐ データのないアイテムを表示する(W)


  印刷

  ☑ アイテムの後ろに改ページを入れる(P)


              OK        キャンセル
```

2 [アイテムの後ろに改
ページを入れる] をク
リックしてチェックマー
クを付ける

3 [OK] をクリック

レッスン66を参考に印刷プレ
ビューで1ページ目から3ページ目
までを表示しておく

「大阪府」「東京都」「北海道」の
分類で改ページされた

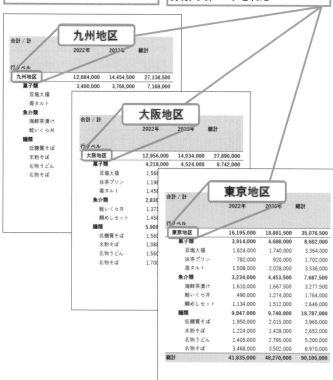

使いこなしのヒント

⊞や⊟のボタンを印刷するには

[行] エリアや [列] エリアに複数のフィー
ルドを配置しているときは、項目の前に⊞
や⊟のボタンが表示されます (75ページ
参照)。ただし、印刷時は表示されません。
ボタンを印刷するには、以下の手順で操
作します。

レッスン66を参考に [ピボットテーブ
ルオプション] ダイアログボックスを表
示しておく

1 [印刷] タブをクリック

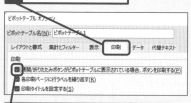

```
ピボットテーブル オプション

ピボットテーブル名(N): ピボットテーブル1

  レイアウトと書式  集計とフィルター  表示  印刷  データ  代替テキスト

  印刷

  ☐ 展開/折りたたみボタンがピボットテーブルに表示されている場合は、ボタンを印刷する(P)
  ☐ 各印刷ページに行ラベルを繰り返す(R)
  ☑ 印刷タイトルを設定する(S)
```

2 ここをクリックしてチェックマーク
を付ける

3 [OK] をクリック

印刷プレビューにボタンが
表示される

合計 / 計	列ラベル		
	⊞2022年	⊞2023年	総計
行ラベル			
⊟九州地区	12,684,000	14,454,500	27,138,500
⊟菓子類	3,400,000	3,768,000	7,168,000
豆塩大福	1,450,000	1,740,000	3,190,000
苺タルト	1,950,000	2,028,000	3,978,000
⊟魚介類	3,097,000	2,860,500	5,957,500
海鮮茶漬け	1,725,000	1,782,500	3,507,500
鮭いくら丼	1,372,000	1,078,000	2,450,000
⊟麺類	6,187,000	7,826,000	14,013,000
低糖質そば	715,000	845,000	1,560,000
米粉そば	1,020,000	1,088,000	2,108,000
名物うどん	2,990,000	3,445,000	6,435,000
名物そば	1,462,000	2,448,000	3,910,000
⊟大阪地区	12,956,000	14,934,000	27,890,000
⊟菓子類	4,218,000	4,524,000	8,742,000
豆塩大福	1,566,000	1,682,000	3,248,000

⚠ ここに注意

手順1の操作3で改ページする分類の項目
を選択していないと、分類別に正しく改
ページされません。その場合は、[元に戻
す] ボタン (↺) をクリックして設定を元
に戻してから、手順1の操作3から操作し
直します。

ピボットグラフを大きく印刷するには

ピボットグラフを印刷するとき、ピボットグラフだけを用紙いっぱいに大きく印刷するには、ピボットグラフを選択した状態で印刷を実行します。

また、ピボットグラフ以外の内容も一緒に印刷するときは、グラフ以外のセルを選択してから操作しましょう。

グラフを印刷するときは、印刷前に選択していた個所によって、印刷対象が変わるので、注意してください。

●ピボットテーブルとグラフの印刷

通常の印刷ではピボットテーブルとグラフの両方が印刷される

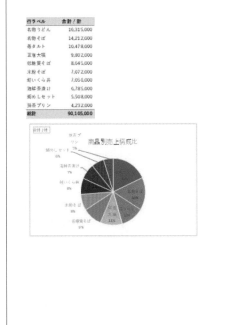

ピボットテーブルとグラフが一緒に印刷される

●ピボットグラフのみの印刷

ピボットグラフをクリックして印刷プレビューを表示すると、ピボットグラフだけを印刷できる

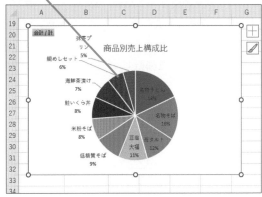

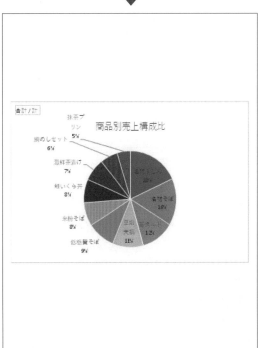

用紙にグラフのみを大きく印刷できる

この章のまとめ

便利ワザをマスターしよう

この章では、ピボットテーブルを扱うときに知っておくと便利なテクニックを紹介しました。作成したピボットテーブルを自由に加工したい場合は、項目や集計値だけを別のワークシートやセルに貼り付けて利用する方法があります。また、ピボットテーブルで集計した表を、印刷して配布する場合、2ページ目以降にも表の項目名が見えるようにしたり、分類ごとに改ページしたりするなど、中途半端な部分でページが別れてしまわないように注意します。見やすく綺麗に印刷できるように設定しましょう。

	A	B	C	D	E	F
1						
2						
3	合計 / 計	列ラベル ▼				
4	行ラベル ▼	九州地区	大阪地区	東京地区	総計	
5	海鮮茶漬け	3,507,500	0	3,277,500	6,785,000	
6	鮭いくら丼	2,450,000	2,842,000	1,764,000	7,056,000	
7	鯛めしセット	0	2,862,000	2,646,000	5,508,000	
8	低糖質そば	1,560,000	3,120,000	3,965,000	8,645,000	
9	豆塩大福	3,190,000	3,248,000	3,364,000	9,802,000	
10	米粉そば	2,108,000	2,312,000	2,652,000	7,072,000	
11	抹茶プリン	0	2,530,000	1,702,000	4,232,000	
12	名物うどん	6,435,000	4,680,000	5,200,000	16,315,000	
13	名物そば	3,910,000	3,332,000	6,970,000	14,212,000	
14	苺タルト	3,978,000	2,964,000	3,536,000	10,478,000	
15	総計	27,138,500	27,890,000	35,076,500	90,105,000	
16						

便利なテクニックがいろいろ出てきましたね。
特に印刷が役立ちそうです。

ええ。ピボットテーブルの結果は共有しないともったいないので、
ぜひ活用してください。

関数が難しかったです…。

引数の設定が少し複雑ですね。練習用ファイルでいろいろ試してみましょう。次の章はいよいよ、強力な機能が登場します！

活用編

第9章

複数のテーブルを
集計しよう

ピボットテーブルを作成するときは、「顧客」「商品」「売上」「明細」
などの複数のテーブルを元に作成できます。ただし、複数のテー
ブルを利用するには、リレーションシップを設定するなどいくつか
の準備が必要です。ほかのテーブルのデータを参照する仕組み
を設定し、ピボットテーブルを作成する方法を知りましょう。

68

Introduction この章で学ぶこと

複数のテーブルを活用しよう

この章では、複数のテーブルを関連付けて活用する準備を紹介します。多くのデータベースソフトでは、複数のリストを使ってデータを管理します。そのメリットを知り、Excelでも同様のことを実現する方法を知りましょう。リレーションシップの設定も紹介します。

本格的なデータ分析に挑戦しよう

活用編もだいぶ進んできましたね。

そうですね。前の章で便利なテクニックまで紹介したので、この章ではデータ量を増やす方法を紹介します。

うーん、難しそうですー。

複数のテーブルからさらにデータを抽出する、強力なデータ分析の方法です。落ち着いて学んでいきましょう。

リレーションシップとは

ここまでは1つのリストに1つのピボットテーブル、という方式でデータを抽出してきましたが、この章では複数のテーブルをつなげます。これをリレーションシップと呼びます。

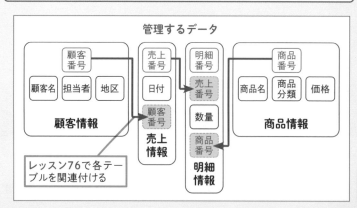

管理するデータ

顧客番号 / 顧客名 / 担当者 / 地区 — **顧客情報**

売上番号 / 日付 / 顧客番号 — **売上情報**

明細番号 / 売上番号 / 数量 / 商品番号 — **明細情報**

商品番号 / 商品名 / 商品分類 / 価格 — **商品情報**

レッスン76で各テーブルを関連付ける

複数データの共通項目をつなげる

共通のフィールドでテーブルを結びつける

リレーションシップを設定するには、各テーブルの共通フィールドをつなげる必要があります。このため、各テーブルの名前もきちんと設定しておきます。

リストを作ったときみたいに、準備が大切なんですね。

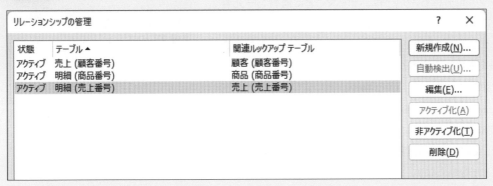

状態	テーブル ▲	関連ルックアップ テーブル	
アクティブ	売上 (顧客番号)	顧客 (顧客番号)	
アクティブ	明細 (商品番号)	商品 (商品番号)	
アクティブ	明細 (売上番号)	売上 (売上番号)	

リレーションシップの管理 ? ✕

新規作成(N)...
自動検出(U)...
編集(E)...
アクティブ化(A)
非アクティブ化(T)
削除(D)

複数のテーブルでピボットテーブルを作る

リレーションシップを設定したら、ピボットテーブルでデータを抽出します。この方法を使うことで、大量のデータをシンプルな表にまとめることができます。

項目の中にさらに項目が入っているんですね。
すごい機能です…！

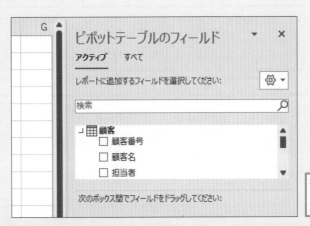

複数のテーブルを1つの
ピボットテーブルから参
照できる

レッスン 69 複数のテーブルにある データを集計しよう

複数のテーブルとピボットテーブル

練習用ファイル　なし

複数テーブルを使った集計とは

ピボットテーブルは、複数のテーブルを元に作成できます。データを複数のテーブルに分けるメリットは、テーマごとに情報を一元管理できることです。例えば、商品の売り上げを集計するとき、1つのテーブルに売り上げに関するデータを入力すると、同じ顧客や商品などの情報を何度も入力するため、データが膨大になってしまいます。また、顧客の住所が変わった場合、その情報をすべて修正しなければなりません。一方、複数のテーブルに分けて利用すれば、顧客番号や商品番号などのフィールドを通じてデータを参照するしくみを作るので、顧客や商品情報を一元管理できます。データの整合性を保つことが容易になり、データを管理しやすくなります。

関連レッスン

レッスン08
データの入力ミスや表記ゆれを
統一するには　　　　　　　p.44

レッスン71
まとめて集計できるようにテーブルを
準備するには　　　　　　　p.258

●1つのテーブルにまとめた場合

商品番号	商品名	価格	日付	顧客名	住所	数量
S-2	ギフト（中）	2000	2023/04/01	山田一郎	東京都○○○	2
S-3	ギフト（大）	3000	2023/04/01	山田一郎	東京都○○○	1
S-2	ギフト（中）	2000	2023/04/02	斉藤太郎	埼玉県○○○	2
S-2	ギフト（中）	2000	2023/04/02	山田一郎	東京都○○○	3
・・・・	・・・・	・・・・	・・・・	・・・・	・・・・	・・・・

> 商品名や価格、顧客名、住所など、同じデータを何度も入力する手間がかかる

●複数のテーブルに分けた場合

商品に関するデータを「商品情報」テーブルとしてまとめる

商品番号	商品名	価格
S-1	ギフト（小）	1000
S-2	ギフト（中）	2000
S-3	ギフト（大）	3000
・・・・	・・・・	・・・・

1件分の注文に関するデータを「売上情報」テーブルとしてまとめる

売上番号	日付	顧客番号
U-1	2023/4/1	K-1
U-2	2023/4/2	K-3
U-3	2023/4/2	K-1
・・・・	・・・・	・・・・

顧客に関するデータを「顧客情報」テーブルとしてまとめる

顧客番号	顧客名	住所
K-1	山田一郎	東京都○○○
K-2	鈴木花子	神奈川県○○
K-3	斉藤太郎	埼玉県○○

注文の売上明細に関するデータを「明細情報」テーブルとしてまとめる

明細番号	商品番号	売上番号	数量
M-1	S-2	U-1	2
M-2	S-3	U-1	1
M-3	S-2	U-2	2
・・・・			

商品番号	商品名	価格	日付	顧客名	住所	数量
S-2	ギフト（中）	2000	2023/04/01	山田一郎	東京都○○○	2
S-3	ギフト（大）	3000	2023/04/01	山田一郎	東京都○○○	1
S-2	ギフト（中）	2000	2023/04/02	斉藤太郎	埼玉県○○○	2
S-2	ギフト（中）	2000	2023/04/02	山田一郎	東京都○○○	3
・・・・	・・・・	・・・・	・・・・	・・・・	・・・・	・・・・

> 商品や顧客の情報を各テーブルのデータを参照して管理できる

全体の流れを把握しよう

複数のテーブルからピボットテーブルを作成するには、いくつかの準備が必要です。まずは、複数のテーブルを用意しましょう。例えば、顧客や商品ごとの売り上げを集計するには、顧客テーブル、商品テーブル、1件ごとの売り上げに関するデータが含まれるテーブル、個々の売り上げの明細データが含まれるテーブルなどを用意します。続いて、複数のテーブルにリレーションシップという「関連付け」を設定します。続いて、データモデルというデータのセットを元にピボットテーブルを作成します。複数のテーブルから［行］や［列］エリアに集計項目を追加し、集計する値を［値］エリアに追加しましょう。

テーブルの作成　　　　　　　　　　　　　レッスン71

複数のテーブルを作成して準備します。このとき、ワークシートを分けてテーブルを作成しておくと、テーブルのデータを切り替えて見るときに便利です。

> テーブルを準備する

> ワークシートごとにテーブルを分けると、後から参照しやすくなる

リレーションシップの設定　　　　　　　　レッスン72

リレーションシップの設定は、［リレーションシップの管理］ダイアログボックスで指定します。

> 準備した複数のテーブルを関連付ける

ピボットテーブルの設定　　　　　　　　　レッスン73

データモデルを元にピボットテーブルを作成します。ピボットテーブルのレイアウトやデザインの変更などは、これまでのレッスンで紹介した操作と同じです。

> 関連付けたテーブルのフィールドを使ってピボットテーブルを作成する

🔅 使いこなしのヒント
他の形式のデータも利用できる

Accessなどリレーショナルデータベースソフトを使っている場合は、すでに複数のテーブルを使ってデータを活用していることも多いでしょう。そのような場合、テーブルやクエリのデータを読み込んで、Excelでそのまま活用することもできます。他の形式のファイルを読み込んだり、読み込んだデータを加工したりする方法は、第11章で紹介しています。

🔅 使いこなしのヒント
Power Pivotで
リレーションシップを設定する

リレーションシップの設定は、Power Pivotの画面から行うこともできます。第10章で紹介しています。

📖 用語解説
リレーションシップ

リレーションシップとは、テーマごとに用意された複数のテーブルに関連付けを設定することです。リレーションシップの設定によって、ほかのテーブルのデータを参照して利用できるしくみを作成できます。

リレーションシップの基本を知ろう

リレーションシップの概念 | 練習用ファイル | なし

🔗 関連レッスン

レッスン72
テーブル同士を関連付けるには p.262

レッスン73
複数のテーブルからピボットテーブルを作成するには p.266

仕組みを理解する

複数のテーブルに分かれたデータをうまく活用するためには、ほかのテーブルのデータを参照して必要な情報を取り出せるように、テーブルにリレーションシップという関連付けの設定を行います。

具体的には、関連付けを設定する相互のテーブルに、共通のフィールドを設け、そのフィールドを結び付けます。一般的に、共通のフィールドの一方はテーブル内で重複しない値が入ります。もう一方は、同じデータが複数回登場する可能性があります。例えば、顧客情報テーブルと売上情報テーブルを結び付ける場合、顧客情報テーブルの［顧客番号］フィールドは、顧客ごとに固有の値が入ります。従って、売上情報テーブルの［顧客番号］フィールドを介して特定の顧客情報を参照できるようになります。

●複数のテーブルにあるデータをつなげる

商品番号	商品名	価格	日付	顧客名	住所	数量
S-2	ギフト（中）	2000	2023/04/01	山田一郎	東京都○○○	2
S-3	ギフト（大）	3000	2023/04/01	山田一郎	東京都○○○	1
S-2	ギフト（中）	2000	2023/04/02	斉藤太郎	埼玉県○○○	2
S-2	ギフト（中）	2000	2023/04/02	山田一郎	東京都○○○	3
・・・・	・・・・	・・・・	・・・・	・・・・	・・・・	・・・・

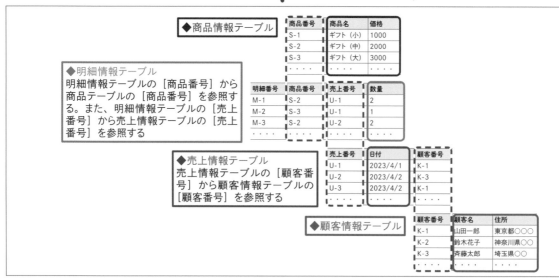

◆商品情報テーブル

商品番号	商品名	価格
S-1	ギフト（小）	1000
S-2	ギフト（中）	2000
S-3	ギフト（大）	3000
・・・	・・・	・・・

◆明細情報テーブル
明細情報テーブルの［商品番号］から商品テーブルの［商品番号］を参照する。また、明細情報テーブルの［売上番号］から売上情報テーブルの［売上番号］を参照する

明細番号	商品番号	売上番号	数量
M-1	S-2	U-1	2
M-2	S-3	U-1	1
M-3	S-2	U-2	2

◆売上情報テーブル
売上情報テーブルの［顧客番号］から顧客情報テーブルの［顧客番号］を参照する

売上番号	日付	顧客番号
U-1	2023/4/1	K-1
U-2	2023/4/2	K-3
U-3	2023/4/2	K-1
・・・	・・・	・・・

◆顧客情報テーブル

顧客番号	顧客名	住所
K-1	山田一郎	東京都○○○
K-2	鈴木花子	神奈川県○○
K-3	斉藤太郎	埼玉県○○
・・・		

データを準備する

データを複数のテーブルに分けて管理するときは、まず、テーマごとにテーブルを分けます。例えば、売り上げを集計する場合、顧客に関する情報を含む顧客情報テーブル、商品に関する情報を含む商品情報テーブル、1件ごとの売り上げに関する情報を含む売上情報テーブル、個々の売り上げの明細データを含む明細情報テーブルなどが必要です。続いて、それぞれのテーブルの各データを識別するために、固有の値が入るフィールドを用意します。

また、売上情報テーブルには、どの顧客の売り上げなのかを参照するためのフィールド、明細情報テーブルには、どの商品の売り上げなのか、どの売り上げに関する明細なのかを参照するためのフィールドを用意します。

1.データをグループに分ける

2.テーブルのデータを識別するために固有のフィールドを用意する

3.ほかのテーブルを参照するためのフィールドを用意する

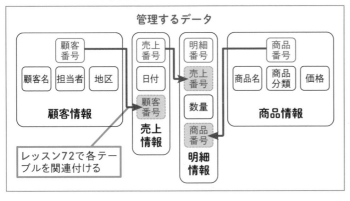

レッスン72で各テーブルを関連付ける

使いこなしのヒント
状況に応じてデータが重複しないようにする

本書では、操作手順が複雑にならないように、データの正規化を簡略化しています。そのため、[商品] テーブルの [商品分類] フィールドなどは、同じ値が登場しています。このような場合、厳密には、別途、[商品分類] テーブルなどを作成してテーブルを分割して利用することが望ましいでしょう。ただし、テーブルをあまり細かく分けすぎると、作業効率が悪くなることもあります。実際には、臨機応変な対応が必要です。

使いこなしのヒント
データの正規化が重要

集めたデータを、テーマごとに分類して複数のテーブルに分けて整理することを、データの正規化と言います。データの正規化は、さまざまなルールに沿って行います。詳しくは、『できるAccess 2019 Office 2019/Office 365両対応』などのデータベース関連の書籍などを参照してください。

使いこなしのヒント
テーマやタイミングなどを考慮してテーブルを分ける

データを複数のテーブルに分けるときは、まずは、仲間探しのようにテーマに沿ってグループ分けをします。このとき、データが発生するタイミングを考慮すると、グループが見えてくることもあります。また、1つのテーブルに何度も同じ値が出ないようにチェックし、同じ値が出てくるときは、さらに細かくグループ分けをしてテーブルを分けます。

71 まとめて集計できるように テーブルを準備するには

複数テーブルの作成　　　　　　　　　　　　　　　　練習用ファイル　L71_複数テーブルの作成.xlsx

シートごとにテーブルを作成する

複数のテーブルにリレーションシップを設定するには、個々のリスト範囲をテーブル（45ページ参照）に変換する必要があります。ここでは、4つのテーブルを作成します。

関連レッスン

レッスン08
データの入力ミスや表記ゆれを
統一するには　　　　　　　　　p.44

レッスン70
リレーションシップの基本を知ろう
　　　　　　　　　　　　　　　p.256

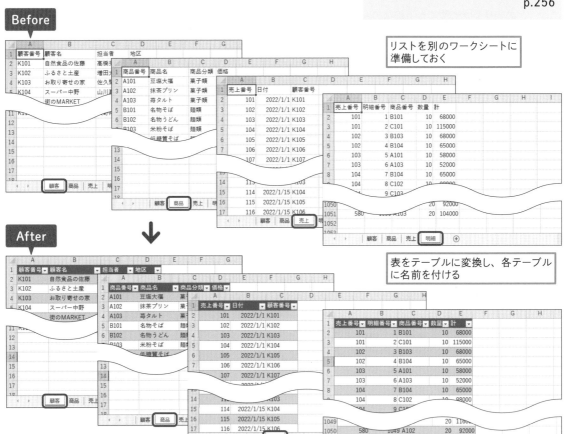

Before

リストを別のワークシートに準備しておく

After

表をテーブルに変換し、各テーブルに名前を付ける

使いこなしのヒント

情報の内容が分かるようなテーブル名にする

上の [Before] の画面は、4つのシートに、それぞれ「顧客」「商品」「売上」「明細」の情報が入ったリストを表示したものです。[After] の画面は、リストをテーブルに変換して、テーブルに名前を設定したものです。リレーションシップの設定画面では、テーブル名を指定します。テーブルの内容が分かる名前を付けておきましょう。

👍 スキルアップ

商品番号から売上合計を求めるには

ほかのデータベースソフトからインポートしたデータを利用するような場合は、[明細] テーブルに、「数量」×「価格」の金額を表示する列がないこともあるでしょう。そのような場合、商品番号に対応する商品の価格を、[商品] テーブルから探して計算する方法があります。それには、VLOOKUP関数を使います。VLOOKUP関数では、別表の左端の列の値を検索して、該当する値を返します。データの増減や変更がある場合などは、レッスン77の方法を参照してください。

> ここでは [計] 列に、「数量」と [商品] テーブルから参照した「価格」を掛けた結果を表示する

> 計算結果が表示され、[計] 列の残りのセルに計算結果が自動で表示された

1 セルE2をクリックして選択

2 数式バーに「=D2*VLOOK UP(C2,商品,4,FALSE)」と入力

3 Enter キーを押す

1 リストをテーブルに変換する

ここでは [顧客] シートのリストをテーブルに変換し、「顧客」と名前を付ける

1 [顧客] シートをクリック

2 リスト内のセルをクリックして選択

3 [挿入] タブをクリック

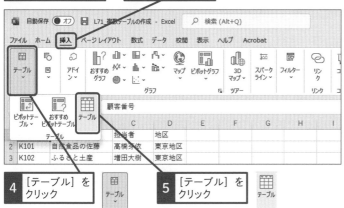

4 [テーブル] をクリック

5 [テーブル] をクリック

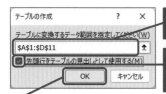

6 テーブルに変換するリスト範囲を確認

7 [先頭行をテーブルの見出しとして使用する]をクリックしてチェックマークを付ける

8 [OK] をクリック

💡 使いこなしのヒント

スタイルを指定してテーブルを作成するには

手順1の操作2の後で、[ホーム] タブの [テーブルとして書式設定] ボタンをクリックしてもテーブルに変換できます。その場合、テーブルのデザインを最初に選択できます。

1 [ホーム] タブをクリック

2 [テーブルとして書式設定]をクリック

3 テーブルスタイルをクリック

⚠️ ここに注意

手順1の操作6で、テーブルに変換されるセル範囲が目的の範囲とは異なるときは、⬆をクリックし、リストの範囲を指定し直します。

次のページに続く →

2 テーブルに名前を付ける

リストがテーブルに
変換された

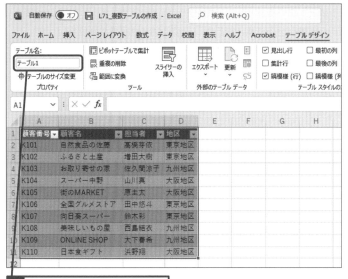

1 [テーブル名] の [テーブル1]
をクリック

テーブル名を変更できる
ようになった

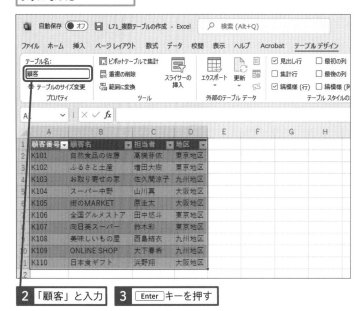

2 「顧客」と入力 　**3** Enter キーを押す

テーブル名が変更される

🔆 使いこなしのヒント

テーブルのリスト範囲を修正するには

テーブルのリスト範囲を修正するには、
テーブル内をクリックして以下のように操
作します。

テーブルのセル
をクリックして
選択しておく

1 [テーブルデザイン] タブをクリック

2 [テーブルのサイズ変更]
をクリック

[表のサイズ変更] ダイアログボック
スが表示された

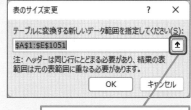

ここをクリックして、リスト範囲を
変更する

⚠ ここに注意

テーブルの名前の入力を間違えてしまっ
たときは、テーブル内をクリックし、[デ
ザイン] タブの [テーブル名] に名前を
入力し直します。

3 各シートの表をテーブルにする

1 手順1から手順2を参考に、[商品]シートのリストを[商品]テーブルに変換　｜　セルA1〜D11をテーブルに変換する

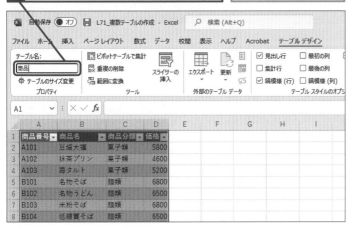

2 手順1から手順2を参考に、[売上]シートのリストを[売上]テーブルに変換　｜　セルA1〜C481をテーブルに変換する

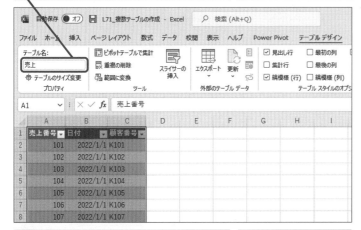

3 手順1から手順2を参考に、[明細]シートのリストを[明細]テーブルに変換　｜　セルA1〜E1051をテーブルに変換する

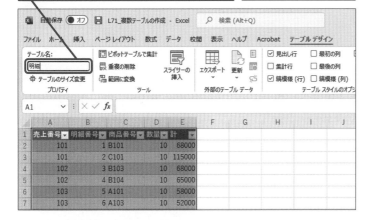

使いこなしのヒント

ドラッグしてリスト範囲を変更できる

テーブルのリスト範囲はドラッグ操作でも設定ができます。例えば、集計に利用しない右端の「備考」欄をテーブル範囲から除くには、以下のように操作します。

1 リスト範囲のここにマウスポインターを合わせる

マウスポインターの形が変わった

2 ここまでドラッグ

リスト範囲が変更される

72 テーブル同士を関連付けるには

リレーションシップ

練習用ファイル L72_リレーションシップ.xlsx

活用編 第9章 複数のテーブルを集計しよう

共通フィールドをつなげる

テーブルにリレーションシップを設定するには、互いのテーブルの共通フィールドをつなげます。ここでは、3つのリレーションシップを設定します。

🔗 関連レッスン

レッスン71
まとめて集計できるようにテーブルを
準備するには p.258

レッスン73
複数のテーブルからピボットテーブルを
作成するには p.266

Before

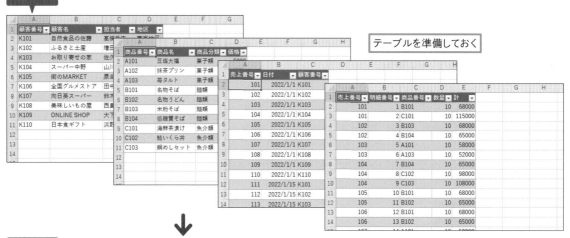

テーブルを準備しておく

↓

After

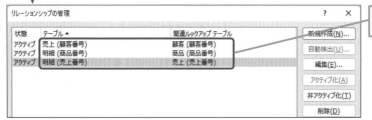

それぞれのテーブルにある
フィールドを関連付ける

💡 使いこなしのヒント

それぞれのテーブルにある共通フィールドをつなげる

上の [Before] の画面は、リレーションシップの設定を行う前の4つのテーブルです。[After] の画面はリレーションシップの設定画面です。ここでは、3つのリレーションシップを設定します。1つ目は、[顧客] テーブルと [売上] テーブルを [顧客番号] という共通フィールドで結び付けます。2

つ目は、[商品] テーブルと [明細] テーブルを [商品番号] という共通フィールドで結び付けます。3つ目は、[売上] テーブルと [明細] テーブルを [売上番号] という共通フィールドで結び付けます。関連付けを設定するテーブル名と共通のフィールド名を指定します。

1 リレーションシップを作成する

ここでは [売上] テーブルに
リレーションシップを作成する

1 [データ] タブを
クリック

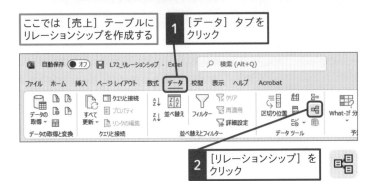

2 [リレーションシップ] を
クリック

[リレーションシップの管理] ダイアログ
ボックスが表示された

3 [新規作成] を
クリック

[リレーションシップの作成] ダイアログ
ボックスが表示された

4 [テーブル] のここ
をクリック

ブックにあるテーブルの
一覧が表示された

5 [ワークシートテーブル：売上]
をクリック

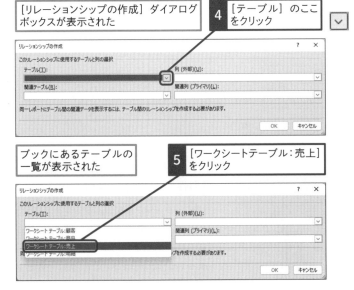

次のページに続く→

使いこなしのヒント

データモデルに追加される

テーブル同士にリレーションシップを設
定すると、リレーションシップを設定し
たテーブルは、データモデルに追加され
ます。データモデルのデータは、Power
Pivotウィンドウで確認できます（第10章
参照）。

ここに注意

別名で保存する場合には注意しましょう。
リレーションシップを設定後、別の名前で
ファイルを保存すると、データモデルに追
加したデータへの接続先が、別の名前で
保存する前のファイルのテーブルのまま
なります。その場合、元のファイルを消し
てしまうと、データを更新したりすること
ができないため注意が必要です。接続先
を確認する方法は、269ページのヒントを
参照してください。

使いこなしのヒント

**[テーブル] に指定する
テーブルを選ぶには**

リレーションシップを設定するときは、互
いのテーブルの共通フィールドをつなげ
ます。一般的に、共通フィールドの片方
は、テーブル内で固有の値が入力される
フィールドです。もう一方は、テーブル内
で同じ値が繰り返して入力されるフィール
ドです。[リレーションシップの作成] ダ
イアログボックスの [テーブル] 欄では、
同じ値が繰り返して入力されるフィールド
を含むテーブルを指定します。

●そのほかの項目を設定する

参照元のテーブルが
選択された

6 ［例（外部）］のここをクリックして
［顧客番号］をクリック

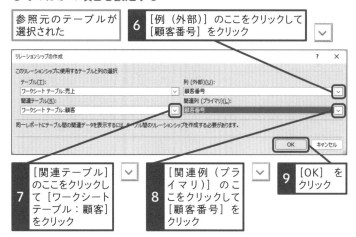

7 ［関連テーブル］
のここをクリック
して［ワークシート
テーブル：顧客］
をクリック

8 ［関連例（プライ
マリ）］のここをク
リックして
［顧客番号］を
クリック

9 ［OK］を
クリック

2 別のリレーションシップを作成する

作成したリレーションシップが
表示された

1 ［新規作成］を
クリック

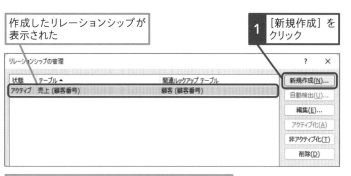

［リレーションシップの作成］ダイアログボックスが
表示された

2 ［テーブル］のここをクリック
して［ワークシートテーブル：
明細］をクリック

3 ［列（外部）］のここ
をクリックして［商品
番号］をクリック

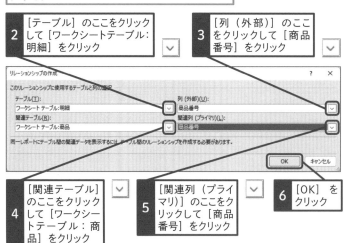

4 ［関連テーブル］
のここをクリック
して［ワークシー
トテーブル：商
品］をクリック

5 ［関連列（プライ
マリ）］のここをク
リックして［商品
番号］をクリック

6 ［OK］を
クリック

使いこなしのヒント

［列（外部）］って何?

手順1の操作6の［列（外部）］には、外部
キーを指定します。外部キーとは、リレー
ションシップの設定によってほかのテー
ブルのデータを参照するために使用され
るフィールドです。例えば、［顧客］テー
ブルと［売上］テーブルが［顧客番号］
フィールドで結び付けが設定されている
場合、［売上］テーブル側でどの顧客の売
上データなのかを参照するために用意す
る［顧客番号］フィールドが外部キーです。

ここでは、［売上］テーブルの［顧客
番号］フィールドが外部キーとなる

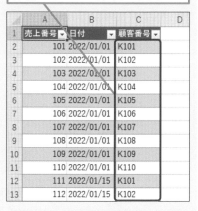

使いこなしのヒント

［関連テーブル］って何?

［リレーションシップの作成］ダイアログ
ボックスの［関連テーブル］欄では、固
有の値が入力されるフィールドを含む
テーブルを指定します。ここでは、［売上］
テーブルと［顧客］テーブルの［顧客番号］
フィールドを結び付けます。［関連テーブ
ル］は、固有の値が入力されるフィールド
を含む［顧客］テーブルを指定します。

●さらに別のリレーションシップを作成する

[明細] テーブルに作成したリレーションシップ
が表示された

7 [新規作成] を
クリック

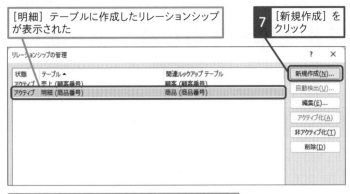

[リレーションシップの作成] ダイアログボックスが
表示された

8 [テーブル] のここをクリック
して [データモデルのテー
ブル：明細] をクリック

9 [列（外部）] のここ
をクリックして [売上
番号] をクリック

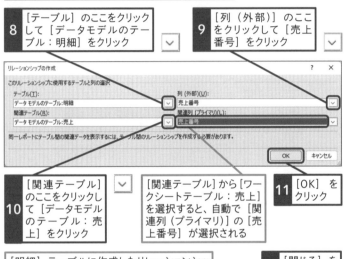

10 [関連テーブル]
のここをクリックし
て [データモデル
のテーブル：売
上] をクリック

[関連テーブル] から [ワー
クシートテーブル：売上]
を選択すると、自動で [関
連列（プライマリ）] の [売
上番号] が選択される

11 [OK] を
クリック

[明細] テーブルに作成したリレーションシッ
プが表示された

12 [閉じる] を
クリック

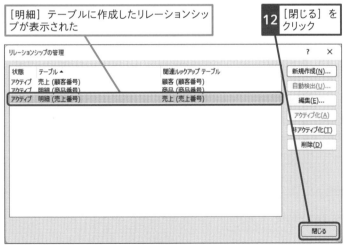

[リレーションシップの管理] 画面が
閉じる

リレーションシップの内容を確認したいときは手順1を参考に
[リレーションシップ] をクリックする

使いこなしのヒント

[関連列（プライマリ）] って何？

手順1の操作8の画面の [関連列（プライ
マリ）] には、プライマリキーを指定します。
プライマリキーとは、テーブル内の個々の
データを区別するために用意するフィー
ルドです。プライマリキーには、ほかのデー
タと重複しない固有のデータを入力しま
す。例えば、[顧客] テーブルの場合、個々
の顧客情報を識別するための [顧客番号]
フィールドを、プライマリキーとして利用
します。

ここでは、[顧客情報] フィールドが
プライマリキーとなる

● [顧客] テーブル

	A	B	C	D
1	顧客番号	顧客名	担当者	地区
2	K101	自然食品の佐藤	高橋芽依	東京地区
3	K102	ふるさと土産	増田大樹	東京地区
4	K103	お取り寄せの家	佐久間涼子	九州地区
5	K104	スーパー中野	山川真	大阪地区
6	K105	街のMARKET	原圭太	大阪地区
7	K106	全国グルメストア	田中悠斗	東京地区
8	K107	向日葵スーパー	鈴木彩	東京地区
9	K108	美味しいもの屋	西島結衣	九州地区
10	K109	ONLINE SHOP	大下春希	九州地区

使いこなしのヒント

自動検出するときは注意する

リレーションシップを設定せず、複数の
テーブルからピボットテーブルを作成す
ると、次のようなメッセージが表示される
場合があります。[自動検出] をクリック
すると、リレーションシップを自動で設定
できることもありますが、正しく設定され
るとは限りませんので注意しましょう。

1 [作成] をクリック

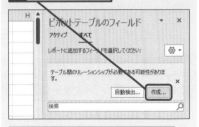

手順1の [リレーションシップの作成]
ダイアログボックスが表示される

73 複数のテーブルから ピボットテーブルを作成するには

YouTube 動画で見る
詳細は2ページへ

複数テーブルの集計　　　　　　　　　　　　練習用ファイル　L73_複数テーブルの集計

各テーブルのフィールドを集計する

複数のリストをテーブルに変換し、テーブル同士を結び付けるリレーションシップを設定したら、データモデルに追加したデータを元にピボットテーブルを作成してみましょう。

🔗 関連レッスン

レッスン71
まとめて集計できるようにテーブルを
準備するには　　　　　　　　p.258

レッスン72
テーブル同士を関連付けるには　p.262

Before

複数のリストが存在する

After

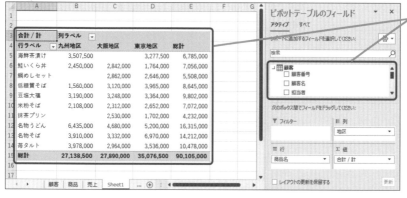

複数のテーブルを参照してピボットテーブルを作成できる

💡 使いこなしのヒント

複数のテーブルの数値を使用できる

上の［Before］の画面は、リレーションシップを設定することでデータモデルに追加された複数のテーブルの画面です。データモデルのデータの表示方法は、レッスン75で紹介します。［After］の画面は、データモデルから作成したピボットテーブルの画面です。ここでは、商品ごと地区ごとの売上の合計を表示しています。

1 ピボットテーブルを作成する

ここではデータモデルからピボット
テーブルを作成する

1 ［明細］シートを
クリック

2 テーブルのセルを
クリックして選択

3 ［挿入］タブ
をクリック

4 ［テーブル］
をクリック

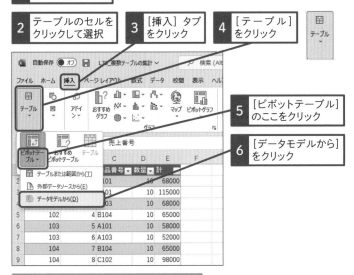

5 ［ピボットテーブル］
のここをクリック

6 ［データモデルから］
をクリック

［データモデルからのピボットテーブル］
ダイアログボックスが表示された

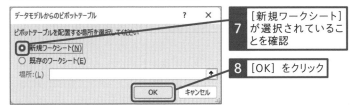

7 ［新規ワークシート］
が選択されているこ
とを確認

8 ［OK］をクリック

ピボットテーブル
の枠が表示された

フィールドセクションにデータモデ
ルに追加したデータが表示された

9 ［すべて］を
クリック

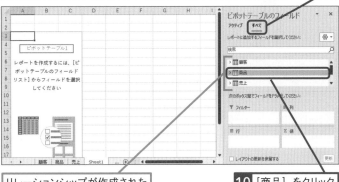

リレーションシップが作成された
データが表示された

10 ［商品］をクリック

次のページに続く ➡

使いこなしのヒント

データモデルって何？

データモデルとは、複数のリストから構成
されるデータのセットのことです。複数の
テーブルを元にピボットテーブルを作成
するには、データモデルにデータを追加
して利用します。レッスン72の手順でリ
レーションシップを設定すると、テーブル
のデータがデータモデルに自動的に追加
されます。

⚠ ここに注意

手順1の操作1で別のシートを選択した状
態で作成すると、選択していたシートの
左側にシートが追加されてピボットテーブ
ルが作成されます。また、手順1の操作2
でテーブル以外のセルを選択した状態で
操作を進めると、次の画面で既存のワー
クシートにピボットテーブルを作成する状
態になります。［新規ワークシート］を選
択して画面を進めます。

使いこなしのヒント

プライマリキーの値に
注意しよう

プライマリキーに、重複する値が含まれ
ていたり、プライマリキーに空欄の値が含
まれていたりすると、ピボットテーブルで
正しく修正できません。以下のようなメッ
セージが表示された場合は、プライマリ
キーの値を確認しましょう。

プライマリキーの値に問題があると、
テーブルを更新したときにメッセージが
表示される

メッセージには問題の解説が
表示される

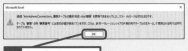

1 ［OK］をクリック

2 各フィールドを配置する

ここでは［商品］テーブルの［商品］
フィールドを［行］エリアに配置する

1 ［商品名］にマウスポインター
を合わせる

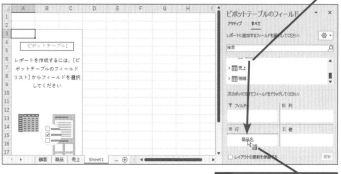

2 ［行］エリアにドラッグ

商品名が表示された

3 ［顧客］をクリック

［顧客］テーブルの［地区］フィールド
を［列］エリアに移動する

4 ［地区］にマウスポインター
を合わせる

5 ［列］エリアにドラッグ

💡 使いこなしのヒント

セクションの表示方法を変更する

［フィールドリスト］で、テーブルやフィールドを選択しづらい場合は、表示方法を変更するといいでしょう。123ページの方法で、［フィールドセクションを左、エリアセクションを右に表示］などを選択すると、フィールドの一覧が見やすくなります。

⚠ ここに注意

手順2で間違って違うフィールドを［行］エリアに追加してしまったときは、フィールドをレイアウトセクションから削除してフィールドを追加し直しましょう。

💡 使いこなしのヒント

目的のフィールドを
素早く見つけるには

フィールドの数が多い場合は、［フィールドリスト］ウィンドウで目的のフィールドを見つけにくいこともあるでしょう。［フィールドリスト］ウィンドウからフィールドを検索できます。以下のように操作すると、フィールドを素早く見つけられるので便利です。

ここでは、フィールド名に「商品」を
含んだフィールドを検索する

1 「商品」と入力

「商品」を含んだフィールド名が
検索された

3 集計用のフィールドを配置する

地区名が表示された

1 [明細] をクリック

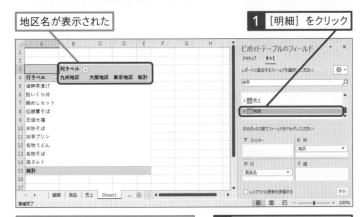

[明細] テーブルの [計] フィールドを [値] エリアに移動する

2 [計] にマウスポインターを合わせる

3 [値] エリアにドラッグ

商品ごとに地区別の売上が表示された

レッスン44を参考に数値にけた区切りのコンマを表示しておく

使いこなしのヒント

接続先を確認する

テーブルをデータモデルに追加すると、[クエリと接続] 作業ウィンドウに接続先の情報が表示されます。詳細は、[接続のプロパティ] 画面に表示されます。接続先は、[定義] タブの [コマンド文字列] で確認できます。なお、「接続名」は、既定では、ファイル名の情報が入ります。ファイルをコピーした場合やファイル名を変更しても「接続名」は変わらないので注意してください。「接続名」を変更するには、「接続名」欄をクリックして入力します。

1 [データ] タブをクリック

2 [クエリと接続] をクリック

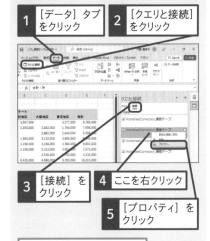

3 [接続] をクリック

4 ここを右クリック

5 [プロパティ] をクリック

接続先の情報が表示された

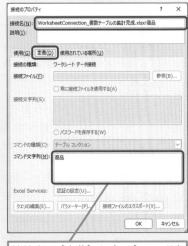

接続先は [定義] タブの [コマンド文字列] に表示される

この章のまとめ

データを分けて管理を楽にしよう

データを複数のテーブルに分けて管理するメリットは、データ管理が楽になること、データサイズを小さく抑えられることなどがあります。リレーションシップを設定し、ほかのテーブルのデータを参照する仕組みを作る方法をマスターしましょう。なお、テキストファイルやAccessのファイルなど、既存のデータを読み込んだり、読み込んだデータを自動的に整理したりするには、Power Queryを使用するといいでしょう。毎回データを加工する手間を省き有効に活用できます。第11章を参照してください。

なんとか着いてこれました…。

リレーションシップの設定がやや難しいのですが、1つずつ着実に手順を進めていきましょう。

かなり複雑な内容でしたが、いろいろなデータをまとめるときに使えそうです。

多様なデータをまとめる機能なので、最終的にどのようなデータを抽出したいのか、ある程度イメージしてから進めたほうがいいですね。

第10章

パワーピボットを
使いこなそう

この章ではデータモデルのデータをより活用するためにPower Pivotのアドインを紹介します。Power Pivotの画面を表示して、どのようなことができるのかを見てみましょう。また、Power Pivotの画面からピボットテーブルを作成する方法も紹介します。

74

Introduction この章で学ぶこと

Power Pivotでデータモデルのデータを管理しよう

他のソフトで作成した複数のリストのデータを活用してピボットテーブルを作成する場合などは、データモデルというデータのセットを利用します。Power Pivotというアドインを利用すると、データモデルのデータを簡単に管理できます。

遂に登場、Power Pivot！

いきなりですがPower Pivotって何ですか？

本当にいきなりですね。Power Pivotはピボットテーブルのさらに強力な形だと考えてください。

どんな機能があるのか、興味しんしんです！

お二人をあっと言わせる機能が盛りだくさんです。まずは画面から見ていきましょう。

ブックとは違う画面で表示される

Power PivotはExcelのブックとは違う画面で表示されます。デザインは似ていますが、ツールバーやシートなども専用のものが表示されるので注意しましょう。

	売上番号	日付	顧客...	列の追加
1	101	2022/0...	K101	
2	102	2022/0...	K102	
3	103	2022/0...	K103	
4	104	2022/0...	K104	
5	105	2022/0...	K105	

ブックとは別画面で表示される

大量のデータを簡単に繋げられる

Power Pivotの強力な機能はこれ。前の章で学んだ「リレーションシップ」を、マウスを使ってより簡単に作成・管理することができるんです。

データ同士の繋がりが一目で分かりますね！
マウスでできるのも便利です♪

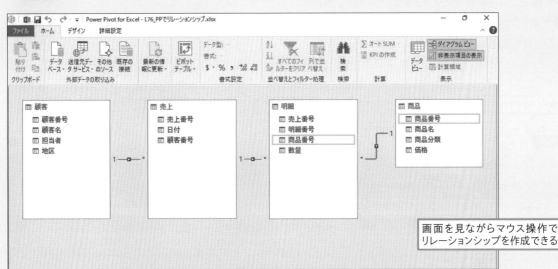

画面を見ながらマウス操作で
リレーションシップを作成できる

ピボットテーブルに関数を追加する

この章ではさらに高度なテクニックも紹介します。PowerPivot用の関数と、データモデル用の関数を活用する方法です。

それぞれ専用の関数があるんですね！

	売上...	明細番号	商品...	数量	計	列
1	101	1	B101	10		
2	101	2	C101	10		
3	102	3	B103	10		
4	102	4	B104	10		
5	103	5	A101	10		
6	103	6	A103	10		
7	104	7	B104	10		

[計] ✕ ✓ fx =RELATED('商品'[価格])*[数量]

数式(E): fx DAX 式を確認(H)

=DISTINCTCOUNT('明細'[商品番号])

特殊な関数でデータ処理を効率化
できる

レッスン 75

Power Pivotの画面と データモデルを確認するには

Power Pivot　　　　　　　　　　　　　　　練習用ファイル　L75_PowerPivot.xlsx

ブックとは違う画面が表示される

Power Pivotアドインを利用すると、データモデルに追加したデータを確認したり管理したりできます。例えば、リレーションシップの設定をドラッグ操作で簡単に指定したり、リレーションシップの設定をひと目で確認できたりします。

🔗 関連レッスン

レッスン76
Power Pivotでリレーションシップを
設定するには　　　　　　　　　　p.278

レッスン77
Power Pivotで集計列を追加するには
　　　　　　　　　　　　　　　　p.282

レッスン78
Power Pivotでピボットテーブルを
作成するには　　　　　　　　　　p.284

活用編 第10章 パワーピボットを使いこなそう

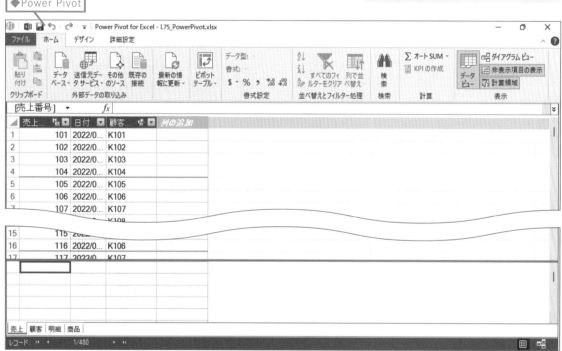

◆Power Pivot

💡 使いこなしのヒント

データモデルの内容を確認しよう

ここでは、Excelの画面からPower Pivotの画面を表示して、データモデルという、複数のデータの集まりから構成されるデータのセットを確認してみましょう。なお、Power Pivotを利用するには、多くの場合、Power Pivotアドインを有効にしたり、アドインをインストールしたりする準備が必要です。

また、Excelのバージョンやエディションによって、使用できない場合もあります。Microsoft 365のExcelは使用できますが、2019以降では、Home＆BusinessやProfessionalなど、2016では、Professional Plus（ボリュームライセンス）やExcel 2016単体製品で使用できます。

274　できる

1 Excelのオプションを設定する

アドインを有効にする

1 [ファイル] タブ
をクリック

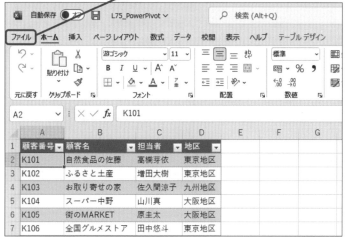

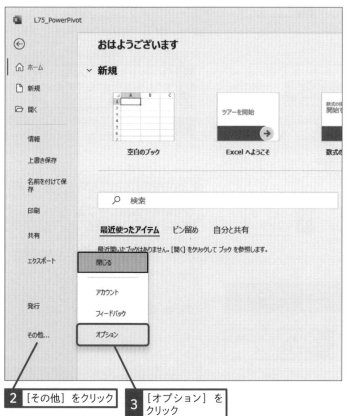

2 [その他] をクリック

3 [オプション] を
クリック

使いこなしのヒント

Power Pivotのアドインを
有効化する

[Excelのオプション] ダイアログボックス
から、Power Pivotのアドインを有効化し
て、Power Pivotを使う準備をしましょう。
すでに [Power Pivot] タブが表示されて
いる場合は、手順2に進みます。

使いこなしのヒント

ほかにどんなことができるの?

Power Pivotを使うと、ピボットテーブル
を作成するのに利用できるデータモデル
を簡単に管理できます。また、フィールド
に階層を作成することで「商品分類」と「商
品名」などの複数のフィールドをまとめて
扱えるようにもできます。データモデルを
構成するデータの集まりは、シートごとに
まとめられます。ほかのシートのデータを
参照して必要な値を表示する列を追加す
ることもできます。

列を追加してほかのシートの値を
参照して計算したりできる

次のページに続く→

●アドインを有効化する

[Excelのオプション] ダイアログボックスが
表示された

4 [アドイン] を
クリック

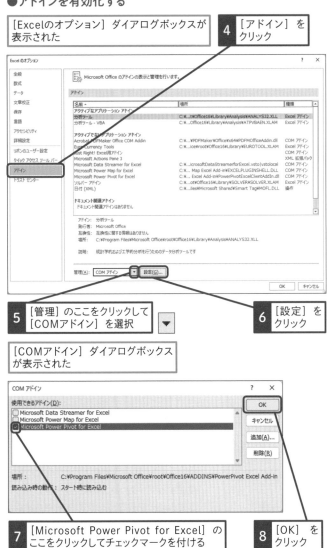

5 [管理] のここをクリックして
[COMアドイン] を選択

6 [設定] を
クリック

[COMアドイン] ダイアログボックス
が表示された

7 [Microsoft Power Pivot for Excel] の
ここをクリックしてチェックマークを付ける

8 [OK] を
クリック

---

2 Power Pivotを起動する

[Power Pivot] タブが
表示された

1 [Power Pivot]
タブをクリック

2 [管理] をクリック

使いこなしのヒント

**アドインをまとめて
有効にする**

お使いのExcelによっては [Excelのオプ
ション] ダイアログボックスでは、使用す
るアドインをまとめて追加できます。以下
のように操作します。

レッスン22を参考に、[Excelのオプ
ション] ダイアログボックスを表示して
おく

1 [データ] をクリック

2 [データ分析アドインを有効に
する] をクリックしてチェック
マークを付ける

3 [OK] をクリック

使いこなしのヒント

**[Power Pivot] タブが
表示されない場合は**

[Power Pivot] タブが表示されない場合
は、[Excelのオプション] ダイアログボッ
クスの [リボンのユーザー設定] をクリッ
クして、設定を確認してみましょう。

⚠ ここに注意

手順1の操作5で [COMアドイン] を選択
せずに [設定] ボタンをクリックしてしまっ
た場合は、[アドイン] ダイアログボック
スの [キャンセル] ボタンをクリックしま
す。手順1から操作をやり直します。

●内容を確認する

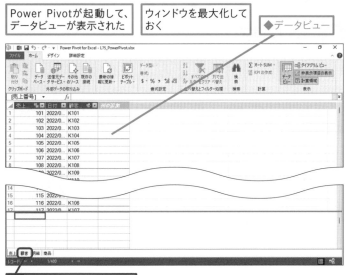

> Power Pivotが起動して、データビューが表示された

> ウィンドウを最大化しておく

> ◆データビュー

> 3 [顧客] シートをクリック

> [顧客] シートが表示された

> 同様の手順で他のシートも確認しておく

> 4 [ホーム] タブをクリック

> 5 [ダイアグラムビュー] をクリック

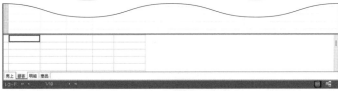

> 各シートのリレーションシップが表示された

> 6 [閉じる] をクリック

> Power Pivotが終了する

76 Power Pivotでリレーションシップを設定するには

リレーションシップの設定

練習用ファイル　L76_PPでリレーションシップ.xlsx

データ同士のつながりを明示する

レッスン72では、Excelからテーブル同士にリレーションシップを設定することで、テーブルのデータをデータモデルに追加しましたが、ここでは、Power Pivotから操作します。

🔗 関連レッスン

Before

フィールドがどれにつながって
いるか分からない

[顧客] の [顧客番号] フィー
ルドを [売上] の [顧客番号]
フィールドと関連付ける

[売上] の [売上番号] フィー
ルドを [明細] の [売上番号]
フィールドと関連付ける

After

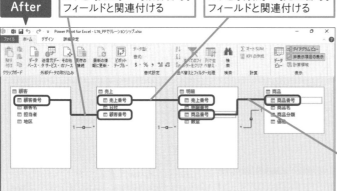

[商品] の [商品番号] フィールドを [明
細] の [商品番号] フィールドと関
連付ける

💡 使いこなしのヒント

ドラッグ操作でリレーションシップを設定できる

テーブルをデータモデルに追加し、Power Pivotでリレーションシップを設定します。テーブルではなくリストをデータモデルに追加した場合、テーブルへ変換する画面が表示され、変換後にデータモデルに追加されます。上の [Before] の画面は、Power Pivotでリレーションシップを設定する画面です。[After] 画面は、リレーションシップ設定後の画面です。ドラッグ操作でリレーションシップを設定できます。

活用編

第10章　パワーピボットを使いこなそう

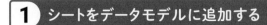

1 シートをデータモデルに追加する

1 「顧客」シート内のリストを
クリック

2 [Power Pivot]
タブをクリック

3 [データモデルに
追加]をクリック

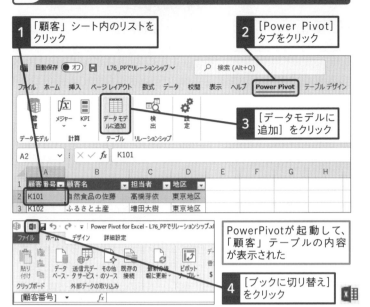

PowerPivotが起動して、
「顧客」テーブルの内容
が表示された

4 [ブックに切り替え]
をクリック

同様の手順で「商品」「売上」
「明細」テーブルもデータモ
デルに追加する

5 [ダイアグラムビュー]
をクリック

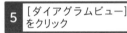

ダイアグラムビューが表示される

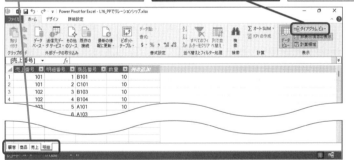

2 フィールドリストを並べ替える

ここではフィールドリストを[顧客][売上]
[明細][商品]の順に並べる

1 [売上]のタイトルバーにマ
ウスポインターを合わせる

2 ここまでドラッグ

使いこなしのヒント

テーブル名を設定しておく

ここでは、「顧客」「商品」「売上」「明細」シートのテーブルにそれぞれテーブル名「顧客」「商品」「売上」「明細」という名前を付けています。テーブルをデータモデルに追加すると、Power Pivotの画面に、テーブル名と同じシート名が表示されて、そこにそのテーブルが表示されます。

使いこなしのヒント

フィールドのデータ型について

Excelのテーブルをデータモデルに追加すると、テーブルのデータを元に各フィールドのデータ型が自動的に認識されます。データ型を確認するには、次のように操作します。また、データ型の横の「▼」をクリックして、データ型を変更することもできますが、データの内容によっては、他のデータ型に変換できません。

1 [ホーム]タブ
をクリック

2 フィールド内
をクリック

3 データ型が表示される

3 フィールドリストを整える

> [売上] のフィールドリストが移動した

> 同様の手順で左から [顧客] [売上] [明細] [商品] の順に並べる

ここをドラッグして右にスクロールすると、画面に見えていないフィールドリストが表示される

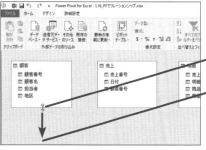

> ここでは [顧客] のフィールドリストを縦に長くする

1 ここにマウスポインターを合わせる

2 ここまでドラッグ

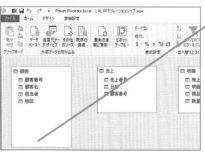

> フィールドリストのサイズが縦に長くなった

> [売上] [明細] のフィールドリストも縦長にしておく

4 リレーションシップを設定する

> ここでは [顧客] の [顧客番号] フィールドを [売上] の [顧客番号] フィールドと関連付ける

1 [顧客] の [顧客番号] フィールドにマウスポインターを合わせる

2 [売上] の [顧客番号] フィールドまでドラッグ

🔍 用語解説

フィールドリスト

Power Pivotでダイアグラムビューに切り替えると、データモデルに追加したテーブルごとにフィールドリストが表示されます。フィールドリストには、テーブルに含まれるフィールド名の一覧が表示されます。フィールドリストのタイトルバーをドラッグすると、配置を変更できます。

💡 使いこなしのヒント

リレーションシップの設定確認

リレーションシップを設定すると、共通のフィールド同士に結合線が表示されます。共通フィールドのうち、外部キー側に「*」、プライマリーキー側に「1」と表示されます。結合線部分をダブルクリックすると、リレーションシップの設定の詳細が表示されます。外部キーやプライマリキーについては、レッスン72を参照してください。

1 ダブルクリック

活用編

第 **10** 章

パワーピボットを使いこなそう

●リレーションシップを確認する

リレーションシップが設定された

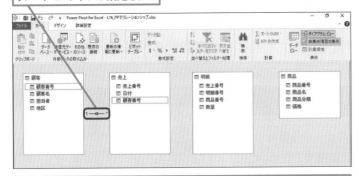

同様の手順で［売上］の［売上番号］フィールドを［明細］の［売上番号］フィールドに、［商品］の［商品番号］フィールドを［明細］の［商品番号］フィールドに、それぞれドラッグしておく

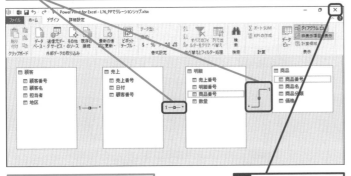

それぞれのリレーションシップが設定された

3 ［閉じる］をクリック

Excelの画面に戻る　**4** ［データ］タブをクリック

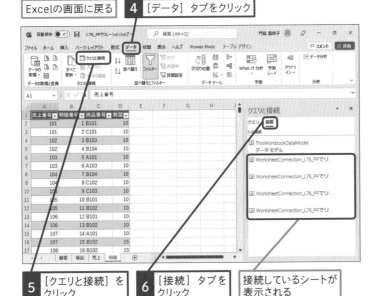

5 ［クエリと接続］をクリック

6 ［接続］タブをクリック

接続しているシートが表示される

[クエリと接続]

使いこなしのヒント

共通のフィールドを結び付ける

リレーションシップを設定するときは、データを参照する手がかりになる共通のフィールドを結びつけます。リレーションシップの設定については、第9章を参照してください。

使いこなしのヒント

結合線の形は画面サイズによって変わる

結合線の表示は、フィールドリストの大きさや位置、フィールドリスト同士の間隔などによって変わります。リレーションシップの設定の確認は、前のページのヒントを参照してください。

使いこなしのヒント

リレーションシップの設定を削除する

リレーションシップの設定を削除するには、Power Pivotの［デザイン］タブの［リレーションシップの管理］をクリックします。表示される画面で、次のように操作します。

1 削除する設定をクリック　**2** ［削除］をクリック

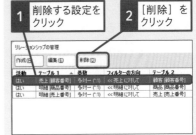

77 Power Pivotで集計列を追加するには

列の追加

練習用ファイル　L77_PPで列の追加.xlsx

列を追加して計算しよう

Power Pivotを使うとデータモデルに追加したデータを管理できますが、データを並べ替えたり、列を追加して計算結果を表示したり、ある程度、編集することもできます。列を追加して、商品の「価格」と「数量」を掛けた金額を表示してみましょう。Power Pivotで利用できる関数を使います。

🔗 関連レッスン

レッスン75
Power Pivotの画面とデータモデルを
確認するには　　　　　　　　　p.274

レッスン76
Power Pivotでリレーションシップを
設定するには　　　　　　　　　p.278

レッスン78
Power Pivotでピボットテーブルを
作成するには　　　　　　　　　p.284

活用編 第10章 パワーピボットを使いこなそう

Before

「計」という集計列を追加する

→

After

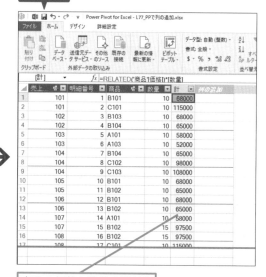

商品の価格と数量を掛けた集計列が追加された

💡 **使いこなしのヒント**

関数を利用する

上の［Before］画面は、「明細」シートを表示したものです。［After］画面では、「価格」×「数量」の結果を表示しています。ここでは、ExcelのVLOOKUP関数と同じような役割を果たすRELATED関数を使います。この関数では、リレーションシップの設定を利用します。「明細」シートの「商品番号」を介して、「商品」シートの商品の「価格」を参照するしくみを使って、商品の価格を求めます。また、似た名前の関数にRELATEDTABLE関数があります。これは、グループごとにデータを集計する時などに使います。間違えないようにしましょう。

1 RELATED関数を入力する

レッスン75を参考に、Power Pivot画面の
データビューを表示しておく

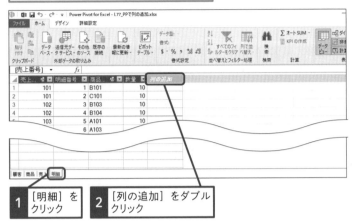

| 1 | [明細] を
クリック | | 2 | [列の追加] をダブル
クリック |

| 3 | 「計」と入力 |

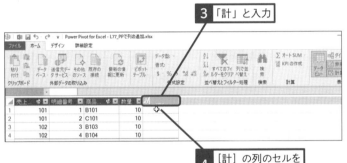

| 4 | [計] の列のセルを
クリック |

| 5 | 「=RELATED('商品'[価格])*[数量]」
と入力 | | 6 | Enter キー を
押す |

計算結果が表示された

引数はマウスで選択できる

RELATED関数を使って「明細」シートの「商
品番号」のデータを元に、「商品」シート
の「価格」を参照し、商品の「価格」×
「数量」の値が表示されるように式を入力
します。操作5で「=RELATED('」まで入
力すると、どのシートのどの列を参照する
か入力候補が表示されます。「'商品'[価格]」
をダブルクリックし、続きの内容を入力す
ると、簡単に入力できます。

| 1 | 「=RELATED('」まで
入力 |

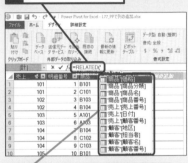

入力候補が表示されるので、ダブル
クリックで選択してもいい

:ヒント: 使いこなしのヒント

データの並び順を指定する

Power Pivotのシートに表示されている
データは、簡単に並べ替えができます。
例えば、明細番号順で並べ替えをするに
は、次のように操作します。

| 1 | 並べ替える列の
セルをクリック |

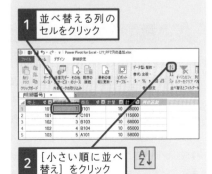

| 2 | [小さい順に並べ
替え] をクリック |

78 Power Pivotでピボットテーブルを作成するには

YouTube 動画で見る 詳細は2ページへ

ピボットテーブルの作成 　　　　　　　　　　　練習用ファイル　L78_パワーピボットテーブル.xlsx

データモデルからピボットテーブルを作成しよう

Power Pivotで確認したデータモデルを元に、ピボットテーブルを作成します。レッスン73では、Excel画面からデータモデルのデータを元にピボットテーブルを作成しましたが、ここでは、Power Pivot画面から操作します。作成したピボットテーブルは、これまでに紹介したピボットテーブルと同様に編集できます。

🔗 関連レッスン

レッスン75
Power Pivotの画面とデータモデルを
確認するには　　　　　　　　　　p.274

レッスン76
Power Pivotでリレーションシップを
設定するには　　　　　　　　　　p.278

レッスン77
Power Pivotで集計列を追加するには
　　　　　　　　　　　　　　　　p.282

活用編　第10章　パワーピボットを使いこなそう

Before

PowerPivotでデータが羅列されている

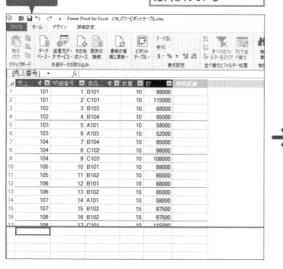

After

Power Pivotのデータからピボットテーブルが作成された

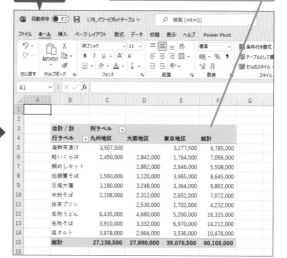

💡 使いこなしのヒント

作成したピボットテーブルは編集できる

上の［Before］の画面は、Power Pivotの画面でデータモデルのデータを表示したものです。前のレッスンで追加した「価格」×「数量」の「計」フィールドの値も表示されています。［After］の画面は、データモデルを元にピボットテーブルを作成し、商品名ごと、地区ごとの売上金額の合計を求めています。ピボットテーブルを作成した後は、数値にけた区切り

のコンマを表示したり、条件付き書式を使って条件に一致する値が目立つようにしたりしましょう。スライサーやタイムラインなどを追加して、集計対象を指定することもできます。なお、ピボットテーブルはExcelのワークシート上に作成されます。

1 ピボットテーブルを作成する

レッスン75を参考に、Power Pivot画面の
データビューを表示しておく

1 [ホーム] タブを
クリック

2 [ピボットテーブル] を
クリック

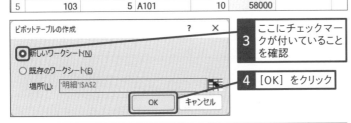

3 ここにチェックマー
クが付いていること
を確認

4 [OK] をクリック

レッスン73を参照し、「商品」テーブルの「商品名」を「行」、「顧客」テー
ブルの「地区」を「列」に配置、「明細」テーブルの「計」を「値」に
それぞれドラッグしておく

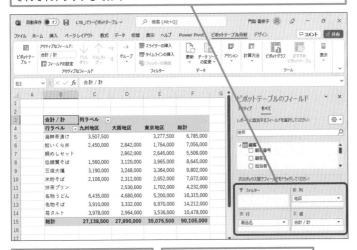

ピボットテーブルが作成できた

レッスン44を参考に数値にけた
区切りのコンマを表示しておく

使いこなしのヒント
ピボットグラフも作れる

データモデルのデータを元にピボットグラ
フも作れます。Power Pivotの画面からピ
ボットグラフを作るには、次のように操作
します。

1 [ホーム] タ
ブをクリック

2 [ピボットテーブ
ル] をクリック

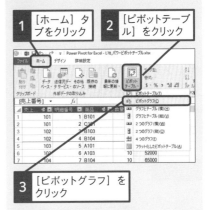

3 [ピボットグラフ] を
クリック

使いこなしのヒント
データを更新する

Power Pivotで表示しているシートのデー
タを最新の状態に更新するには、Power
Pivot画面の [ホーム] タブの [最新の情
報に更新] をクリックします。

使いこなしのヒント
ExcelとPower Pivotの画面を
切り替える

Excel画面からPower Pivotの画面に切り
替えるには、[Power Pivot] タブの [管理]
をクリックするか、[データ] タブの [Power
Pivotウィンドウに移動]をクリックします。
タスクバーでウィンドウを切り替えること
もできます。

ピボットテーブルで
計算式を追加するには

メジャーの追加

練習用ファイル　L79_メジャーの追加.xlsx

集計用のフィールドを作成しよう

データモデルから作成したピボットテーブルの［フィールドリスト］から「メジャー」を追加すると、集計を行うフィールドを作成できます。メジャーの数式を作成するときは、ピボットテーブルで目的の計算を行うためのDAX式を指定できます。

🔗 関連レッスン

レッスン75
Power Pivotの画面とデータモデルを確認するには　　　p.274

レッスン78
Power Pivotでピボットテーブルを作成するには　　　p.284

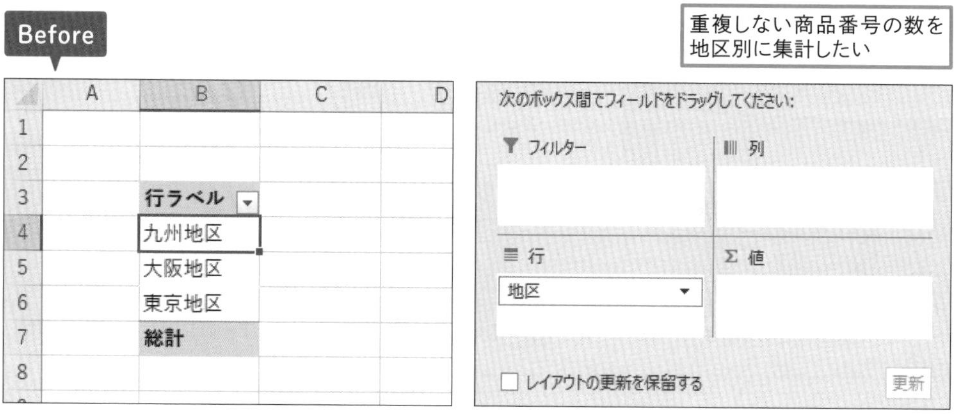

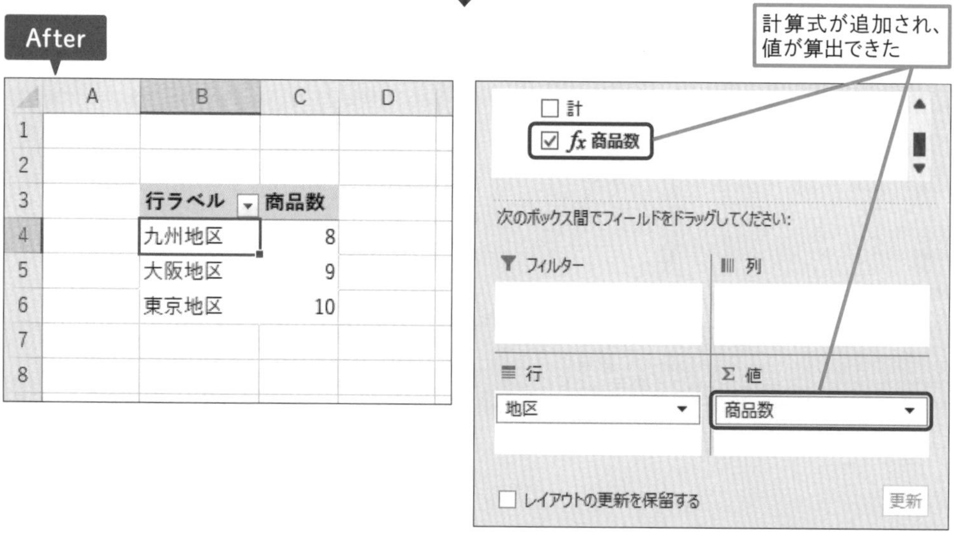

活用編　第10章　パワーピボットを使いこなそう

Before

重複しない商品番号の数を地区別に集計したい

↓

After

計算式が追加され、値が算出できた

1 関数を指定する準備をする

ここでは、重複しない商品番号の数を地区別に集計する

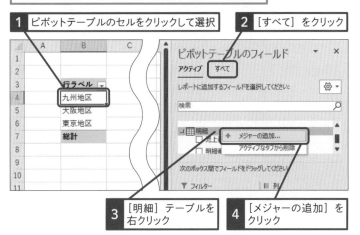

1 ピボットテーブルのセルをクリックして選択

2 [すべて] をクリック

3 [明細] テーブルを右クリック

4 [メジャーの追加] をクリック

2 関数を指定する

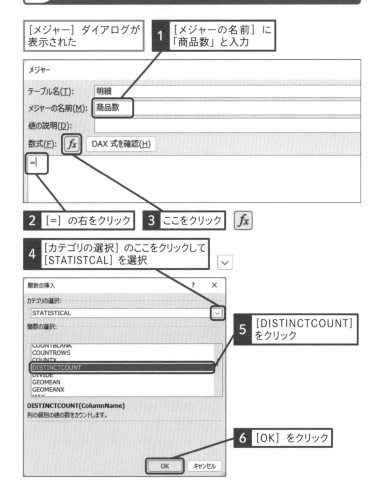

[メジャー] ダイアログが表示された

1 [メジャーの名前] に「商品数」と入力

2 [=] の右をクリック

3 ここをクリック

4 [カテゴリの選択] のここをクリックして [STATISTCAL] を選択

5 [DISTINCTCOUNT] をクリック

6 [OK] をクリック

次のページに続く →

用語解説

メジャー

メジャーとは、データモデルを元に作成したピボットテーブルで、計算をするフィールドを追加するときに作成するものです。ピボットテーブルの [値] エリアに配置したフィールドでは、集計方法を選択できますが、メジャーを追加して計算式を作成すると、さまざまな関数などを使用した複雑な計算式を作成できます。また、メジャーの名前を指定できるので、どのような集計をするフィールドか分かりやすく管理できます。

使いこなしのヒント

関数のカテゴリ

データを集計した結果を求めるために、ここでは、DAX関数を使います。DAX関数には、Excelのワークシート関数のようにさまざまなものがあります。手順2では、DAX関数のカテゴリを選択します。アルファベットで書かれていますが、文字、抽出、統計に関するものなどさまざまなカテゴリがあります。

用語解説

DISTINCTCOUNT関数

DISTINCTCOUNT関数は、集計をするDAX関数のひとつです。引数に指定した列に含まれる重複しない固有の値を数えます。なお、データモデルから作成したピボットテーブルでは、レッスン29で紹介した集計方法以外のものを指定できる場合があります。例えば、明細テーブルの [商品番号] フィールドを [値] エリアに配置して集計方法を「重複しない値の数」にすれば、メジャーを追加せずにDISTINCTCOUNT関数と同様の計算ができます。

●関数の引数を選択する

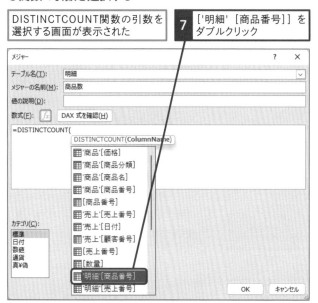

DISTINCTCOUNT関数の引数を選択する画面が表示された

7 ['明細' [商品番号]] をダブルクリック

引数が選択された **8** 「)」を入力

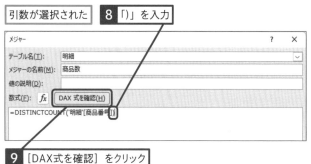

9 [DAX式を確認] をクリック

数式のエラーが確認された

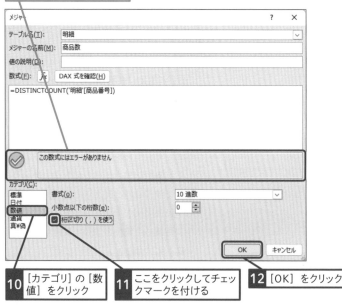

10 [カテゴリ] の [数値] をクリック

11 ここをクリックしてチェックマークを付ける

12 [OK] をクリック

用語解説

DAX式

DAXとは、データモデルに追加したデータを集計したりするときに、その内容を指定するために使う言葉のようなものです。計算内容を指定するDAX式という数式で使う関数をDAX関数と言います。DAX関数には、データの列（フィールド）を引数に指定して計算するものなどがあります。

使いこなしのヒント

数式のエラーが確認できる

メジャーの数式を指定後に、[DAX式を確認] をクリックすると、数式にエラーがないかチェック機能が働きます。エラーがある場合は、エラーに関するヒントが表示されます。エラーがない場合は、エラーチェックをしなくてもメジャーを追加できますが、エラーの有無を事前に確認しておくと安心です。

使いこなしのヒント

書式を設定する

[メジャー] 画面の下の [カテゴリ] や [書式] 欄では、関数で求めた結果の表示形式を指定します。ここでは、[数値] を選択して [桁区切り(,)を使う] を指定しています。

活用編

第10章 パワーピボットを使いこなそう

3 メジャーを利用する

| 1 | [明細] テーブルをクリック |
| 2 | [商品数] メジャーを [値] フィールドにドラッグ |

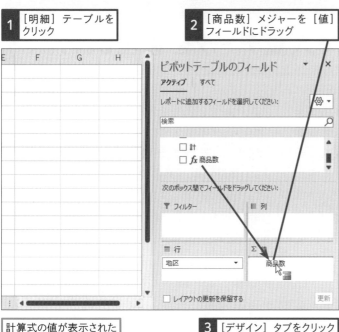

計算式の値が表示された

| 3 | [デザイン] タブをクリック |

| 4 | [総計] をクリック |
| 5 | [行と列の集計を行わない] をクリック |

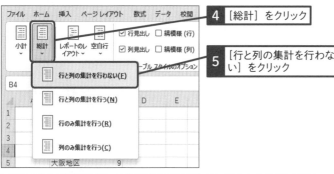

総計が非表示になった

使いこなしのヒント

総計を非表示にする

ここでは、地区ごとに扱っている商品の個数を計算しています。総計行には、扱っている商品の総数が表示されていますが、ここで総計を表示する意味はありませんので、総計を非表示にしています。

使いこなしのヒント

式の内容を修正するには

メジャーを追加して作成したDAX式を修正するには、追加したメジャーの項目を左クリックして、[編集] をクリックします。すると、式を修正する画面が表示されます。

使いこなしのヒント

メジャーを削除するには

メジャーを削除するには、追加したメジャーの項目を左クリックして、[削除] をクリックします。[値] エリアに削除したメジャーを配置していた場合、[値] エリアからもメジャーのフィールドが削除されます。

この章のまとめ

Power Pivotで大量データを管理しよう

ピボットテーブルやピボットグラフは、データモデルを元に作成できます。データモデルを管理するには、Power Pivotが役立ちます。リレーションシップの設定や確認ができるほか、集計用の列を追加するなど、データの編集もできます。また、データを集計レポートにまとめるとき

は、伝えたい内容を分かりやすく示したピボットテーブルやピボットグラフを並べて見栄えを整えましょう。スライサーやタイムラインを利用すれば、集計対象や集計期間を瞬時に指定できます。臨場感のあるプレゼンテーションを演出するのにも役立ちます。

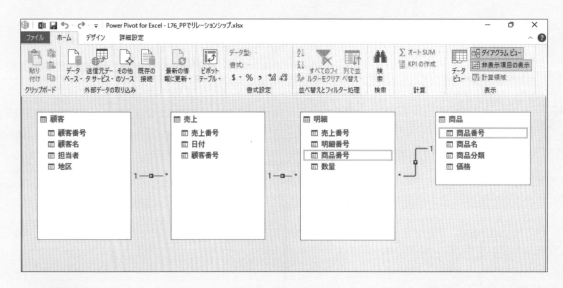

Power Pivotはグラフもスライサーも使えるんですね。

そうなんです。ピボットテーブルの「1つ上」でデータをまとめてくれる、強力な機能なんですよ。

リレーションシップとデータモデル、こんがらがりそうです…。

手順が複雑になってきましたからね。分かりにくい部分は前の章も参照しながら、練習用ファイルで操作してみるといいですよ。

活用編
第10章　パワーピボットを使いこなそう

活用編

第11章

パワークエリを使いこなそう

ピボットテーブルで集計表を作成するときは、必ずしもExcelにリストを作成する必要はありません。Power Queryを使えば、テキストファイルやAccessのテーブルやクエリーなど既存のデータを読み込んで利用できます。また、Power Queryエディターというツールを使って、読み込んだデータを整理することもできます。

80

Power Queryでデータを読み込む

この章では、既存のデータを読み込んで利用するPower Queryを紹介します。注目点は、データを読み込むのと同時にデータの体裁を整えられることです。データを集計用に毎回修正する必要はありません。元のデータが変更されても最新の状態に更新できます。

データを一気に、強力にまとめる機能

いよいよ最後の章ですね。

ピボットテーブルの機能はまだまだたくさんあるのですが…。ひとまずはここで一区切りとしましょう。

今回の機能は何ですか?

ピボットテーブル最強のデータまとめ機能、Power Queryを紹介します。

データを加工してピボットテーブルに渡す

Power Queryはいろいろなデータを読み込んで、形を整えることができます。独自の画面を使ってデータを整理し、シンプルにまとめてピボットテーブルに渡すのが役割です。

Power Pivotと同様に専用の画面で表示される

各種ファイルに対応、ファイルを接続することもできる！

Power Queryの機能は強力かつ多彩。テキストファイルやExcelファイル、Accessデータベースに対応し、「接続専用」という機能でファイル同士をリンクさせることもできます。

ピボットテーブルから他のファイルのデータを見れるんですね！

データ元のファイルとリンクして内容を読み込むことができる

データモデル機能にも注目！

さらに「データモデル」機能を使うと、接続したテキストファイルからリレーションシップが作成できます。バラバラのデータをまとめたピボットテーブルが作れるんですよ♪

作業効率が一気に上がりますね！マスターしたいです。

接続したデータからリレーションシップを作成できる

81 Power Queryとは

Power Query

なし

Power Queryでデータを読み込もう

ピポットテーブルで集計するとき、集計元のデータがすでに用意されている場合、どうしたらいいでしょう。そのファイルをわざわざ開いてをExcelに貼り付けて体裁を整える必要はありません。データを読み込んで、自動的に集計するしくみを作成できます。操作のポイントは、読み込んだデータの形式を、集計に適した形式に自動的に整えることです。

🔗 関連レッスン

レッスン80
Power Queryでデータを読み込む
p.292

◆Power Queryエディター
クエリの内容を指定する

●Power Queryでリストを追加する

◆[クエリと接続] 作業ウィンドウ
クエリの一覧が表示される

💡 使いこなしのヒント

クエリって何?

クエリとは、データを読み込んで適切な形式に整えて表示するものです。Power Queryは、そんなクエリの1つです。単にデータを読み込めるだけではなく、データの形式が多少崩れていても、自動的に修正して、集計できる状態に整えるための強力な機能が用意されています。データを整える作業は、最初の1度だけ行えばOKです。元のデータが更新されたら、クエリを更新すれば最新データを利用できます。

活用編 第11章 パワークエリを使いこなそう

◆数式バー
[クエリの設定] 作業ウィンドウの [適用したステップ] で
選択したステップで実行している内容が表示される

◆ナビゲーションウィンドウ
クエリの一覧が表示される

◆プレビュー
[ナビゲーションウィンドウ]
で選択しているクエリのデー
タが表示される

◆[クエリの設定] 作業ウィンドウ
[表示] タブの [クエリの設定] ボタンをクリックすると
表示される。[名前] 欄では、選択しているクエリの名
前を指定する。[適用したステップ] 欄には、Power
Queryエディターで実行した操作が表示される

◆[ホーム] タブ
クエリを閉じて読み込んだり、新しいクエリを作成したりする。
クエリに関する基本的な機能を実行する。また、[詳細エディ
ター] をクリックすると、クエリ全体の中身を確認したり修正
したりできる

◆[列の追加] タブ
新しい列の追加や、新しい列の書式を整えるときに使用
する

◆[変換] タブ
クエリのデータを変換する操作をするときや、書式を整える
ときに使用する

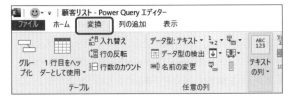

◆[表示] タブ
[クエリの設定] 作業ウィンドウ、数式バー、クエリの依存
関係を表示する

82 テキストファイルを読み込むには

テキストファイルの読み込み

練習用ファイル　L82_売上明細.txt

Power Queryでテキストファイルを読み込もう

Power Queryでは、さまざまな形式のデータを扱えます。ここでは、文字情報だけを含むテキストファイルを読み込みます。テキストファイルは、さまざまなソフトで開くことができます。データを保存するときにもよく使われます。

🔗 **関連レッスン**

レッスン07
テキストファイルをExcelで開くには
p.38

レッスン85
テキストファイルを接続専用で
読み込むには
p.304

活用編

第11章　パワークエリを使いこなそう

Before

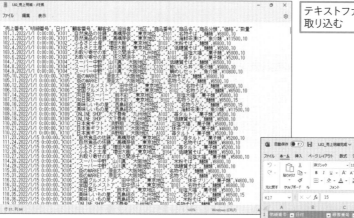

テキストファイルを取り込む

After

テキストファイルが読み込まれた

💡 **使いこなしのヒント**

元のテキストファイルの内容を事前に確認しよう

Power Queryでファイルを読み込むときは、データの形式を指定する画面が表示されます。上の［Before］の画面は、読み込む元のテキストファイルです。フィールドがどの記号で区切られているのか、文字データはどの記号で囲まれている

かなどを確認しておきます。ここでは、フィールドがコンマで区切られたファイルを読み込みます。［After］の画面は、テキストファイルをPower Queryで読み込んだ後、列を削除してクエリを編集後、Excelで表示したものです。

1 データを取り込む準備をする

空のブックを開いておく

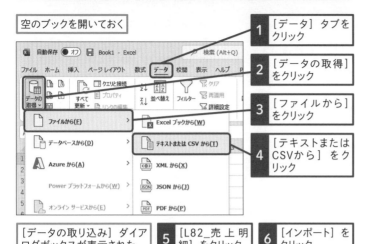

1　[データ]タブをクリック

2　[データの取得]をクリック

3　[ファイルから]をクリック

4　[テキストまたはCSVから]をクリック

[データの取り込み]ダイアログボックスが表示された

5　[L82_売上明細]をクリック

6　[インポート]をクリック

選択したテキストファイルの内容が表示された

7　[区切り記号]が[コンマ]になっていることを確認

8　[データの変換]をクリック

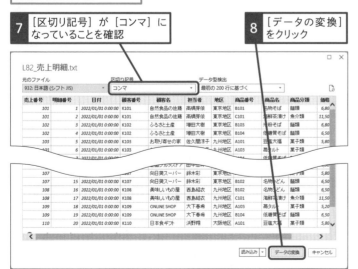

使いこなしのヒント

元のファイルとの関連性が保たれる

データのフィールドとフィールドの間を「,（コンマ）」で区切って保存するCSV形式のファイルを取り込みます。レッスン07では、CSV形式のファイルをExcelで開いてExcel形式でファイルを保存する方法を紹介しました。Excel形式で保存したファイルは、元のテキストファイルとの関連はなくなります。一方、このレッスンで紹介する方法を使ってCSV形式のファイルを取り込んだ場合、元のテキストファイルの修正内容を反映できます。元のテキストファイルとの関連性が保たれる点が異なります。

時短ワザ

テキストファイルの場合は手順を短縮できる

手順1では、[データの取得]ボタンから選択していますが、テキストファイルの場合は、[データの取得]の隣の[テキストまたはCSVから]をクリックして選択することもできます。

使いこなしのヒント

データに問題がなければすぐに読み込める

読み込むデータに問題がない場合、操作7で[読み込み]をクリックすると、新しいワークシートが追加されて新しいテーブルにテキストファイルデータが表示されます。

次のページに続く →

2 データをExcelに読み込む

Power Queryエディターが起動した

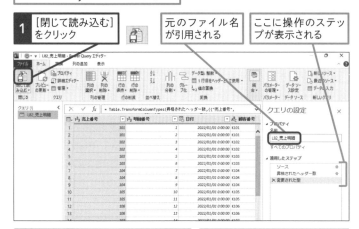

1 [閉じて読み込む]をクリック

元のファイル名が引用される

ここに操作のステップが表示される

シートが追加されて、Excelにテーブルとしてデータが表示された

テーブル名には「L82_売上明細」と表示される

[L82_売上明細]のクエリが表示されている

クエリの項目にマウスポインターを移動すると、クエリの詳細が表示される

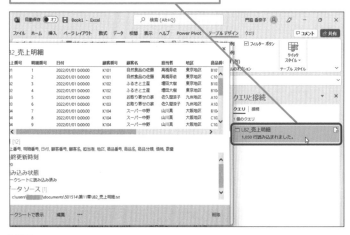

用語解説

Power Queryエディター

Power Queryとは、Excelに、他の形式で保存したデータを読み込むときなどに使う機能です。読み込んだデータの形式を変更したり列を追加したりするときは、Power Query エディターというツールを使えます。

使いこなしのヒント

セキュリティの警告

外部データへの接続が設定されているブックを開くと、次のようなメッセージが表示されます。接続を許可するには、次のように操作します。なお、「コンテンツの有効化」をクリックすると［信頼済みドキュメント］と見なされて、次回開いたときは、警告を表示せずにクエリが実行できるようになります。

1 [コンテンツの有効化]をクリック

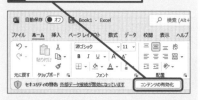

使いこなしのヒント

データの更新

クエリで読み込んだ元のデータが更新されたとき、クエリを更新して最新データを表示するには、クエリ名の横の［最新の情報に更新］をクリックします。

3 列を削除する

ここでは［売上番号］の列を削除する

［クエリと接続］作業ウィンドウを
表示しておく

1 クエリを右
クリック

2 ［編集］を
クリック

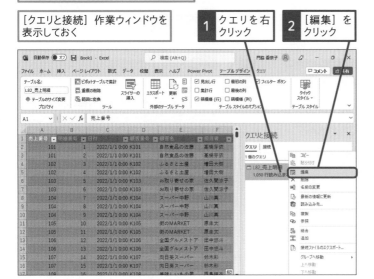

Power Queryエディターが起動した

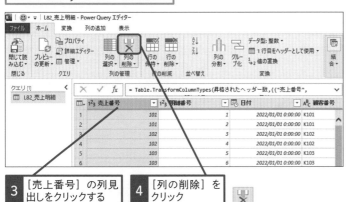

3 ［売上番号］の列見
出しをクリックする

4 ［列の削除］を
クリック

［売上番号］の列が
削除された

5 ［閉じて読み込む］を
クリック

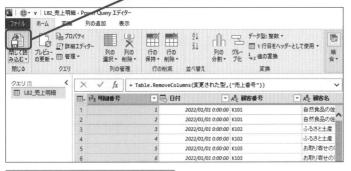

ワークシートからも［売上番号］の
列が削除される

列のデータ型について

Power Queryエディターの画面の、クエリ
の各列の列名の左端には、その列にどの
ようなデータが入っているか（データ型）
を示すボタンが表示されます。また、列
を選択して［ホーム］タブの［データ型］
欄を見ると、データ型を確認できます。

列を操作する

Power Queryエディターで列の名前を変
更するには、列名をダブルクリックし、新
しい名前を入力します。また、列の並び
順を変更するには、変更する列の列名を
クリックして列を選択した後に、列名部分
を移動場所にドラッグします。

ステップの操作

クエリの設定は、ステップごとに行われ
ます。ステップの内容は、数式バーで確
認したり修正したりできます（295ページ
参照）。内容は、M言語という言語で指定
されています。ここでは、列を削除したこ
とで、［削除された列］というステップが
追加されます。ステップを取り消すには、
ステップ名にマウスポインターを移動して
✕をクリックします。

83

Excelファイルを読み込むには

Excelファイルの読み込み

練習用ファイル　L83_売上明細.xlsx

クエリでExcelファイルを読み込もう

Power Queryでは、さまざまな形式のファイルを読み込むことができます。もちろん、Excelのワークシートに入力されたデータを読み込んで利用することもできます。データを読み込む元のExcelのファイルから、読み込むデータが入力されているワークシートを指定し、そのデータを確認してから読み込みます。

🔗 関連レッスン

レッスン84
Accessデータを読み込むには　p.302

Before

Excelファイルを取り込む

After

Excelファイルが読み込まれた

→

💡 使いこなしのヒント

元のExcelファイルを確認しておこう

上の［Before］の画面には「売上明細」という名前のシートが表示されています。このデータを読み込み、［After］画面のように、テーブルとして表示します。特に指定しない場合は、読み込み元のExcelファイルのシート名と同じ名前のシートが新しく追加されて、テーブルが表示されます。テーブル名は、シート名と同じ名前になります。クエリの内容を編集する方法は、レッスン86を参照してください。

1 Excelのデータを読み込む

空のブックを開いておく

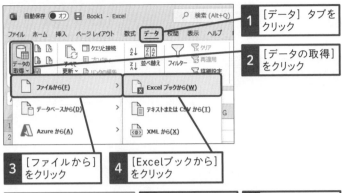

1 [データ] タブをクリック

2 [データの取得] をクリック

3 [ファイルから] をクリック

4 [Excelブックから] をクリック

[データの取り込み] ダイアログボックスが表示された

5 [L83_売上明細] をクリック

6 [インポート] をクリック

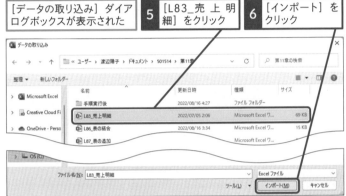

選択したExcelファイルのシート名が表示された

7 [売上明細] をクリック

8 [読み込み] をクリック

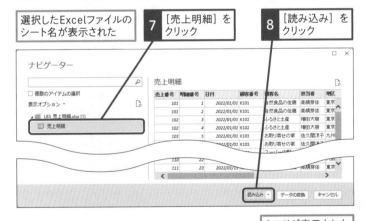

クエリが表示された

使いこなしのヒント

クエリの内容を指定する

クエリの内容を指定してから読み込むには、操作8で [データの変換] をクリックします。すると、Power Queryエディターが表示されます。クエリの内容を確認して [ホーム]タブの[閉じて読み込む]をクリックします。

使いこなしのヒント

テーブル名を確認する

Excelファイルを読み込んだ後、テーブル名を確認します。ここでは、テーブル名は、元のシート名と同じ名前が付いています。

使いこなしのヒント

指定した行以降を読み込む

クエリを編集するには、レッスン86の方法でPower Queryエディターを表示して操作します。指定した行以降のデータを読み込むには、Power Queryエディターの [ホーム] タブの [行の削除] から [上位の行の削除] を選択して行の数を指定する方法があります。

84 Accessデータを読み込むには

Accessファイルの読み込み

練習用ファイル L84_売上管理.accdb

Accessのテーブルやクエリを読み込もう

Accessファイルに含まれるテーブルやクエリを読み込んで、Excelのテーブルに表示する方法を紹介します。ちょっとややこしいですが、Accessのテーブルやクエリと、Excelのテーブルやクエリは全く別のものなので注意します。Accessのテーブルやクエリについては、右ページのヒントを参照してください。

🔗 関連レッスン

レッスン83
Excelファイルを読み込むには　p.300

活用編

第11章 パワークエリを使いこなそう

Before
Accessの ファイルを
開いた状態

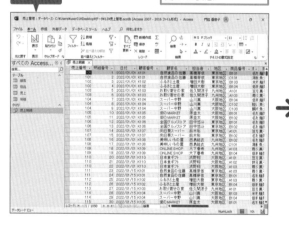

After
Accessデータが
読み込まれた

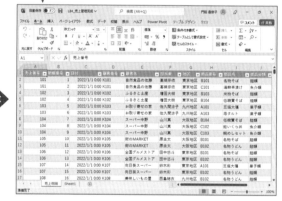

💡 使いこなしのヒント

オブジェクトを選択して読み込もう

上の［Before］の画面は、Accessのファイルを開いたものです。左側の一番下にある「売上明細」クエリを読み込みます。［After］画面は、AccessのクエリをExcelで読み込んだものです。元のオブジェクトと同じ名前のシートが追加されてテーブルが表示されています。テーブル名は、Accessのオブジェクト名と同じになります。なお、Accessの複数テーブ

ルのデータを繋げて表示したいケースで、Access側にその役割のクエリがない場合はどうすればいいでしょう。Access側でクエリを用意する方法もありますが、Excel側で複数のテーブルを読み込み、データを繋げる方法もあります。レッスン86を参照してください。

1 Accessのデータを読み込む

空のブックを開いておく

1 [データ] タブをクリック

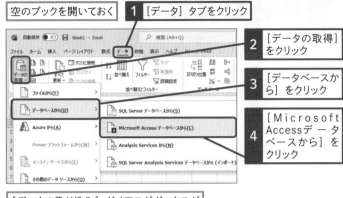

2 [データの取得] をクリック

3 [データベースから] をクリック

4 [Microsoft Accessデータベースから] をクリック

[データの取り込み] ダイアログボックスが表示された

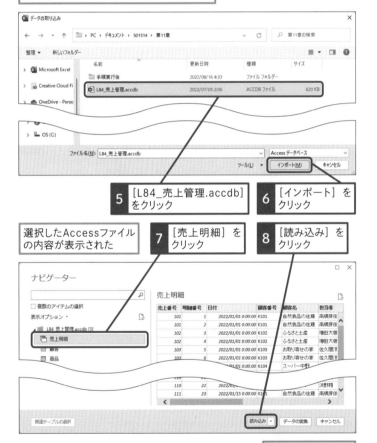

5 [L84_売上管理.accdb] をクリック

6 [インポート] をクリック

選択したAccessファイルの内容が表示された

7 [売上明細] をクリック

8 [読み込み] をクリック

クエリが表示された

用語解説

Access

Accessとは、データを集めて管理するデータベースソフトです。Accessでは、データを管理するのにオブジェクトというものを複数作ります。テーブルやクエリは、オブジェクトの一種です。テーブルは、データを保存する役割を持ちます。クエリは、データを並べ替えや抽出したりする役割を持ちます。

⚠ ここに注意

ご使用のパソコンにAccessがインストールされていない場合は、操作5でAccessのアイコンが表示されません。

💡 使いこなしのヒント

複数のオブジェクトを読み込む

複数のオブジェクトを読み込むには、読み込むオブジェクトを指定する画面で [複数のアイテムの選択] をクリックしてオブジェクトをクリックして指定します。データの読み込み先などを変更する方法は、305ページを参照してください。

💡 使いこなしのヒント

クエリの内容を指定する

クエリの内容を指定してから読み込むには、操作8で [データの変換] をクリックします。すると、Power Queryエディターが表示されます。クエリの内容を確認して [ホーム] タブの [閉じて読み込む] をクリックします。

レッスン 85 テキストファイルを接続専用で読み込むには

接続専用　　　　　　　　　　　　　　　　　練習用ファイル　L85_顧客.txt

シートにデータを表示せずにクエリを作成する

レッスン07では、テキストファイルを読み込んでワークシートにテーブルとして表示する方法を紹介しましたが、Power Queryでデータを読み込むときは、必ずしもデータをワークシートに表示する必要はありません。データを読み込むときは、読み込み先を選択できます。テーブルにデータを表示する必要がない場合は、接続専用で読み込む方法があります。

関連レッスン

レッスン82
テキストファイルを読み込むには
p.296

活用編　第11章　パワークエリを使いこなそう

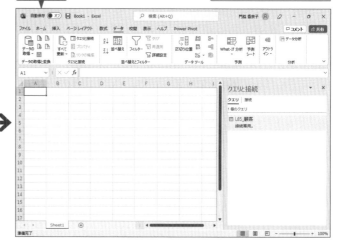

Before データがテキストファイル形式で保存されている

After テキストファイルを接続専用で読み込む

🔆 使いこなしのヒント

ワークシートの容量を節約できる

上の[Before]の画面は、元のテキストファイルです。[After]画面は、テキストファイルを接続専用で読み込んだものです。読み込んだデータは、シートには表示されませんが、Power Queryエディターで編集できます。膨大な量のデータを読み込む場合、ワークシートに表示するとファイルサイズが大きくなり扱いづらくなる可能性がありますが、接続専用で読み込めば、データを手軽に利用できます。

1 テキストファイルを読み込む

空のブックを開いておく

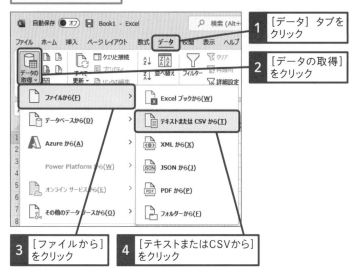

1 [データ] タブをクリック

2 [データの取得] をクリック

3 [ファイルから] をクリック

4 [テキストまたはCSVから] をクリック

[データの取り込み] ダイアログボックスが表示された

5 [L85_顧客] をクリック

6 [インポート] をクリック

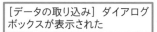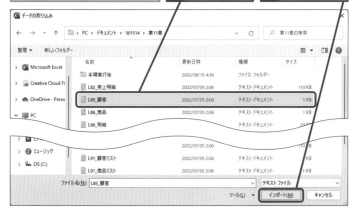

選択したテキストファイルの中身が表示された

7 [データの変換] をクリック

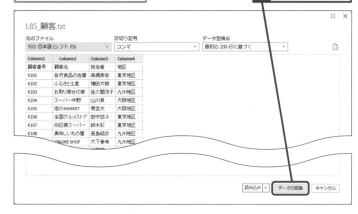

85
接続専用

次のページに続く →

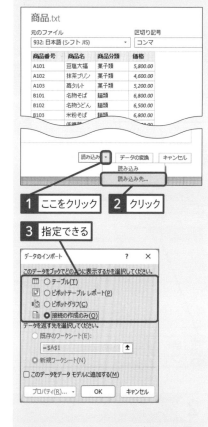

使いこなしのヒント

[読み込み] ボタンから指定する

読み込むファイルを指定後に表示される画面で、読み込むデータを確認できます。読み込むデータに問題がない場合、Power Queryエディターを開かずに読み込むこともできます。[読み込み] の横のをクリックして [読み込み先] をクリックすると、読み込み先を指定できます。

1 ここをクリック

2 クリック

3 指定できる

ここに注意

操作7で [読み込み] をクリックしてしまった場合は、ワークシートが追加されてデータが表示されます。その場合、[クエリと接続] 作業ウィンドウの [顧客] の項目を右クリックして [削除] をクリックします。続いて、追加されたワークシートも削除して、手順1から操作をやり直します。接続先を変更する方法は、レッスン91で紹介します。

●Power Queryエディターで編集する

Power Queryエディターが
起動した

8 [1行目をヘッダーとして使用]
をクリック

見出しが表示された

9 [閉じて読み込む]
のここをクリック

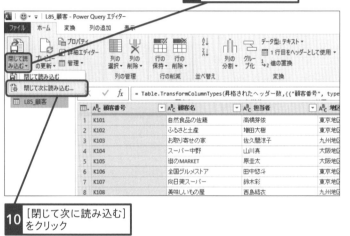

10 [閉じて次に読み込む]
をクリック

2 ファイルを接続する

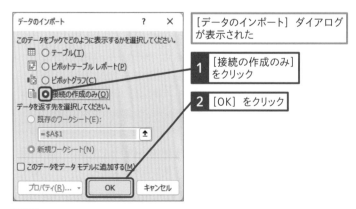

[データのインポート] ダイアログ
が表示された

1 [接続の作成のみ]
をクリック

2 [OK] をクリック

●ファイルの内容を確認する

テキストファイルが接続専用で読み込まれた

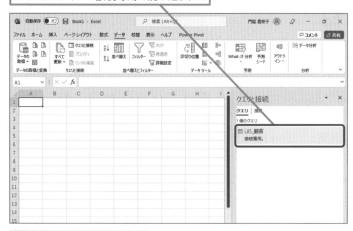

マウスオーバーでファイルの
内容が表示される

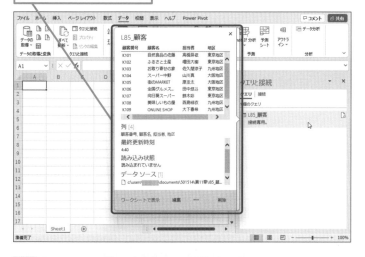

使いこなしのヒント

接続したデータの管理について

[接続の作成のみ]でデータを使用する場合でも、クエリを作成したExcelのファイルに元データのファイルがリンクします。元データのファイルを移動したりファイル名を変更したりした場合などは、下のヒントの方法で接続先を指定し直します。

⚠ ここに注意

手順1の操作9で間違えて[閉じて読み込む]をクリックしてしまった場合は、Excel画面で[データ]タブの[クエリと接続]をクリックします。「クエリと接続」作業ウィンドウでクエリ名を右クリックして[読み込み先]をクリックします。「データのインポート」画面で[接続の作成のみ]をクリックして「OK」をクリックします。表を削除するメッセージが表示された場合は、[OK]をクリックします。

使いこなしのヒント

データの接続先を変更する

Power Queryで読み込んだデータの元の場所やファイル名が変わった場合、データを正しく更新できません。データ元を変更するには、以下のように操作します。この後に表示される画面で接続先のファイルを選択し、[インポート]をクリックします。

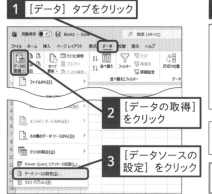

1 [データ]タブをクリック

2 [データの取得]をクリック

3 [データソースの設定]をクリック

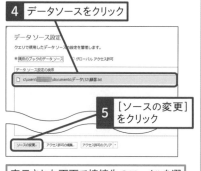

4 データソースをクリック

5 [ソースの変更]をクリック

表示された画面で接続先のファイルを選択し、[インポート]をクリックしておく

86 複数の表を結合して表示するには

表の結合

練習用ファイル　手順1を参照

複数のクエリを横に繋げて表示しよう

クエリで読み込んだデータは、さまざまな形に調整したり、列を追加して集計結果を表示したりできます。例えば、クエリのマージを利用すれば、複数の表を横に繋げて表示できます。この場合、2つの表を繋げて表示するために、2つの表に存在する共通のフィールドを指定します。共通フィールドを介してデータを参照できるようにしてみましょう。

🔗 関連レッスン

レッスン85
テキストファイルを接続専用で
読み込むには　　　　　　　　　p.304

レッスン87
同じ形式のデータを繋げて
表示するには　　　　　　　　　p.312

Before

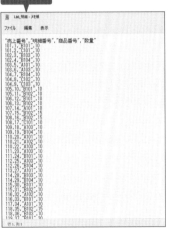

2つのテキストファイルの内容を結合させたい

After

2つのテキストの内容を結合して表示できた

💡 使いこなしのヒント

共通フィールドを指定する

上の [Before] の画面は、売上明細を示す「明細」データと「商品」データです。[After]画面では、Excelで2つのテキストファイルを読み込んで繋げて表示したものです。売上明細データに加えて、どの商品のデータなのかわかるように「商品名」や「価格」を表示します。2つのファイルに共通の「商品番号」を利用して設定します。Excel側でVLOOKUP関数などを使用して計算式を作成する必要などはありません。

活用編

第11章 パワークエリを使いこなそう

1 新規クエリを作成する

空のブックを開き、レッスン85を参考に「L86_明細.txt」と
「L86_商品.txt」を接続専用で読み込んでおく

1 [データ] タブを クリック	**2** [クエリと接続] をクリック	**3** 接続したクエリにマウス ポインターを合わせる

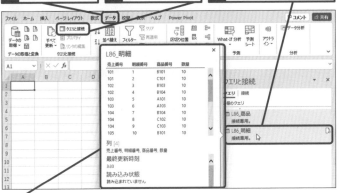

4 データの内容を確認

[L86_明細] クエリを編集する

5 [L86_明細] クエリを右クリック	**6** [編集] をクリック

Power Queryエディ ターが起動した	**7** [結合] を クリック	**8** [クエリのマージ] の ここをクリック

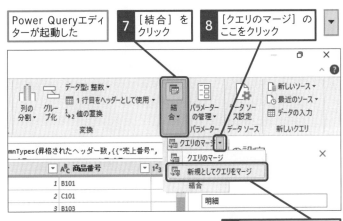

9 [新規としてクエリを
マージ] をクリック

次のページに続く→

💡 **使いこなしのヒント**

テキストファイルを接続専用で読み込む

このレッスンでは、テキストファイルを接続専用で読み込んで操作を始めます。テキストファイルを接続専用で読み込む方法は、レッスン85を参照してください。

💡 **使いこなしのヒント**

クエリの一覧から操作を選択できる

[クエリと接続] 作業ウィンドウには、クエリの一覧が表示されます。クエリ名を右クリックすると、そのクエリに対する操作を選択できます。

💡 **使いこなしのヒント**

表示しているクエリと結合するには

ここでは、2つのクエリとは別に新しいクエリを作成してデータを繋げて表示します。そのため、操作9で [新規としてクエリをマージ] をクリックします。表示しているクエリに繋げる場合は、[クエリのマージ] をクリックします。

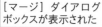

2 列を追加する

| [マージ] ダイアログ ボックスが表示された | **1** ここをクリックして [L86_商品] を選択 | [L86_商品] クエリ の内容が追加された |

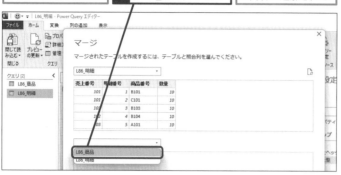

接続に使用する共通のフィールドを指定する

| **2** [L86_明細] テーブルの [商品 番号] の列見出しをクリック | **3** [L86_商品] テーブルの [商品 番号] の列見出しをクリック |

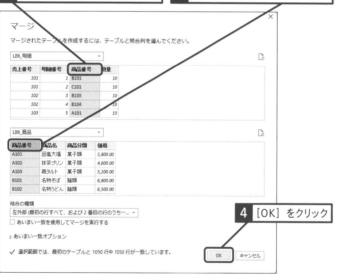

4 [OK] をクリック

[商品] 列が追加された

5 ここをクリック

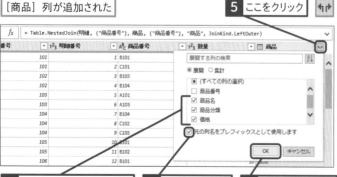

| **6** 表示するフィールド（ここ では [商品名] [商品分 類] [価格]）を選択 | **7** ここにチェック が付いている か確認 | **8** [OK] をクリック |

使いこなしのヒント

結合の種類について

複数のクエリを横に繋げるときは、共通のフィールドを介して繋げます。このとき、結合方法には、いくつか種類があります。ここでは、明細データの全レコードと商品番号フィールドを介して参照できる商品データを繋げて表示します（左外部）。「マージ」画面の [結合の種類] では、結合方法を選択できます。例えば、どちらかのクエリにしかないデータを抽出したりするときは、結合の種類を変更します。

種類	内容
左外部	上のテーブルの全レコードと共通フィールドを介して参照できるデータを繋げて表示
右外部	下のテーブルの全レコードと共通フィールドを介して参照できるデータを繋げて表示
完全外部	両方のテーブルの全レコードと共通フィールドを介して参照できるデータを繋げて表示
内部	両方のテーブルで共通フィールドを介して参照できるデータがあるものを繋げて表示
左反	上のテーブルにしかないデータを表示
右反	下のテーブルにしかないデータを表示

使いこなしのヒント

列名にクエリ名を表示しない

クエリを繋げて列を表示するとき、手順2の操作7で [元の列名をプレフィックスとして使用します] のチェックを付けると、元のクエリ名が列名の前に表示されます。チェックをオフにすると、クエリ名は表示されません。

●チェックをオンにした場合

A_C 商品.商品名	A_C 商品.商品分類
名物そば	麺類
名物そば	麺類

●チェックをオフにした場合

A_C 商品名	A_C 商品分類
名物そば	麺類
名物そば	麺類

③ クエリに名前を付ける

列が追加された　**1** [プロパティ] をクリック　🔲 プロパティ

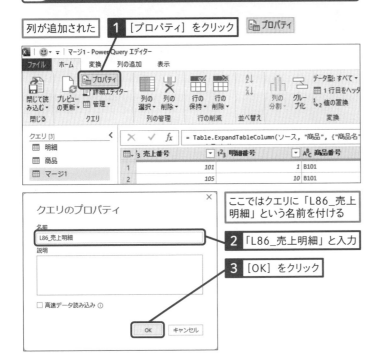

ここではクエリに「L86_売上明細」という名前を付ける

2 「L86_売上明細」と入力

3 [OK] をクリック

「L86_売上明細」と名前が付いた

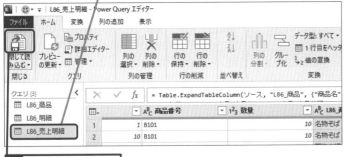

4 [閉じて読み込む] をクリック

2つのテキスト内容が統合された　　「L86_売上明細」のクエリが追加された

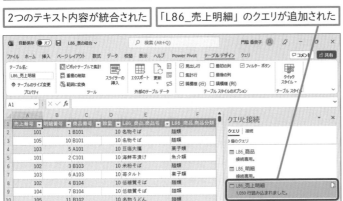

⚠️ **ここに注意**

間違って不要な列を表示してしまった場合は、[クエリの設定] 作業ウィンドウの [適用したステップ] から [展開された（クエリ名）] をダブルクリックして表示する列を選択します。

💡 **使いこなしのヒント**

クエリの名前を変更するには

選択しているクエリの名前は、[表示] タブの [クエリの設定] をクリックすると表示される [クエリの設定] 作業ウィンドウの「名前」欄に表示されます。[クエリの設定] 作業ウィンドウの [名前] 欄で名前を変更することもできます。

💡 **使いこなしのヒント**

クエリの依存関係を見る

クエリを元にしてクエリを作成している場合などに、クエリの依存関係を見るには、Power Queryエディターで [表示] タブの [クエリの依存関係] をクリックします。

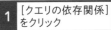
1 [クエリの依存関係] をクリック

2 依存関係が分かる

87 同じ形式のデータを繋げて表示するには

表の追加　　　　　　　　　　　　　　　　　　　　　**練習用ファイル**　手順1を参照

複数のクエリを縦に繋げて表示しよう

集計元のデータは、月ごとや年ごとにファイルが用意されるケースも多いでしょう。Power Queryエディターを使えば、複数のクエリを縦に繋げて利用することもできます。既存のクエリに別のデータを繋げて表示できます。また、新規のクエリを作成して、複数のクエリを繋げて表示することもできます。

Before

> 2つのテキストファイルの
> 内容をまとめて表示したい

After

> 2つのテキストの内容を
> まとめて表示できた

💡 **使いこなしのヒント**

ファイルの形式に注意する

上の[Before]の画面は、2022年と2023の売上データのテキストファイルを表示したものです。それぞれ別のファイルとして用意されています。[After]画面では、2つのファイルを上下に繋げて表示したものです。新しいクエリを追加して、内容を指定します。なお、ここでは、同じ形式の2つのファイルを使用しています。ファイルの形式が違う場合は、クエリの内容を編集してデータを整える必要があるので注意します。

1 新規クエリとして追加する

空のブックを開き、レッスン85を参考に「L87_売上明細2022.txt」と
「L87_売上明細2023.txt」を接続専用で読み込んでおく

1 [データ] をクリック

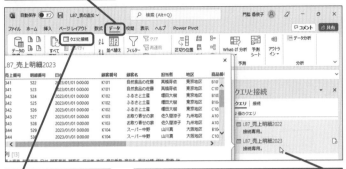

2 [クエリと接続] を
クリック

□□ クエリと接続

3 クエリにマウスポインターを合わせて接続
されているクエリの内容を確認する

[売上明細2022] クエリを編集する

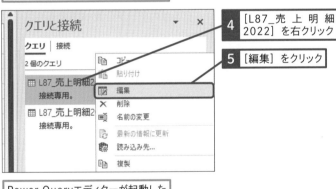

4 [L87_売上明細
2022] を右クリック

5 [編集] をクリック

Power Queryエディターが起動した

6 [結合] をクリック

7 [クエリの追加]
のここをクリック

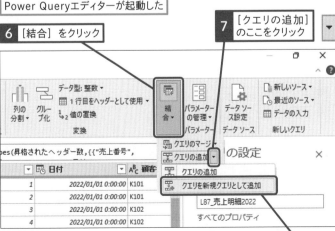

8 [クエリを新規クエリとして
追加] をクリック

使いこなしのヒント

表示しているクエリに
新しいクエリを追加するには

ここでは、2つのクエリとは別に新しいク
エリを作成してデータを縦に繋げて表示
します。そのため、操作8で [クエリを新
規クエリとして追加] をクリックします。
表示しているクエリに繋げる場合は、[ク
エリの追加] をクリックします。

使いこなしのヒント

クエリの作成をキャンセルする

新規クエリを作成後にキャンセルするに
は、Power Queryエディター画面で「ファ
イル」をクリックし、「破棄して閉じる」
をクリックします。

次のページに続く →

2 表を連結させる

連結するテーブルを確認する画面が表示される

1 ここがクリックされている
ことを確認

2 [最初のテーブル] に [L87_
売上明細2022] を選択

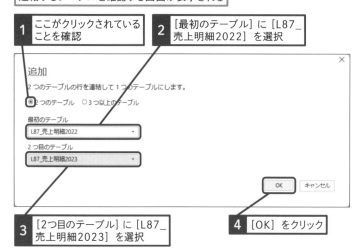

追加

2 つのテーブルの行を連結して 1 つのテーブルにします。

◉ 2 つのテーブル　○ 3 つ以上のテーブル

最初のテーブル
L87_売上明細2022

2 つ目のテーブル
L87_売上明細2023

OK　キャンセル

3 [2つ目のテーブル] に [L87_
売上明細2023] を選択

4 [OK] をクリック

データが表示された

5 [ホーム] をクリック

6 [プロパティ] をクリック　🔲 プロパティ

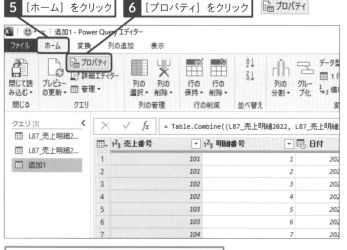

```
= Table.Combine({L87_売上明細2022, L87_売上明細
```

ここでは連結したクエリに「L87_売上明細表の
追加」という名前を付ける

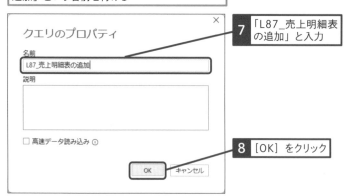

クエリのプロパティ

名前
L87_売上明細表の追加

説明

□ 高速データ読み込み ⓘ

OK　キャンセル

7 「L87_売上明細表
の追加」と入力

8 [OK] をクリック

💡 使いこなしのヒント

「クエリの設定」の表示

Power Queryエディター画面で、選択し
ているクエリのデータを最新の状態に更
新するには、[ホーム] タブの [プレビュー
の更新] をクリックします。

💡 使いこなしのヒント

クエリのデータを並べ替えるには

クエリのデータを並べ替えるには、並べ
替える基準にする列の横の [▼] をクリッ
クし、並べ替えの順番を指定します。

💡 使いこなしのヒント

クエリ名を指定する

クエリ名を指定するには、「クエリの設定」
作業ウィンドウの「名前」欄で指定する
方法もあります。ここでは、「L87_売上明
細表の追加」という名前にしています。

●追加されたクエリを確認する

連結したクエリに名前が付いた

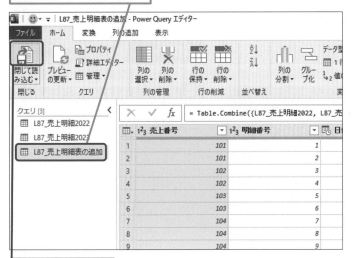

9 [閉じて読み込む] をクリック

Excel画面にデータが表示された

「L87_売上明細2022.txt」「L87_売上明細2023.txt」の内容を連結させた「L87_売上明細表の追加」クエリが追加された

10 ここをクリック

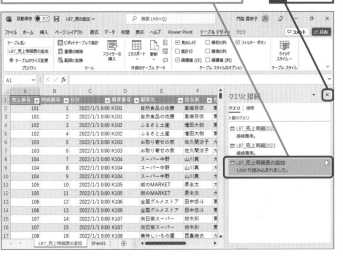

使いこなしのヒント

ExcelからPower Queryエディターを開く

ExcelからPower Queryエディターを直接開くには、[データ] タブの [データの取得] をクリックし、[Power Queryエディターの起動] をクリックします。

使いこなしのヒント

フォルダーにあるファイルを繋げて表示する

指定したフォルダーに含まれるファイルを縦に繋げて表示するには、[データ] タブの [データの取得] をクリックし、[ファイル] ー [フォルダーから] をクリックしてフォルダーを選択する方法もあります。フォルダーに含まれるファイルが同じ形で、一度に取り込める場合などに有効です。

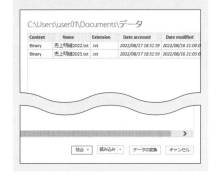

表の中で集計列を
追加するには

集計列の追加

活用編

第11章

パワークエリを使いこなそう

カスタム列を追加しよう

Power Queryエディターでは、簡単に集計列を追加できます。クエリの既存の列の値を使用して計算をした結果を表示したい場合は、カスタム列を追加して、列の名前と計算式の内容を指定しましょう。計算式の内容にエラーがないかどうかは、自動的にチェックされます。構文エラーが表示されたら内容を確認して修正します。

🔗 関連レッスン

レッスン82
テキストファイルを読み込むには
p.296

Before

他の列から計算された列を
追加したい

After

他の列から計算された
列［計］を追加できた

💡 使いこなしのヒント

「価格」×「数量」の「計」を表示する

上の［Before］の画面は、売上データが入ったテキストファイルをExcelに読み込んで表示したものです。このデータには、1件1件の売上データごとに「価格」と「数量」の情報が入っていますが、「価格」と「数量」を掛けた「計」の情報は入っ

ていません。［After］画面では、右端に列を追加して「価格」×「数量」を計算した「計」を表示しています。クエリを編集し、列を追加して計算式を指定します。

1 カスタム列を追加する

レッスン82を参考に「L88_列の追加.txt」を読み込んでおく	レッスン82の手順3を参考にPower Queryエディター画面を表示する

1 [列の追加] タブをクリック

2 [カスタム列] をクリック

列の内容を設定する画面が表示された

3 [新しい列名]に「計」と入力

4 [使用できる列]から[価格]をダブルクリック

[カスタム列の式]に[価格]が入力される

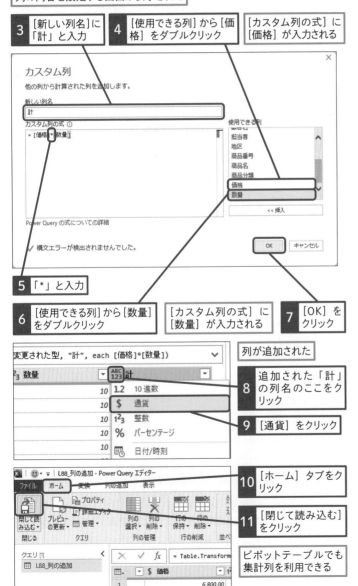

5 「*」と入力

6 [使用できる列]から[数量]をダブルクリック

[カスタム列の式]に[数量]が入力される

7 [OK]をクリック

列が追加された

8 追加された「計」の列名のここをクリック

9 [通貨]をクリック

10 [ホーム]タブをクリック

11 [閉じて読み込む]をクリック

ピボットテーブルでも集計列を利用できる

カスタム列

カスタム列を追加すると、クエリに新しい列を追加して既存の列のデータを使った計算やデータを修正した結果などを表示できます。計算に使う列は、[] で囲って指定します。右側の [使用できる列] から列をダブルクリックして追加することもできます。

⚠️ ここに注意

式の内容を間違えてしまった場合、修正するには、[クエリの設定]作業ウィンドウの[適用したステップ]欄から追加したカスタム列の項目を右クリックし、[設定の編集]をクリックします。表示される画面で修正します。

💡 使いこなしのヒント

列の型を変更する

クエリの列のデータの型は、列名の左のボタンから指定できます。ここでは、「通貨」を選択しています。

YouTube
動画で
見る
詳細は2ページへ

練習用ファイル L89_表記の統一.txt

データを自由に加工しよう

クエリで読み込んだデータを集計する場合などは、データの「表記ゆれ」などが無いように整理しておきましょう。Power Queryエディターでは、列のデータを加工できます。加工方法には、さまざまなものがあります。ここでは、文字の書式を整える機能を使って文字の種類を統一します。

関連レッスン

レッスン82
テキストファイルを読み込むには
p.296

レッスン90
データを置き換えるには
p.320

活用編

第11章

パワークエリを使いこなそう

Before

大文字と小文字が
混在している

After

↓

表記を統一すること
ができた

💡 使いこなしのヒント

書式を指定して表記ゆれを整えよう

上の［Before］の画面は、売上データが入ったテキストファイルをExcelに読み込んで表示したものですが、「商品番号」フィールドの表記が揺れています。同じ商品番号で、アルファベットの大文字と小文字の表記が混在してしまっています。

このような表記ゆれをひとつずつ目で追って修正するのは大変ですし、修正漏れも心配です。［After］画面は、書式を指定することで、文字の表記を大文字に統一したものです。

1 大文字にそろえる

レッスン82を参考に「L89_表記の統一.txt」を読み込んでおく

レッスン82の手順3を参考にPower Queryエディター画面を表示する

[商品番号] の表記に大文字と小文字が混じっている

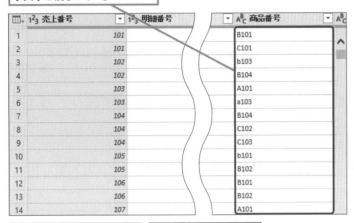

ここでは小文字を大文字に変換して統一する

1 「商品番号」の列をクリックして選択

2 [変換] タブをクリック

3 [書式] をクリック

4 [大文字] をクリック

	A^BC 商品番号	A^BC 商品名
1	B101	名物そば
2	C101	海鮮茶漬け
3	B103	米粉そば
4	B104	低糖質そば
5	A101	豆塩大福
6	A103	苺タルト
7	B104	低糖質そば
8	C102	鮭いくら丼
9	C103	鯛めしセット
10	B101	名物そば
11	B102	名物うどん
12	B101	名物そば
13	B102	名物うどん
14	A101	豆塩大福
15	B102	名物うどん

列の内容が大文字に統一された

[ホーム] タブの [閉じて読み込む] をクリックする

使いこなしのヒント
新しい列に表示する

表記を統一した結果を別の列に表示するには、操作1の後で [列の追加] タブの [書式] をクリックして表記を選択します。

使いこなしのヒント
列を結合／分割する

列と列を結合するには、列名をクリックし、結合する他の列の列名を Ctrl キーを押しながら選択します。選択したいずれかの列の列名を右クリックして [列のマージ] をクリックします。表示される画面でデータを区切る記号などを選択して [OK] をクリックします。また、1つの列を複数の列に分割するには、分割する列をクリックし、[ホーム] タブの [列の分割] をクリックします。表示される画面で、分割する位置や分割方法を指定します。

使いこなしのヒント
前後の空白を削除する

データの前後に余計な空白などが含まれる場合、空白を削除するには、列を選択して [変換] タブの [書式] ボタンをクリックし、[トリミング] をクリックします。文字と文字の間に空白がある場合、その空白は残ります。

レッスン
90 データを置き換えるには

値の変換 　　　　　　　　　　　　　　 練習用ファイル　L90_文字の置換.txt

検索置換で表記を整える

レッスン89では、同じ商品での大文字小文字の表記ゆれを文字の
種類を指定することで統一する方法を紹介しましたが、同じ商品名
の書き方が2通りある場合などは、文字の種類を指定する方法で
は、うまく調整できない場合もあるでしょう。ここでは値の置換機能
を使って一気に修正する方法を紹介します。指定した文字を別の文
字に置き換えます。

関連レッスン
レッスン82
テキストファイルを読み込むには
p.296

レッスン89
文字の種類を統一するには　　p.318

Before

ここだけ「蕎麦」と
入力されている

After

「そば」と置き換える
ことができた

使いこなしのヒント

検索する値と置換後の値を指定しよう

上の［Before］の画面は、売上データが入ったテキストファ
イルをExcelに読み込んで表示したものです。よく見ると、「名
物そば」の売上データの中に、商品名が「名物蕎麦」になっ
ているものが混ざっています。［After］画面は、本来の商品
名「名物そば」の表記に統一したものです。膨大なデータか
ら指定した文字のデータを見つけ出すのは大変です。ひとつ
残らず修正できるように、値の置換機能を使って修正します。

1 文字を置換する

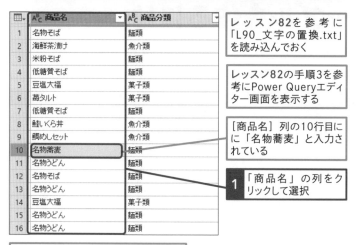

レッスン82を参考に「L90_文字の置換.txt」を読み込んでおく

レッスン82の手順3を参考にPower Queryエディター画面を表示する

[商品名] 列の10行目に「名物蕎麦」と入力されている

1 「商品名」の列をクリックして選択

ここは「蕎麦」を「そば」に変換する

2 [ホーム] タブをクリック

3 [値の変換] をクリック

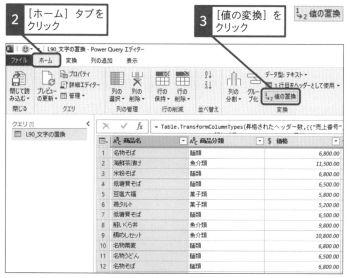

[値の変換] ダイアログが表示された

4 [検索する値] に「名物蕎麦」と入力

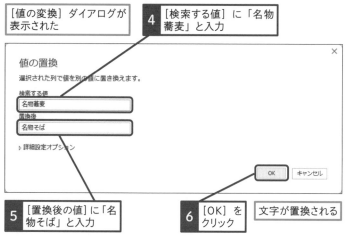

5 [置換後の値] に「名物そば」と入力

6 [OK] をクリック

文字が置換される

⚠ **ここに注意**

操作1で列を選択しなかった場合は、[値の変換] ダイアログでエラーメッセージが表示され、変換することができません。

90

値の変換

💡 **使いこなしのヒント**

関数を使う方法もある

列のデータを加工するときは、レッスン88の方法でカスタム列を追加して式を作成する方法もあります。そのとき、さまざまな関数を使うこともできます。例えば、「商品番号」のデータの先頭から2文字取り出す場合などは、関数を使って「=Text.Start([商品番号],2)」のように指定します。

💡 **使いこなしのヒント**

詳細設定オプション

[値の置換] 画面の [詳細設定オプション]をクリックすると、検索条件を細かく指定する項目が表示されます。例えば、[検索する値] に入力した文字が、セルの内容の一部ではなく全体と一致するときのみ置き換える場合は、[セルの内容全体の照合] のチェックを付けて置き換えます。

レッスン

91 複数のテキストファイルからピボットテーブルを作るには

Power Queryで複数ファイルを読み込む

練習用ファイル　手順1を参照

複数のファイルを元に集計する

データベースソフトでデータを管理している場合などは、テーマごとにデータを分けて管理している場合が多くあります（レッスン69参照）。そのデータを、ピボットテーブルで集計・分析したい場合、どうしたらいいでしょうか。複数のファイルを、わざわざ繋げて表示する必要などはありません。Power Queryで複数のファイルを読み込んで集計できます。余計な手間をかけずにデータを有効活用する方法を知りましょう。

関連レッスン

レッスン76
Power Pivotでリレーションシップを設定するには　p.278

レッスン85
テキストファイルを接続専用で読み込むには　p.304

Before

複数テキストファイルを取り込む

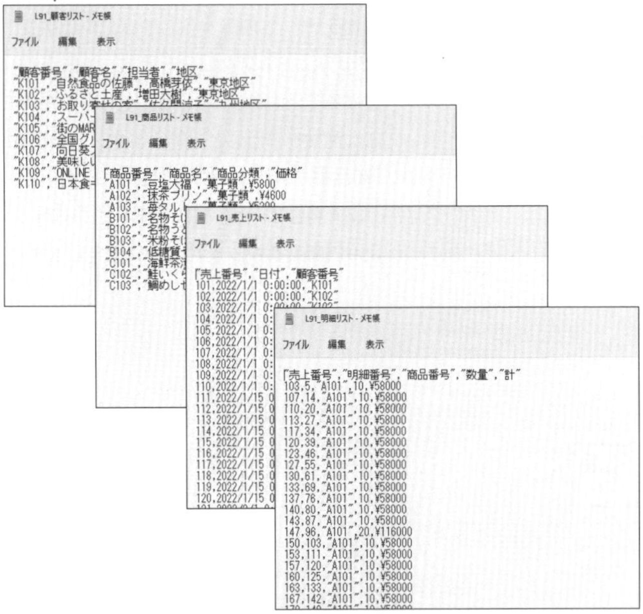

After

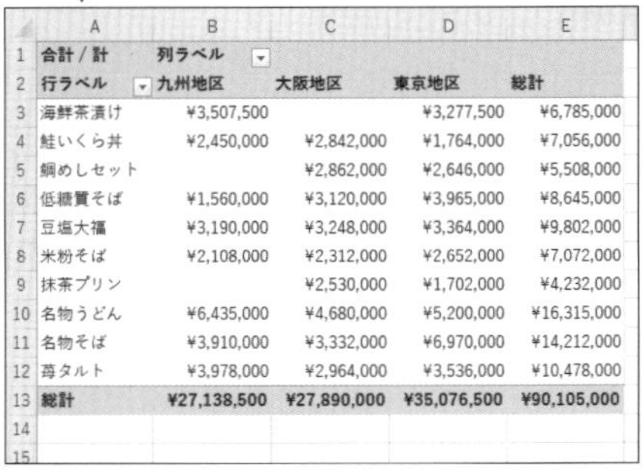

合計 / 計	列ラベル			
行ラベル	九州地区	大阪地区	東京地区	総計
海鮮茶漬け	¥3,507,500		¥3,277,500	¥6,785,000
鮭いくら丼	¥2,450,000	¥2,842,000	¥1,764,000	¥7,056,000
鯛めしセット		¥2,862,000	¥2,646,000	¥5,508,000
低糖質そば	¥1,560,000	¥3,120,000	¥3,965,000	¥8,645,000
豆塩大福	¥3,190,000	¥3,248,000	¥3,364,000	¥9,802,000
米粉そば	¥2,108,000	¥2,312,000	¥2,652,000	¥7,072,000
抹茶プリン		¥2,530,000	¥1,702,000	¥4,232,000
名物うどん	¥6,435,000	¥4,680,000	¥5,200,000	¥16,315,000
名物そば	¥3,910,000	¥3,332,000	¥6,970,000	¥14,212,000
苺タルト	¥3,978,000	¥2,964,000	¥3,536,000	¥10,478,000
総計	¥27,138,500	¥27,890,000	¥35,076,500	¥90,105,000

読み込んだテキストファイルからピボットテーブルを作成できた

使いこなしのヒント

複数のテキストファイルに関連付けを設定する

上の［Before］の画面は、データベースソフトで管理している売上データをテキストファイルで用意したものです。「顧客」「商品」「売上」「明細」の4つのファイルがあります。［After］画面は、4つのファイルのデータを元に作成した集計表です。操作手順は、まず、4つのファイルを読み込み、データをデータモデルに追加し、リレーションシップを設定します。続いて、データモデルを元にピボットテーブルを作成します。

1 データモデルに追加する

セルA1を選択しておく

空のブックを開き、レッスン85を参考に「L91_顧客リスト.txt」「L91_商品リスト.txt」「L91_売上リスト.txt」「L91_明細リスト.txt」を接続専用で読み込んでおく

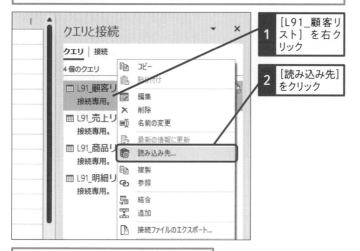

1 [L91_顧客リスト]を右クリック

2 [読み込み先]をクリック

[データのインポート]ダイアログボックスが表示された

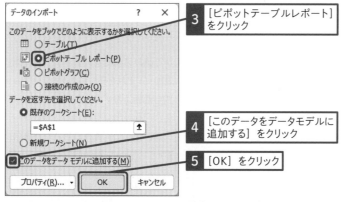

3 [ピボットテーブルレポート]をクリック

4 [このデータをデータモデルに追加する]をクリック

5 [OK]をクリック

データモデルに追加された

6 [クエリと接続]をクリック

「顧客リスト.txt」は、先頭のフィールド名がヘッダーとして認識されないので注意します。レッスン85の方法で、1行目を見出しにする設定が必要です。

💡 使いこなしのヒント

接続専用で読み込む

ここでは、ピボットテーブルを作成するためにデータを読み込みます。データをワークシートに表示する必要はありませんので、4つのテキストファイルを接続専用で読み込みます。

💡 使いこなしのヒント

作業ウィンドウの表示

データモデルを元にピボットテーブルを作成する画面では、ピボットテーブルの[フィールドリスト]ウィンドウと[クエリと接続]作業ウィンドウが表示され、切り替えながら操作できます。データモデルの接続情報などは、[クエリと接続]作業ウィンドウの[接続]タブで確認できます。

次のページに続く➡

●他のクエリもデータモデルに追加する

7 [L91_売上リスト] を右クリック

8 [読み込み先] をクリック

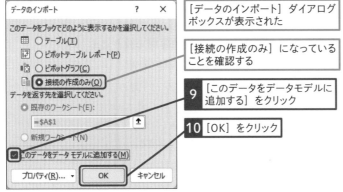

[データのインポート] ダイアログボックスが表示された

[接続の作成のみ] になっていることを確認する

9 [このデータをデータモデルに追加する] をクリック

10 [OK] をクリック

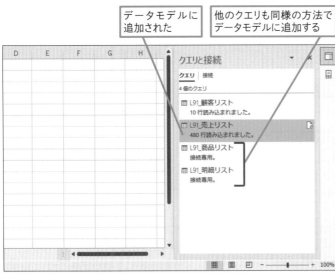

データモデルに追加された

他のクエリも同様の方法でデータモデルに追加する

使いこなしのヒント

「計」を表示する

ここでは、「L91_明細リスト」のテキストファイルに「計」のデータがありますが、「計」がない場合、他のファイルにある「価格」と「L91_明細リスト」のテキストファイルにある「数量」を掛け算して利用できます。それには、Power Pivot画面を表示して集計列を追加します。レッスン77を参照してください。

使いこなしのヒント

フィールドリストの表示を確認しよう

クエリで読み込んだデータをデータモデルに追加し、それを元にピボットテーブルを作成した場合などは、ピボットテーブルの [フィールドリスト] ウィンドウのデータモデルの項目に、黄色いマークが表示されます。

データモデルに追加されたデータ

2 リレーションシップを作成する

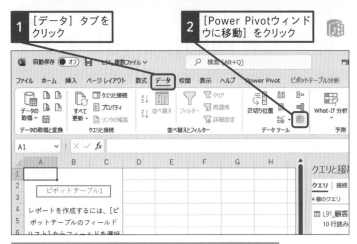

1 [データ] タブをクリック

2 [Power Pivotウィンドウに移動] をクリック

レッスン76を参考に「顧客番号」「売上番号」「商品番号」を使ってリレーションシップを作成する

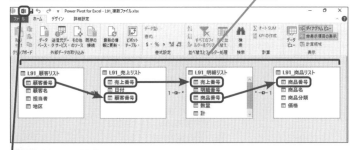

3 [Bookに戻る] をクリック

ピボットテーブルに集計を配置する

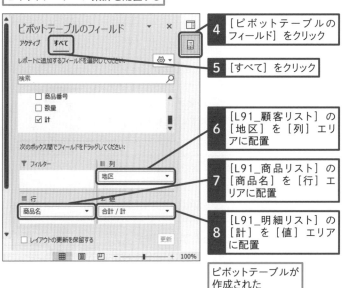

4 [ピボットテーブルのフィールド] をクリック

5 [すべて] をクリック

6 [L91_顧客リスト] の [地区] を [列] エリアに配置

7 [L91_商品リスト] の [商品名] を [行] エリアに配置

8 [L91_明細リスト] の [計] を [値] エリアに配置

ピボットテーブルが作成された

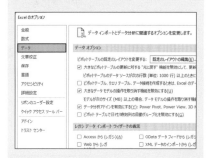

この章のまとめ

既存のデータをそのまま有効的に活用しよう

Power Queryを使うと、さまざまな形式のデータ読み込んで利用できます。データの形式が多少崩れていても、Power Queryエディターという強力なツールを使えば、正しく集計できるように整えられます。本書では、基本操作のみの紹介ですが、Power Queryの専門書籍などを参考に、ぜひ挑戦してみてください。思い通りのクエリが完成したら、日々蓄積されるデータをそのまま活用できます。クエリを更新するだけで最新の集計結果を確認できます。

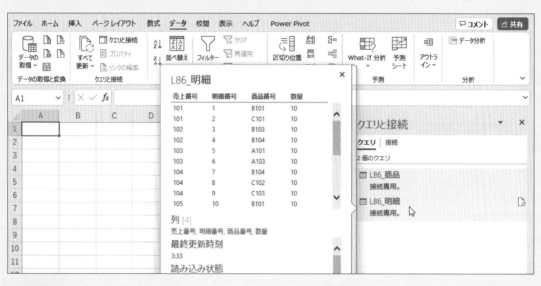

最後の章も盛りだくさんの内容でした。

Power Queryは使いこなすと、ピボットテーブルをテンプレートのように使って中のデータだけ入れ替えることもできます。仕事のスピードアップにもってこいですよ。

ちゃんと使えるか心配です...！

操作はかなり高度になりましたからね。難しかった操作は練習用ファイルを使って、何度かチャレンジしてみましょう。お二人がピボットテーブルをバリバリ活用することを願ってます！

用語集

Access（アクセス）
マイクロソフトが開発・販売するデータベースソフトのこと。単体パッケージで購入できるほか、一部のOffice製品にも含まれる。

DAX（ダックス）
データモデルのデータを集計するときなどに、その内容を指定するために使う言葉のようなもの。計算内容を指定するときは、DAX式という式を作成する。
→データモデル

DISTINCTCOUNT関数
（ディスティンクトカウントカンスウ）
DAX式という数式で使うDAX関数のひとつ。引数に指定した列に含まれる重複しない固有の値を返す。
→引数

GETPIVOTDATA関数
（ゲットピボットデータカンスウ）
ピボットテーブルから目的のデータの値を取り出して任意のセルに表示する関数。引数には、ピボットテーブルのフィールド名と項目名を指定する。
→引数、ピボットテーブル、フィールド名

Microsoft 365（マイクロソフトサンロクゴ）
使用する権利を月や年単位で得るサブスクリプション契約で利用可能なOffice製品。最新のOfficeを利用できる。

M言語
Power Queryエディターでクエリの内容を指定するときに使う言葉のようなもの。Power Queryエディターの数式バーなどで確認できる。
→Power Queryエディター、クエリ

Power Pivot（パワーピボット）
ピボットテーブルの機能をさらに便利に利用できる追加プログラム。Power Pivotを利用すると、リレーションシップを簡単に設定したり、より高度な分析機能を利用したりできる。なお、この機能は、

Excelのバージョンやエディションによって使用できない場合もある。
→ピボットテーブル、リレーションシップ

Power Query（パワークエリ）
他の形式で保存したデータなどを、Excelに読み込むときに使う機能。

Power Queryエディター
（パワークエリエディター）
Power Queryを使って読み込んだデータを編集したりするときに使うツール。
→Power Query

RELATED関数（リレイテッドカンスウ）
Power Pivotでデータモデルのデータを使って計算をするときなどに使用できる関数のひとつ。ExcelのVLOOKUP関数のように、指定した値を手掛かりに他のリストのデータを探して参照するときに利用する。
→VLOOKUP関数、データモデル、リスト

VLOOKUP関数（ブイルックアップカンスウ）
引数に指定した検索値を元に別表から該当する値を探して表示する関数。例えば、商品番号を指定し、別表の商品リストから指定された商品番号の価格や商品名を検索して表示する場合などに利用する。
→引数

アイコンセット
条件付き書式の中で、値の大きさによって異なるアイコンを表示する機能のこと。例えば、10万未満は✖、10万以上から50万未満は▮、50万以上は✔などのマークを表示できる。

［値］エリア
ピボットテーブルの4つの領域の中の1つで、集計値が表示される領域。数値の合計やデータの個数だけでなく、平均や最大値などを求められる。また、計算の種類を指定すると、累計や構成比なども表示できる。
→ピボットテーブル

アドイン
Excelなどのソフトの機能を拡張するために利用するプログラムのこと。

印刷タイトル
複数ページにわたる表やピボットテーブルなどを印刷するときに、各ページに表示できる表の見出しのこと。印刷タイトルを指定すると、2ページ目以降にも共通の見出しを印刷できる。
→ピボットテーブル

改ページ
表やピボットテーブルなどを印刷するときに、指定した場所でページが区切られるように設定する印のこと。改ページを設定すると、中途半端な個所でページが分かれるのを避けられる。
→ピボットテーブル

カスタム列
Power Queryエディターで、クエリを編集する際、新しい列を追加するときに使う。
→Power Queryエディター、クエリ

[行] エリア
ピボットテーブルの4つの領域の中の1つ。集計表の左の項目が表示される領域。表示する項目名は、フィルターボタンから指定できる。
→ピボットテーブル、フィルターボタン

クエリ
Power Queryで他のデータを読み込んで利用するときに作成するもの。データを適切な形式に整えて表示したりできる。クエリの内容は、Power Queryエディターで編集できる。
→Power Query、Power Queryエディター

[クエリと接続] ウィンドウ
ブックに含まれるクエリや、接続情報が表示される作業ウィンドウ。[データ] タブの [クエリと接続] をクリックして表示する。
→クエリ

グループ化
複数の項目を1つのグループにまとめること。ピボットテーブルでは、商品単位や期間、特定の数値ごとなどに項目をまとめられる。
→ピボットテーブル

集計アイテム
ピボットテーブルで、既存の項目の値を利用して計算をした結果を、通常の項目名と同じ位置に並べて表示したアイテムのこと。例えば、2つの項目の値を足して特定の値を引いた値を求めたり、2つの項目の値を比較して比率を求めたりすることができる。
→ピボットテーブル

集計フィールド
ピボットテーブルで、既存のフィールドを元に数式を作成して追加したフィールドのこと。例えば、商品の価格に消費税率を掛けて消費税の合計を求められるほか、売り上げから原価を引いて粗利を求められる。
→ピボットテーブル、フィールド

ステップ
Power Queryエディターでクエリを編集するときに指定する手順のこと。クエリの設定は、ステップごとに行われる。
→Power Queryエディター、クエリ

スライサー
スライサーを利用すると、ピボットテーブルで集計する対象をワンクリックで絞り込める。また、どの項目でフィルターが設定されているか、フィルターの基準がひと目で分かる。
→ピボットテーブル

セキュリティの警告
ブックに外部データを使用したクエリなどが含まれる場合に表示されるメッセージ。接続を許可すると、クエリを実行できる。→クエリ

セルの強調表示ルール
条件付き書式の中で、指定した条件に一致するセルを強調するルールのこと。「指定の値より大きい」「指定の範囲内」などのルールを設定できる。

タイムライン

タイムラインを利用すると、ピボットテーブルで集計する日付の期間をマウス操作で簡単に絞り込める。また、どの期間の集計結果なのかフィルターの基準がひと目で分かる。

→ピボットテーブル

データモデル

複数のテーブルなどから構成されるデータのセットのこと。Excelのブックに追加して利用する。データモデルを元にピボットテーブルを作成できる。

→データモデル、テーブル、ピボットテーブル

データラベル

グラフに表示されているデータ要素の値や項目名、系列名などを示すラベルのこと。円グラフなどでは、各要素が占める割合のパーセンテージなども表示できる。

テーブル

リスト形式で集めたデータを効率よく管理するための機能。リストをテーブルに変換すると、データの並べ替えや抽出などを手早く簡単に行える。

→リスト

テキストファイル

文字だけの情報が含まれるファイル。リストなどのデータを保存するときに広く利用されるファイル形式のひとつ。多くのソフトで使用できる。

→リスト

トップテンフィルター

複数のデータの中から、トップテンやワーストテンなどを表示するためのフィルター条件の指定方法。「上位○位」や「下位○位」のデータを表示できる。

ドリルアップ

ドリルダウンの逆の操作。細かい単位での集計結果を確認した後、もっと大まかな単位での集計結果を確認していくこと。

→ドリルダウン

ドリルダウン

ピボットテーブルの集計結果のうち、気になる集計項目の詳細を掘り下げて確認すること。例えば、ある商品の売り上げから、その商品の地区ごとの売り上げ、月ごとの売り上げ、というように詳細を確認していく。

→ピボットテーブル

凡例

グラフに表示されているデータ系列を識別するために、グラフ内に表示される小さな四角形の枠のこと。データ系列の名称とマーカーの一覧が表示される。

引数

関数を入力するときに指定するさまざまな情報のこと。例えば、全角文字を半角文字に変換するASC関数では、引数に、半角に変換する文字列などを指定する。

ピボットグラフ

ピボットテーブルのデータをグラフ化したもの。ピボットグラフは、ピボットテーブルと連動するため、片方を変更するともう片方に反映される。

→ピボットテーブル

ピボットテーブル

リスト形式のデータからクロス集計表を作成する機能、および作成したクロス集計表のこと。集計表の項目は、簡単に入れ替えられる。集計方法も柔軟に変更できるため、さまざまな角度からデータを集計できる。

→リスト

フィールド

リストにある1つ1つの列のこと。リストの上部には内容を区別するためのフィールド名が表示される。

→フィールド名、リスト

フィールドセクション

［フィールドリスト］ウィンドウの中で、ピボットテーブルの元リストにあるフィールド名が表示される領域。ピボットテーブルに表示するフィールドを選択できる。

→ピボットテーブル、フィールド、フィールド名、
　［フィールドリスト］ウィンドウ

フィールド名

リスト内のフィールドを区別するための名前のこと。フィールド名はリストの先頭行に入力する。
→フィールド、リスト

［フィールドリスト］ウィンドウ

ピボットテーブルのレイアウトを指定するときに使うウィンドウ。ピボットテーブルの元リストにあるフィールド名が並び、各フィールドをピボットテーブルのどのエリアに配置するのかを指定できる。
→ピボットテーブル、フィールド、フィールド名

［フィルター］エリア

ピボットテーブルの4つの領域の中の1つ。上部に位置する領域。［フィルター］エリアに配置したフィールドから特定の項目を選択すると、ピボットテーブルで集計する対象を簡単に絞り込める。
→ピボットテーブル、フィールド

フィルターボタン

ピボットテーブルやピボットグラフで表示する項目を選択するときに使うボタン。クリックすると、ドロップダウンリストが表示され、抽出項目をチェックボックスで指定できる。
→ピボットグラフ、ピボットテーブル

プロットエリア

グラフ内で、実際のデータが表示される領域のこと。2Dグラフでは、すべてのデータ系列が表示されるところ。3Dグラフでは、すべてのデータ系列、項目名や目盛ラベル、軸タイトルが含まれる。

メジャー

データモデルを元に作成したピボットテーブルで、計算フィールドを追加するときに作成するもの。メジャーには名前を付けられるので、どのような集計をするフィールドかわかりやすく管理できる。また、集計値の表示／非表示も手軽に切り替えられる。
→データモデル、ピボットテーブル、フィールド

ユーザー設定リスト

「月・火・水……」「1月・2月・3月……」など、連続データが登録されているリスト。独自の連続データを登

録することもできる。また、データの並べ替えをするときに、並べ替えの基準に指定することも可能。
→リスト

ラベルフィルター

複数のデータの中から、表示するデータを絞り込むためのフィルター条件の指定方法の1つ。「○○を含む」「○○の値から始まる」など、さまざまな条件の中から目的に合った条件を選んで指定できる。

リスト

売り上げや顧客情報などのデータを集めたもの。リストの上部には見出しとなるフィールド名を入力し、2件目以降からデータを入力する。1件分のデータが、1行に収められる。
→フィールド名、リスト

リレーションシップ

複数のテーブルに分けたデータを、相互に参照して利用できるように、テーブル同士を関連付けること。リレーションシップを設定して、複数のテーブルからピボットテーブルを作成できる。
→テーブル、ピボットテーブル

レイアウトセクション

［フィールドリスト］ウィンドウの中で、ピボットテーブルのレイアウトを指定する領域。ピボットテーブルの4つの領域が並び、どのフィールドをどの領域に配置するのかを指定できる。
→ピボットテーブル、フィールド、
　［フィールドリスト］ウィンドウ

レコード

リストに入力されているデータの、1件分のデータのこと。リストでは、1件分のデータが1行に収められる。
→リスト

［列］エリア

ピボットテーブルの4つの領域の中の1つ。集計表の上部の項目が表示される領域。表示する項目名は、フィルターボタンから指定できる。
→ピボットテーブル、フィルターボタン

索引

索引

できるサポートのご案内

できるシリーズの書籍の記載内容に関する質問を下記の方法で受け付けております。

| 電話 | FAX | インターネット | 封書によるお問い合わせ |

質問の際は以下の情報をお知らせください

① 書籍名・ページ
② 書籍の裏表紙にある書籍サポート番号
③ お名前　④ 電話番号
⑤ 質問内容（なるべく詳細に）
⑥ ご使用のパソコンメーカー、機種名、使用OS
⑦ ご住所　⑧ FAX番号　⑨ メールアドレス

※電話の場合、上記の①〜⑤をお聞きします。
　FAXやインターネット、封書での問い合わせについては、各サポートの欄をご覧ください。

裏表紙

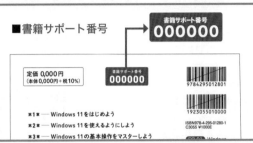

■書籍サポート番号

書籍サポート番号
000000

定価 0,000円
（本体 0,000円＋税10%）

書籍サポート番号
000000

9784295012801

ISBN978-4-295-01280-1
C3055 ¥1000E

※1 ── Windows 11をはじめよう
※2 ── Windows 11を使えるようにしよう
※3 ── Windows 11の基本操作をマスターしよう

※裏表紙にサポート番号が記載されていない書籍は、サポート対象外です。なにとぞご了承ください。

回答ができないケースについて（下記のような質問にはお答えしかねますので、あらかじめご了承ください。）

● 書籍の記載内容の範囲を超える質問
　書籍に記載していない操作や機能、ご自分で作成されたデータの扱いなどについてはお答えできない場合があります。

● できるサポート対象外書籍に対する質問

● ハードウェアやソフトウェアの不具合に対する質問
　書籍に記載している動作環境と異なる場合、適切なサポートができない場合があります。

● インターネットやメールの接続設定に関する質問
　プロバイダーや通信事業者、サービスを提供している団体に問い合わせてください。

サービスの範囲と内容の変更について

● 該当書籍の奥付に記載されている初版発行日から3年が経過した場合、もしくは該当書籍で紹介している製品やサービスについて提供会社によるサポートが終了した場合は、ご質問にお答えしかねる場合があります。

● なお、都合により「できるサポート」のサービス内容の変更や「できるサポート」のサービスを終了させていただく場合があります。あらかじめご了承ください。

電話サポート 0570-000-078 （月〜金 10:00〜18:00、土・日・祝休み）

・**対象書籍をお手元に用意**いただき、**書籍名と書籍サポート番号**、**ページ数**、**レッスン番号**をオペレーターにお知らせください。確認のため、お客さまのお名前と電話番号も確認させていただく場合があります

・サポートセンターの対応品質向上のため、通話を録音させていただくことをご了承ください

・多くの方からの質問を受け付けられるよう、1回の質問受付時間はおよそ15分までとさせていただきます

・質問内容によっては、その場ですぐに回答できない場合があることをご了承ください

　※本サービスは無料ですが、**通話料はお客さま負担**となります。あらかじめご了承ください

　※午前中や休日明けは、お問い合わせが混み合う場合があります　※一部の携帯電話やIP電話からはご利用いただけません

FAXサポート 0570-000-079 （24時間受付・回答は2営業日以内）

・必ず上記①〜⑧までの情報をご記入ください。メールアドレスをお持ちの場合は、メールアドレスも記入してください
　（A4の用紙サイズを推奨いたします。記入漏れがある場合、お答えしかねる場合がありますので、ご注意ください）

・質問の内容によっては、折り返しオペレーターからご連絡をする場合もございます。あらかじめご了承ください

・FAX用質問用紙を用意しております。下記のWebページからダウンロードしてお使いください
　https://book.impress.co.jp/support/dekiru/

インターネットサポート https://book.impress.co.jp/support/dekiru/ （24時間受付・回答は2営業日以内）

・上記のWebページにある「できるサポートお問い合わせフォーム」に項目をご記入ください

・お問い合わせの返信メールが届かない場合、迷惑メールフォルダーに仕分けされていないかをご確認ください

封書によるお問い合わせ
（郵便事情によって、回答に数日かかる場合があります）

〒101-0051
東京都千代田区神田神保町一丁目105番地
株式会社インプレス できるサポート質問受付係

・必ず上記①〜⑦までの情報をご記入ください。FAXやメールアドレスをお持ちの場合は、ご記入をお願いいたします
　（記入漏れがある場合、お答えしかねる場合がありますので、ご注意ください）

・質問の内容によっては、折り返しオペレーターからご連絡をする場合もございます。あらかじめご了承ください

本書を読み終えた方へ
できるシリーズのご案内

パソコン関連書籍

できるAccess 2019
Office 2019/Office 365両対応

広野忠敏&
できるシリーズ編集部
定価：2,178円
（本体1,980円＋税10%）

データベースの構築・管理に役立つ「テーブル」「クエリ」「フォーム」「レポート」が自由自在！　軽減税率に対応したデータベースが作れる。

できるPowerPoint 2021
Office2021 & Microsoft 365両対応

井上香緒里&
できるシリーズ編集部
定価：1,298円
（本体1,180円＋税10%）

PowerPointの基本操作から作業を効率化するテクニックまで、役立つノウハウが満載。この1冊でプレゼン資料の作成に必要な知識がしっかり身に付く！

できるWord 2021
Office2021 & Microsoft 365両対応

田中亘&
できるシリーズ編集部
定価：1,298円
（本体1,180円＋税10%）

文書作成の基本から、見栄えのするデザイン、マクロを使った効率化までWordのすべてが1冊でわかる！　すぐに使える練習用ファイル付き。

読者アンケートにご協力ください！

https://book.impress.co.jp/books/1122101056

ご意見・ご感想をお聞かせください！

「できるシリーズ」では皆さまのご意見、ご感想を今後の企画に生かしていきたいと考えています。
お手数ですが以下の方法で読者アンケートにご協力ください。
ご協力いただいた方には抽選で毎月プレゼントをお送りします！

※プレゼントの内容については「CLUB Impress」のWebサイト（https://book.impress.co.jp/）をご確認ください。

1 URLを入力して Enter キーを押す

2 ［アンケートに答える］をクリック

◆会員登録がお済みの方
会員IDと会員パスワードを入力して、［ログインする］をクリックする

◆会員登録をされていない方
［こちら］をクリックして会員規約に同意してからメールアドレスや希望のパスワードを入力し、登録確認メールのURLをクリックする

※Webサイトのデザインやレイアウトは変更になる場合があります。

■著者
門脇香奈子（かどわき　かなこ）
企業向けのパソコン研修の講師などを経験後、マイクロソフトで企
業向けのサポート業務に従事。現在は、「チーム・モーション」で
テクニカルライターとして活動中。主な著書に『できるExcelピボ
ットテーブル Office 365/2019/2016/2013対応 データ集計・分
析に役立つ本』『できるポケット Excelピボットテーブル 基本＆活
用マスターブック Office 365/2019/2016/2013対応』（以上、イ
ンプレス）などがある。

●チームモーションホームページ
https://www.team-motion.com/

STAFF

シリーズロゴデザイン	山岡デザイン事務所<yamaoka@mail.yama.co.jp>
カバー・本文デザイン	伊藤忠インタラクティブ株式会社
カバーイラスト	こつじゆい
本文イラスト	ケン・サイトー
DTP制作	町田有美・田中麻衣子
デザイン制作室	今津幸弘<imazu@impress.co.jp>
	鈴木　薫<suzu-kao@impress.co.jp>
制作担当デスク	柏倉真理子<kasiwa-m@impress.co.jp>
編集	渡辺陽子
組版	BUCH+
デスク	荻上　徹<ogiue@impress.co.jp>
編集長	藤原泰之<fujiwara@impress.co.jp>
オリジナルコンセプト	山下憲治

■商品に関する問い合わせ先

このたびは弊社商品をご購入いただきありがとうございます。本書の内容などに関するお問い合わせは、下記のURLまたは二次元バーコードにある問い合わせフォームからお送りください。

https://book.impress.co.jp/info/

上記フォームがご利用いただけない場合のメールでの問い合わせ先

info@impress.co.jp

※お問い合わせの際は、書名、ISBN、お名前、お電話番号、メールアドレス に加えて、「該当するページ」と「具体的なご質問内容」「お使いの動作環境」を必ずご明記ください。なお、本書の範囲を超えるご質問にはお答えできないのでご了承ください。

●電話やFAXでのご質問は、333ページの「できるサポートのご案内」をご確認ください。また、封書でのお問い合わせは回答までに日数をいただく場合があります。あらかじめご了承ください。
●インプレスブックスの本書情報ページ https://book.impress.co.jp/books/1122101056 では、本書のサポート情報や正誤表・訂正情報などを提供しています。あわせてご確認ください。
●本書の奥付に記載されている初版発行日から3年が経過した場合、もしくは本書で紹介している製品やサービスについて提供会社によるサポートが終了した場合はご質問にお答えできない場合があります。

■落丁・乱丁本などの問い合わせ先

FAX　03-6837-5023

service@impress.co.jp

※古書店で購入された商品はお取り替えできません。

できるExcelピボットテーブル

Office 2021/2019/2016 & Microsoft 365対応

2022年9月21日　初版発行

著　者　門脇香奈子 & できるシリーズ編集部

発行人　小川 亨

編集人　高橋隆志

発行所　株式会社インプレス
　　　　〒101-0051　東京都千代田区神田神保町一丁目105番地
　　　　ホームページ　https://book.impress.co.jp/

印刷所　図書印刷株式会社

ISBN978-4-295-01514-7 C3055